Training Klassenarbeiten

Lambacher Schweizer

Mathematik für Gymnasien

Klasse 9

erarbeitet von
Heinz Peisch

Ernst Klett Verlag
Stuttgart • Leipzig

1. Auflage   1 12 11 10 9 | 2023 22 21 20

Alle Drucke dieser Auflage sind unverändert und können im Unterricht nebeneinander verwendet werden.
Die letzten Zahlen bezeichnen jeweils die Auflage und das Jahr des Druckes.

Autor: Heinz Peisch
Redaktion: Andreas Marte, Nadine Meitner

Herstellung: SMP Oehler, Remseck
Illustrationen: Christine Lackner-Hawighorst, Ittlingen; Alfred Marzell, Schwäbisch Gmünd
Bildkonzept Umschlag: Soldankommunikation, Stuttgart
Umschlagfotografie: Getty Images (image bank), München; Avenue Images GmbH (Stockbyte), Hamburg
Satz und Mediengestaltung: SMP Oehler, Remseck
Reproduktion: Meyle + Müller, Medien Management, Pforzheim
Druck: AZ Druck und Datentechnik GmbH, Kempten

Printed in Germany
ISBN 978-3-12-734095-2

Inhaltsverzeichnis

Man sollte sich nicht schlafen legen,
ohne sagen zu können,
dass man an dem Tage etwas gelernt hätte.

G. Chr. Lichtenberg

Liebe Schülerin, lieber Schüler,

diese Sammlung von Mathematik-Arbeiten wird dir helfen, dich zielgerichtet auf bevorstehende Mathematik-Klassenarbeiten vorzubereiten.

Vermutlich hast du dich bisher schon mithilfe deines Mathematikbuches und deines Hefts auf Klassenarbeiten vorbereitet. Das solltest du auch zukünftig tun. Dein neues Trainingsbuch bietet dir weitere Möglichkeiten der Vorbereitung, insbesondere das Üben mit realistisch gestellten Klassenarbeiten.

Willst du für eine bevorstehende Klassenarbeit üben, so suchst du im Inhaltsverzeichnis das entsprechende Kapitel heraus. Zu jedem Thema findest du vier Übungsarbeiten. Anhand der ausführlichen Lösungen kannst du dich kontrollieren und deine Leistung bewerten.
Die drei Jahrgangsarbeiten am Ende des Buches dienen der Überprüfung des Gelernten am Schuljahresende.

Folgende Seiten und Abschnitte helfen dir beim Lösen und Verstehen der Klassenarbeiten:
Pinboard – Jedes Kapitel beginnt mit einer Doppelseite *Pinboard*. Hier kannst du die wichtigsten mathematischen Sachverhalte nachlesen. Die richtige Anwendung der Inhalte und Regeln wird dir in Beispielen vorgeführt.
Bist du sicher? – Mit den einfachen Aufgaben in *Bist du sicher?* kannst du ausprobieren, ob du den Stoff des Kapitels verstanden hast. Die Lösungen dazu findest du auf der gleichen Seite. Diesen Kurztest solltest du vor der ersten Klassenarbeit bearbeiten.
Tipps – Die erste Klassenarbeit eines Kapitels enthält *Tipps* zu den gestellten Aufgaben. Diese Tipps solltest du nutzen, wenn du Probleme hast, die Lösung zu finden.
Bei anderen Klassenarbeiten sind Lerntipps aufgeführt, die du ausprobieren kannst. Sie helfen dir zum Beispiel mit Ideen bei der Lösung von Text- oder Geometrieaufgaben.
Lösungen – Bei den ersten beiden Arbeiten eines Kapitels werden nicht nur die *Lösungen* notiert.
In kursiver Schrift werden auch Erklärungen angeboten, Denkanstöße formuliert und alternative Lösungen dargestellt. Wenn du eine Teilaufgabe nicht gelöst hast, kannst du diese kursiven Texte als Lernhilfe nutzen, um nun vielleicht doch noch die Aufgabe selbstständig zu Ende zu führen.

Alle Arbeiten in diesem Buch sind für eine Arbeitszeit von 45 Minuten gedacht.

Bevor du dich an die Arbeit machst, lies bitte in aller Ruhe die nächsten Seiten durch. Dort findest du weitere Hinweise, wie du erfolgreich mit diesem Buch arbeiten kannst.

Wenn du Anregungen und Wünsche hast oder gar Fehler findest, so lass mich dies wissen, damit diese gegebenenfalls in späteren Auflagen berücksichtigt werden können.

Du wirst dieses Buch nicht wie ein Jugendbuch in einem Zuge durchlesen können. Es wird dir ein Lernbegleiter sein und du wirst mit ihm arbeiten. Lesen allein genügt nicht! Ich weiß: Arbeiten ist nicht immer das reine Vergnügen. Konzentriertes Lernen ist manchmal mühevoll, kann aber auch sehr viel Spaß bringen. Jede Reise beginnt mit einem ersten Schritt. Mache dich auf den Weg!

Ich wünsche dir beim Arbeiten mit dieser Aufgabensammlung Freude und viel Erfolg!

Heinz Peisch

Wer wagt, selbst zu denken,
der wird auch selbst handeln.

Bettina von Arnim

Sehr geehrte Eltern,

die vorliegende Sammlung von Klassenarbeiten soll Ihrem Kind die Vorbereitung auf Mathematik-Klassenarbeiten erleichtern.

Dieses Trainingsbuch will den oft geäußerten Wunsch nach realistischen Übungsarbeiten bedienen. Die vier zu jedem der sechs Gebiete bereitgestellten Klassenarbeiten sind so konzipiert, dass sie Ihrem Kind angemessenes Trainingsmaterial bieten. Lücken oder Ungenauigkeiten können anhand ausführlicher Musterlösungen festgestellt werden. Damit lässt sich der Leistungsstand Ihres Kindes einschätzen. Erkannte Lücken können auf dieser Basis noch vor der Klassenarbeit gefüllt werden. Wer weiß, was er (noch) nicht weiß bzw. nicht genau genug weiß, hat schon einen großen Lernschritt nach vorne gemacht.

Ermuntern Sie Ihr Kind dazu, regelmäßig zu lernen. Eine gute Vorbereitung beginnt nicht erst wenige Tage vor der Klassenarbeit. Damit Ihr Kind ungestört 45 Minuten lang an einer Übungsarbeit trainieren kann, sollten Sie dafür sorgen, dass ein ruhiger und gut beleuchteter Arbeitsplatz zur Verfügung steht.

Freuen Sie sich mit Ihrem Kind über seine Lernerfolge, sprechen Sie aber auch offen über auftretende Schwierigkeiten. Sie können zusammen mit Ihrem Kind überlegen, welche Arbeits- und Lernmethoden hilfreich sein könnten und ihm dabei helfen, diese auszuprobieren. Weitere Anregungen erhalten Sie auch im Gespräch mit der Lehrerin bzw. dem Lehrer Ihres Kindes. Ermutigen Sie Ihr Kind und loben Sie die Anstrengungen, die es unternimmt, um sich auf eine Klassenarbeit vorzubereiten oder schwierige Gebiete zu erschließen.

Wenn diese Aufgabensammlung als Ergänzung zum Unterricht und Erweiterung des Lehrbuchs konsequent durchgearbeitet wird, dann sollte der Erfolg nicht ausbleiben und die Anstrengung Ihres Kindes wird sich in besseren Noten niederschlagen.

Heinz Peisch

Wie du dich mit diesem Buch auf eine Klassenarbeit vorbereiten kannst!

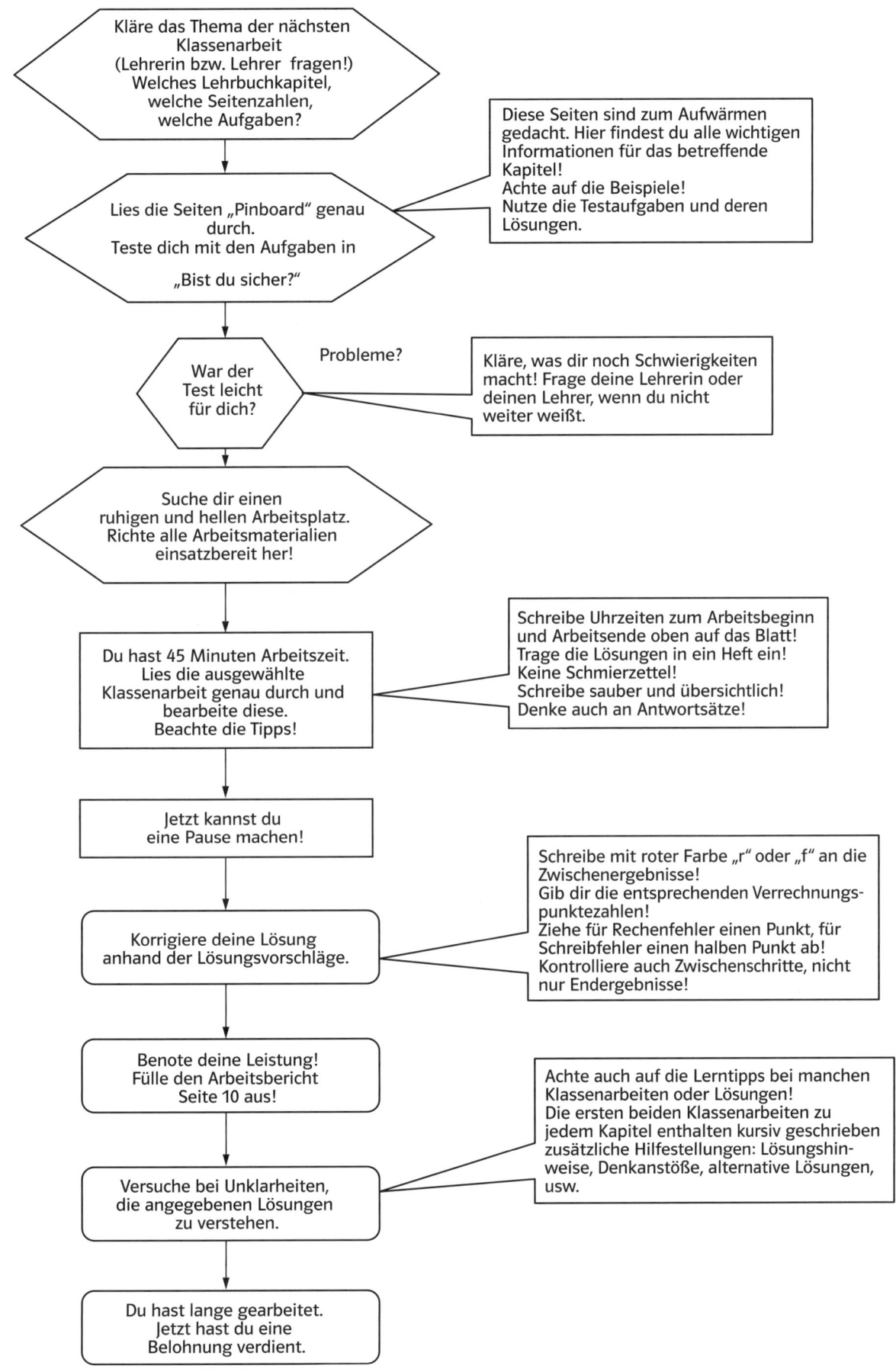

Kläre das Thema der nächsten Klassenarbeit
(Lehrerin bzw. Lehrer fragen!)
Welches Lehrbuchkapitel, welche Seitenzahlen, welche Aufgaben?

Diese Seiten sind zum Aufwärmen gedacht. Hier findest du alle wichtigen Informationen für das betreffende Kapitel!
Achte auf die Beispiele!
Nutze die Testaufgaben und deren Lösungen.

Lies die Seiten „Pinboard" genau durch.
Teste dich mit den Aufgaben in „Bist du sicher?"

War der Test leicht für dich?

Probleme?

Kläre, was dir noch Schwierigkeiten macht! Frage deine Lehrerin oder deinen Lehrer, wenn du nicht weiter weißt.

Suche dir einen ruhigen und hellen Arbeitsplatz. Richte alle Arbeitsmaterialien einsatzbereit her!

Du hast 45 Minuten Arbeitszeit.
Lies die ausgewählte Klassenarbeit genau durch und bearbeite diese.
Beachte die Tipps!

Schreibe Uhrzeiten zum Arbeitsbeginn und Arbeitsende oben auf das Blatt!
Trage die Lösungen in ein Heft ein!
Keine Schmierzettel!
Schreibe sauber und übersichtlich!
Denke auch an Antwortsätze!

Jetzt kannst du eine Pause machen!

Schreibe mit roter Farbe „r" oder „f" an die Zwischenergebnisse!
Gib dir die entsprechenden Verrechnungspunktezahlen!
Ziehe für Rechenfehler einen Punkt, für Schreibfehler einen halben Punkt ab!
Kontrolliere auch Zwischenschritte, nicht nur Endergebnisse!

Korrigiere deine Lösung anhand der Lösungsvorschläge.

Benote deine Leistung!
Fülle den Arbeitsbericht Seite 10 aus!

Achte auch auf die Lerntipps bei manchen Klassenarbeiten oder Lösungen!
Die ersten beiden Klassenarbeiten zu jedem Kapitel enthalten kursiv geschrieben zusätzliche Hilfestellungen: Lösungshinweise, Denkanstöße, alternative Lösungen, usw.

Versuche bei Unklarheiten, die angegebenen Lösungen zu verstehen.

Du hast lange gearbeitet.
Jetzt hast du eine Belohnung verdient.

Lernen auf die Klassenarbeit

Aufwärmen!

In kaum einem anderen Fach kann man seine Erfolge so gut planen wie in Mathematik. Man muss nicht begabt sein, um Mathematikunterricht erfolgreich zu bewältigen. Ein großer Teil der Aufgaben erfordert nämlich lediglich das Anwenden von Routinetechniken. Diese Techniken kann man lernen und einüben, so wie auch der Sportler oder der Musiker seine Bewegungsabläufe immer wieder trainieren und dabei optimieren muss. Der andere Teil der Aufgaben macht es nötig zu erkennen, wo und wie welche Techniken erfolgversprechend angewendet werden können und diese dann sachgerecht zu nutzen. Dies ist nicht immer ganz einfach, fällt jedoch zunehmend leichter, wenn man über das technische Repertoire sicher verfügt.

Natürlich sollte man (trotz Taschenrechner) schnell und vor allem sicher rechnen können. Die Rechengesetze (Assoziativgesetze und Kommutativgesetze für die Addition bzw. die Multiplikation und das Distributivgesetz) kann man einsehen und daher leicht lernen. Überschlagsrechnungen können helfen, grobe Rechenfehler zu entdecken. Wer dann noch die wenigen Rechenregeln für das Rechnen mit Bruchzahlen und Dezimalzahlen, auch mit negativen Zahlen, kennt und anwenden kann und das Dreisatzschema beherrscht, der hat schon eine sehr gute Grundlage im rechentechnischen Bereich. Das Lösen einfacher linearer Gleichungen und die Auflösung von Formeln nach jeder der vorkommenden Variablen ist dann eine eher leichte Übung.

Die wichtigsten Rechengesetze, Regeln und Formeln, die du bisher kennen gelernt hast, passen auf zwei bis drei Heftseiten! Prüfe dies nach, in dem du diese Grundlagen aus der Arithmetik und Algebra mithilfe deiner Schulbücher und Schulhefte für dich zusammenstellst!

Im Bereich der Geometrie ist es nützlich, die üblichen Bezeichnungen für die vorkommenden geometrischen Objekte Punkt, Strecke, Gerade, Winkel, Kreis zu kennen. Die Konstruktionsschritte der Grundkonstruktionen (z. B. Mittelsenkrechte, Winkelhalbierende, zueinander parallele Geraden, zueinander orthogonale Geraden, Tangenten an einen Kreis) müssen ohne langes Nachdenken korrekt beschrieben und ausgeführt werden können. Wenn du diese Objekte mit Geodreieck und Zirkel sauber zeichnen bzw. konstruieren und Winkel richtig messen und zeichnen kannst, wenn du also auch dein Handwerkszeug im wörtlichen Sinne gut im Griff hast, bist du im technischen Bereich der Geometrie auf dem Laufenden.

Überprüfe dich auch hier selbst, indem du die angesprochenen Zeichnungen bzw. Konstruktionen ausführst. Du wirst sehen, dass du auch hier nicht viele Heftseiten benötigst!

Und die vielen Lehrsätze der Geometrie, die du bisher kennen gelernt hast und wissen sollst? Sind es wirklich so viele? Denke z. B. an die Lehrsätze über Winkel an Geradenkreuzungen, den Satz vom gleichschenkligen Dreieck, die Sätze von der Winkelsumme im Dreieck bzw. im Viereck, den Satz von Thales mit seiner Umkehrung und du hast bereits eine ziemlich vollständige Liste der bisher behandelten Lehrsätze.

Stelle alle dir bekannten geometrischen Lehrsätze aus den vergangenen Schuljahren mit geeigneten und sorgfältigen Zeichnungen zusammen und du wirst vermutlich wieder nur drei Heftseiten benötigen!

Auf wenigen Seiten hast du damit an einem Wochenende die wesentlichen Inhalte und Techniken zusammengestellt, die auch in diesem und den nächsten Schuljahren von elementarer Wichtigkeit sein werden. Du wirst diese Fertigkeiten immer wieder brauchen. Deine Sicherheit im Bearbeiten von Mathematikaufgaben wird wachsen und du wirst erleben, dass du dich dann auch an schwierigere Fragestellungen traust und diese erfolgreich bewältigst.

Wenn du dich nicht sicher fühlst oder deine Zusammenstellung größere Lücken aufweist, dann schau doch einfach in die „Trainingshefte Klassenarbeiten" aus dieser Reihe, die für die vorhergehenden Klassenstufen bereits erschienen sind. Dort findest du – wie auch in diesem Buch – auf den Pinboard-Seiten die wichtigsten Inhalte mit Beispielen kurz und übersichtlich zusammengestellt. Einfache Testaufgaben mit Lösungen erlauben dir eine Lernkontrolle.

In Kondition bringen!

Arbeite allein, wenn es darum geht, bereits gelernte Inhalte nur zu wiederholen. Auch wenn du einen neuen Stoff anhand eines Lehrbuchtextes erarbeiten willst, ist es meist zweckmäßig, zuerst allein zu lernen. Eher komplizierte Arbeitsschritte oder Denkprozesse, die deine volle Konzentration verlangen, bei denen also die kleinste Ablenkung störend wäre, werden ebenfalls besser in Einzelarbeit erledigt.

Arbeite mit einem Partner zusammen, wenn es z. B. darum geht, Lücken im Stoff zu füllen. Ihr könnt euch dabei gegenseitig kontrollieren und über euere Vorgehensweisen und Lösungswege diskutieren. Dies gelingt um so besser, je gleichwertiger die beiden Partner sind. Allerdings muss das „Betriebsklima" stimmen! Ihr müsst euch insbesondere über eines einig sein: Wenn gelernt wird, wird gelernt. Sonst nichts!

Wenn es darum geht, umfangreichere Inhalte zusammenzufassen oder neu zu strukturieren, dann kann das Zusammenarbeiten mit mehreren in einer Gruppe hilfreich sein. Vielleicht entwerft ihr euch auch gegenseitig Testaufgaben, wie ihr sie in der Klassenarbeit erwartet. Oder ihr entwickelt eine Mind-Map zu den in der Klassenarbeit erwarteten Themen und arbeitet arbeitsteilig die einzelnen Punkte aus. Anschließend erfolgt dann die Diskussion über die erstellten Materialien, die zur Ergänzung und Präzisierung führen kann, was gleichzeitig mit einer Verständniskontrolle einhergeht. Der Austausch der erarbeiteten Unterlagen ist selbstverständlich. Definitionen, neue Lehrsätze, Beweise, Beispiele, Algorithmen auf Karteikarten notiert, lassen sich überall hin mitnehmen und memorieren!

Es ist offenkundig, dass eine hohe Konzentration im Unterricht und eine sorgfältige Erledigung der Hausaufgaben eine gute Vorbereitung auf eine Klassenarbeit darstellen. Achte darauf, dass du mit deiner Heftführung auf dem Laufenden bist und deine Hefteintragungen sauber, übersichtlich und gut strukturiert sind, damit du auch wirklich damit lernen kannst. Arbeite die behandelten Beispiele noch einmal gründlich durch. Mache dir die verschiedenen Schritte der Lösung klar. Bearbeite ein ähnliches Beispiel selbstständig. Welches waren deine typischen Fehler? Leichtsinnsfehler? Systematische Fehler? Noch ist Zeit, etwas dagegen zu tun!

Nutze alle Möglichkeiten, die dir diese Aufgabensammlung bietet!

Anwenden!

In der Regel sind die ersten Aufgaben der Klassenarbeit die einfachsten. Daher gilt: Fang vorne an! Damit kannst du dich „warmlaufen". Die erfolgreiche Bewältigung dieser Aufgaben gibt dir Sicherheit.

Arbeite nicht blind drauflos! Mache dir die Aufgabenstellung klar, lies den Text gegebenenfalls auch mehrmals, unterstreiche wichtige Passagen, fertige – wenn möglich oder nötig – eine saubere Zeichnung an. Mache nur das, was der Aufgabentext von dir verlangt. Achte auf Schlüsselwörter in den Fragestellungen: „Berechne …", „Gib an …", „Formuliere …", „Überprüfe …", „Beschreibe …", „Beurteile …", „Zeichne …", „Konstruiere …", „Beweise …".

Überlege, ob dir eine ähnliche Fragestellung schon einmal begegnet ist und, wenn dies der Fall sein sollte, wie du damals vorgegangen bist. Dies fällt dir leichter, wenn du wichtige, häufig wiederkehrende Vorgehensweisen stichwortartig gelernt hast. Arbeite zügig, aber nicht hektisch!

Komplexere Fragestellungen lassen sich meist in Einzelschritte zerlegen. Mache einen schriftlichen Plan, welche Schritte du nacheinander erledigen willst. Arbeite die Schritte nacheinander ab und prüfe diese, ob dir klar ist, warum du so vorgehst, welche Rechenregel, welchen Lehrsatz du gerade verwendest und welche Funktion dieser Arbeitsschritt hat. Kontrolliere dabei immer wieder die Richtigkeit der Vorgehensweise (durch das Einsetzen einfacher Zahlen, durch eine Überschlagsrechnung, durch Nachmessen in einer Figur).

Wenn gar nichts mehr geht, hilft manchmal eine kleine Pause. Ruhig bleiben! Nicht die Nerven verlieren! Vielleicht kommst du mit einer anderen Aufgabe besser klar? Bearbeite zuerst diese und komme später wieder auf die zurückgestellte Aufgabe zurück. Gutes Gelingen!

Dein Arbeitsplan

In der untenstehenden Tabelle kannst du eintragen, wann du die jeweilige Klassenarbeit bearbeitet hast, wie viele Verrechnungspunkte du dabei erreichen konntest und welcher Note dies entsprechen würde. Für die Umrechnung von Verrechnungspunkten in eine Note gilt:

Verrechnungspunkte (VP)	0-4	5-6	7-8	9-10	11-12	13-14	15-16	17-18	19-20	21-22	23-24
Note	6	5-6	5	4-5	4	3-4	3	2-3	2	1-2	1

Bei halben Verrechnungspunkten darfst du auf die nächste volle Punktzahl aufrunden. Wenn du also 18,5 Verrechnungspunkte erreicht hast, gibst du dir die Note 2.

Wenn dir nicht alle Lösungen gelungen sind, dann solltest du sorgfältig die Aufgabennummern vermerken, bei denen Unklarheiten aufgetreten sind. Versuche diese Fragen dann mithilfe des Lehrbuchs, deines Heftes oder auch deiner Mitschüler rasch zu klären. In Zweifelsfällen kannst du deine Lehrerin oder deinen Lehrer fragen.

Mit der Tabelle behältst du den Überblick: Wo sind offene Fragen? Welche Arbeiten kannst du noch schreiben? Was ist geklärt und verstanden?

Übungsarbeit	Tag der Bearbeitung	Ergebnis in VP	Note	Unklarheiten bei folgenden Aufgaben	Unklarheiten geklärt?
Beispiel	18.10.08	19,5	2	Nr. 3b, Nr. 4a	Ja, 20.10.08
Ähnliche Figuren-Strahlensätze					
Klassenarbeit 1.1					
Klassenarbeit 1.2					
Klassenarbeit 1.3					
Klassenarbeit 1.4					
Rechtwinklige Dreiecke					
Klassenarbeit 2.1					
Klassenarbeit 2.2					
Klassenarbeit 2.3					
Klassenarbeit 2.4					
Potenzen und Logarithmen					
Klassenarbeit 3.1					
Klassenarbeit 3.2					
Klassenarbeit 3.3					
Klassenarbeit 3.4					

Übungsarbeit	Tag der Bearbeitung	Ergebnis in VP	Note	Unklarheiten bei folgenden Aufgaben	Unklarheiten geklärt?
Wachstumsvorgänge					
Klassenarbeit 4.1					
Klassenarbeit 4.2					
Klassenarbeit 4.3					
Klassenarbeit 4.4					
Wahrscheinlichkeit					
Klassenarbeit 5.1					
Klassenarbeit 5.2					
Klassenarbeit 5.3					
Klassenarbeit 5.4					
Kreise und Körper					
Klassenarbeit 6.1					
Klassenarbeit 6.2					
Klassenarbeit 6.3					
Klassenarbeit 6.4					
Jahrgangsarbeiten					
Jahrgangsarbeit 1					
Jahrgangsarbeit 2					
Jahrgangsarbeit 3					

Die zentrische Streckung

Definition

Eine Abbildung heißt zentrische Streckung mit dem Streckzentrum S und dem Streckfaktor k, $k \in \mathbb{R}^+$, wenn für den Bildpunkt P' eines Punktes P gilt:

1. P' liegt auf der von S ausgehenden Halbgeraden durch P.
2. P' hat von S den k-fachen Abstand wie P.

Kurzschreibweise: $P \xrightarrow{Z(S; k)} P'$

Beispiele

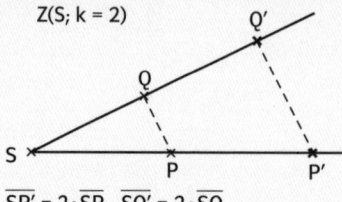

$Z(S; k = 2)$

$\overline{SP'} = 2 \cdot \overline{SP}; \quad \overline{SQ'} = 2 \cdot \overline{SQ}$

Folgerungen

Geradentreue: Das Bild einer Geraden ist eine Gerade.
Winkeltreue: Jeder Winkel wird auf einen Winkel gleicher Weite abgebildet.
Parallelentreue: Parallele Geraden werden auf parallele Geraden abgebildet.
Verhältnistreue: Jede Bildstrecke ist k-mal so lang wie die zugehörige Originalstrecke.

Gegenbeispiel

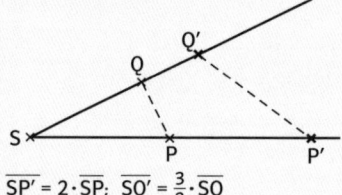

$\overline{SP'} = 2 \cdot \overline{SP}; \quad \overline{SQ'} = \frac{3}{2} \cdot \overline{SQ}$

Folgerungen für Figuren

Das Bild eines Dreiecks ist ein Dreieck, das dieselben Innenwinkelweiten hat wie das Originaldreieck.
Das Bild eines jeden Parallelogramms ist ein Parallelogramm.
Das Bild eines Rechtecks ist ein Rechteck.
Das Bild eines Quadrats ist ein Quadrat.
Das Bild des Mittelpunkts einer Strecke ist der Mittelpunkt der Bildstrecke.
Der Flächeninhalt der Bildfigur ist k^2-mal so groß wie der Flächeninhalt des Originals.
Falls k > 1, so handelt es sich um eine Vergrößerung der Figur.
Falls 0 < k < 1, so handelt es sich um eine Verkleinerung der Figur.

Beispiel

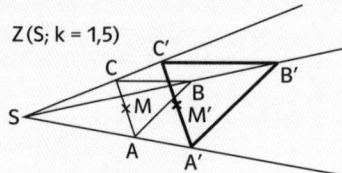

$Z(S; k = 1,5)$

$\sphericalangle BAC = \sphericalangle B'A'C', \quad \sphericalangle CBA = \sphericalangle C'B'A',$
$\sphericalangle ACB = \sphericalangle A'C'B'$
$(AB) \parallel (A'B'), \quad (AC) \parallel (A'C'), \quad (BC) \parallel (B'C')$
Wenn $\overline{AM} = \overline{MC}$, dann $\overline{A'M'} = \overline{M'C'}$.
$A_{\triangle A'B'C'} = k^2 \cdot A_{\triangle ABC}$

Ähnliche Dreiecke

Definition

Zwei Dreiecke ABC und A'B'C' heißen ähnlich, wenn sie durch eine zentrische Streckung oder durch die Nacheinanderausführung von Kongruenzabbildungen und einer zentrischen Streckung aufeinander abgebildet werden können.
Kurzschreibweise: $\triangle ABC \sim \triangle A'B'C'$

Nachweis der Ähnlichkeit

Die Ähnlichkeit von Dreiecken kann man auf verschiedene Weisen zeigen.

1. Möglichkeit:
Alle Winkelweiten, die in einem Dreieck vorkommen, müssen im anderen Dreieck auch vorkommen.

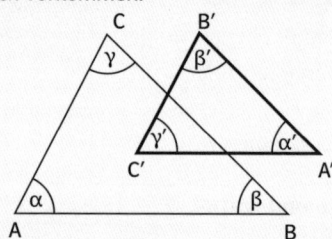

$\alpha = \gamma', \quad \beta = \alpha', \quad \gamma = \beta'$

2. Möglichkeit:
Alle Seitenverhältnisse entsprechender Seiten müssen gleich sein.

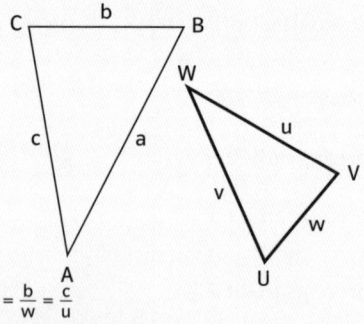

$\frac{a}{v} = \frac{b}{w} = \frac{c}{u}$

3. Möglichkeit:
Eine Winkelweite muss übereinstimmen und die Seitenverhältnisse der anliegenden Seiten müssen gleich sein.

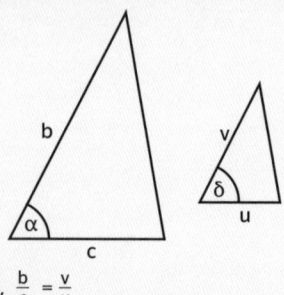

$\alpha = \delta, \quad \frac{b}{c} = \frac{v}{u}$

Merk-würdig!

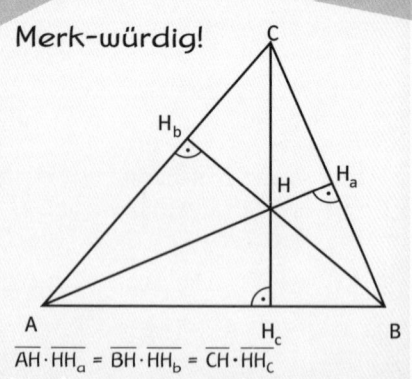

$\overline{AH} \cdot \overline{HH_a} = \overline{BH} \cdot \overline{HH_b} = \overline{CH} \cdot \overline{HH_c}$

„Wissen nennen wir jenen Teil unserer Unwissenheit, den wir geordnet und katalogisiert haben."
Ambrose Bierce

Was wiegen die Hühner?

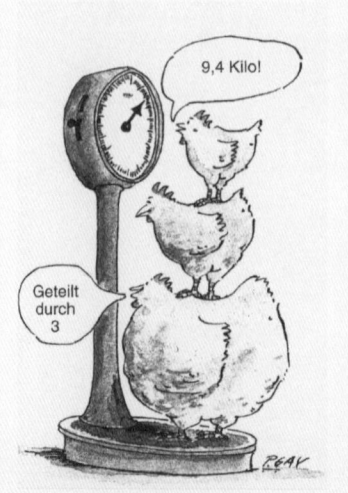

Gleich viele Punkte?!

Theo: „Wie viele Punkte liegen denn auf einer Strecke der Länge 2 cm?"

Andrea: „Du erwartest doch jetzt keine andere Antwort als unendlich viele, oder?"

Theo: „Ja, schon, aber dann sind auf einer doppelt so langen Strecke zweimal unendlich viele, auf einer dreimal so langen Strecke dreimal unendlich viele usw. und das macht mir Kopfschmerzen!"

Andrea: „Nein, eben nicht. Ich kann dir zeigen, dass auf der doppelt so langen Strecke genau so viele Punkte liegen wie auf der Strecke der Länge 2 cm!"

Theo: „Da bin ich aber gespannt, wie du das machen willst!"

Andrea: „Können wir uns auf folgendes verständigen: Wenn es mir gelingt, zu jedem Punkt auf der einen Strecke genau einen Punkt auf der anderen Strecke anzugeben und umgekehrt, dann akzeptierst du, dass auf beiden Strecken gleich viele Punkte sind."

Theo: „Dagegen kann man wohl vernünftigerweise nichts einwenden."

Andrea: „Betrachte die Figur. Zuerst zeichne ich die beiden parallelen Strecken ST und S'T' mit den Längen 2 cm und 4 cm und die Geraden durch S und S' bzw. T und T', die sich in Z schneiden. Dann zeichne ich irgendeine Gerade durch Z, die beide Strecken schneidet. Zum Schnittpunkt A auf ST gibt es genau einen Schnittpunkt A' auf der anderen Strecke S'T'."

Theo: „Einverstanden! Und zu einem anderen Punkt B auf ST gibt es genau einen Punkt B' auf S'T'. Also gibt es zu jedem Punkt auf ST genau einen Punkt auf S'T'."

Andrea: „Und umgekehrt: Zu jedem Punkt C' auf der Strecke S'T' gibt es genau einen Punkt C auf der Strecke ST! Fertig!"

Theo: „Ich sehe es, aber ich glaube es nicht..."

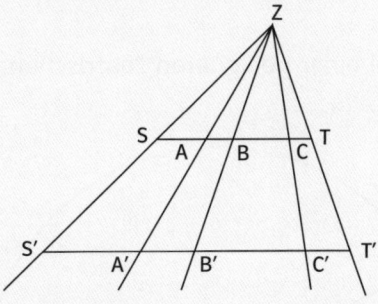

Die Strahlensätze

1. Strahlensatz

Wenn zwei Halbgeraden mit gemeinsamem Anfangspunkt von zwei parallelen Geraden geschnitten werden, dann verhalten sich die Längen der Abschnitte auf der einen Halbgeraden wie die Längen der entsprechenden Abschnitte auf der anderen Halbgeraden.

Beispiel

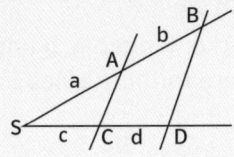

$$\frac{a}{b} = \frac{c}{d} \quad \text{bzw.} \quad \frac{a}{a+b} = \frac{c}{c+d}$$

2. Strahlensatz

Wenn zwei Halbgeraden mit gemeinsamem Anfangspunkt von zwei parallelen Geraden geschnitten werden, dann verhalten sich die vom Anfangspunkt aus gemessenen Abschnitte auf jeder der Halbgeraden wie die Längen der entsprechenden Abschnitte auf den parallelen Geraden.

Beispiel

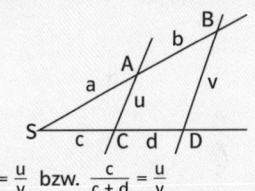

$$\frac{a}{a+b} = \frac{u}{v} \quad \text{bzw.} \quad \frac{c}{c+d} = \frac{u}{v}$$

Bist du sicher?

1 Berechne die Streckenlänge x.

a)

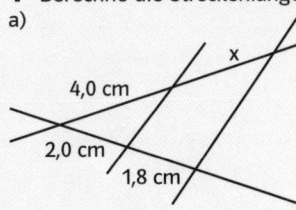

b)

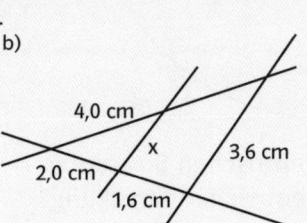

2 Berechne die Streckenlängen x und y.

a)

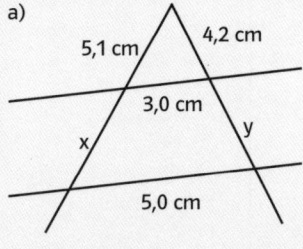

b)

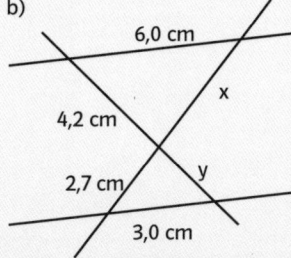

3 Welche Dreiecke in der Figur 1, welche Rechtecke in der Figur 2 sind ähnlich?

Figur 1   Figur 2

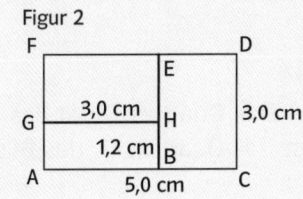

4 Welche Dreiecke sind ähnlich?

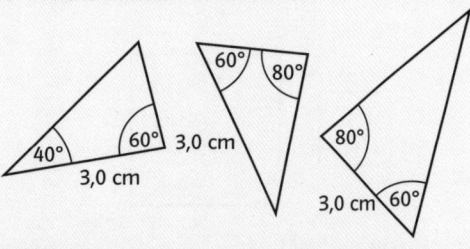

Lösungen

1 a) 3,6 cm   b) 2,0 cm   **2** a) x = 3,4 cm, y = 2,8 cm   b) x = 5,4 cm, y = 2,1 cm   **3** Die Dreiecke ABE, CDB, ABD und ACD sind ähnlich. Die Rechtecke ACDF und GHEF sind ähnlich.   **4** Alle Dreiecke sind ähnlich, da sie die Innenwinkel der Weiten 40°, 60° und 80° haben.

Ähnliche Figuren – Strahlensätze   13

Anfangszeit: _____   + 45 Minuten →   Abgabe: _____

1 (4 VP)
Die Geraden g und h sind parallel und es gilt:
$\overline{AE}$ = 6,0 cm, $\overline{AD}$ = 9,0 cm, $\overline{BC}$ = 2,0 cm, $\overline{BE}$ = 2,4 cm.
Berechne die Streckenlängen $\overline{AB}$ und $\overline{CD}$.

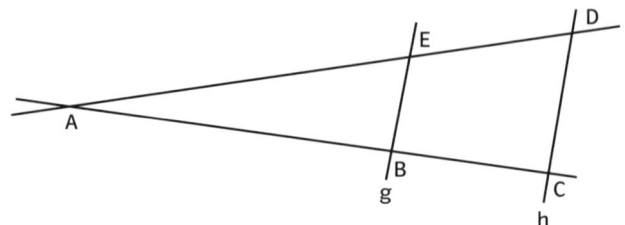

2 (3 VP)
Drei Streckenlängen a, b und c sind durch die Abbildung vorgegeben.
Konstruiere mithilfe eines Strahlensatzes eine Strecke der Länge x, für die gilt: $a : b = c : x$.

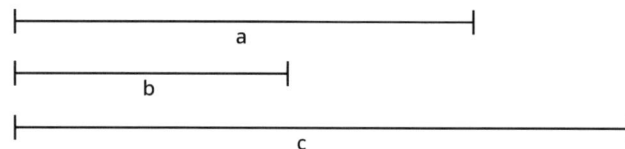

3 (2 + 2 VP)
a) Der Kreis k_2 ist das Bild des Kreises k_1 bei einer geeigneten zentrischen Streckung.
Bestimme das Streckzentrum Z.

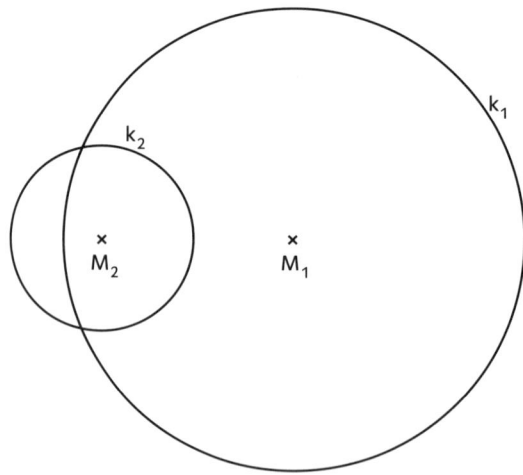

b) Das Quadrat Q_2 ist das Bild des Quadrates Q_1 bei einer zentrischen Streckung.
Ist das Quadrat Q_3 das Bild von Quadrat Q_2 bei derselben zentrischen Streckung?

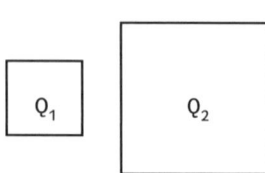

4 (1 + 1 + 1 + 1 + 1 VP)

Ergänze in folgenden Sätzen die Worte „manchmal", „immer" oder „nie", so dass wahre Aussagen entstehen.

a) Wenn zwei Dreiecke in den Weiten zweier Innenwinkel übereinstimmen,

dann sind diese Dreiecke _____ ähnlich.

b) Wenn zwei Dreiecke ähnlich sind,

dann sind sie _____ kongruent.

c) Wenn ein Dreieck spitzwinklig und ein anderes stumpfwinklig ist,

dann sind diese beiden Dreiecke _____ ähnlich.

d) Wenn zwei Dreiecke ähnlich, jedoch nicht kongruent sind,

dann haben sie _____ den gleichen Flächeninhalt.

e) Wenn zwei Dreiecke gleichschenklig sind,

dann sind sie _____ ähnlich.

5 (3 + 2 + 1 VP)

Die Gerade g schneidet den Kreis um O mit dem Radius 3 Längeneinheiten in den Punkten A(3|0) und B(0|3). Die Gerade h ist parallel zur x-Achse und geht durch C(0|1).

a) Begründe, dass die Dreiecke OAB und CEB ähnlich sind.

b) Welche zentrische Streckung führt das Dreieck OAB in das Dreieck CEB über?

c) Sind die Dreiecke CEB und EAD ähnlich?

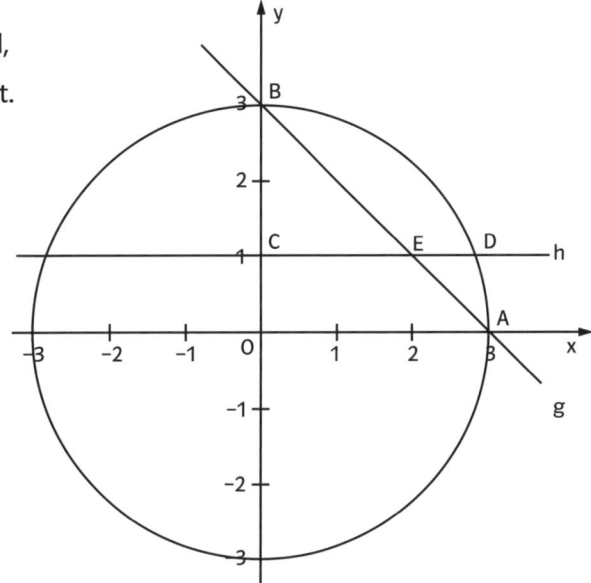

6 (2 VP)

Max Schlaumaier behauptet: „Wenn ich eine Figur A mit einer zentrischen Streckung mit Streckfaktor k auf eine Figur B abbilde, dann kann ich die Figur B mit einer zentrischen Streckung mit Streckfaktor $\frac{1}{k}$ auf die Figur A abbilden."

Was meinst du dazu?

<u>Lerntipps</u>

zu Aufgabe 3

a) Du brauchst zwei Punkte und die zugehörigen Bildpunkte, um das Streckzentrum zeichnerisch zu ermitteln.

b) Beachte, dass es sich um dieselbe zentrische Streckung handeln soll, also Z gleich bleibt und k auch.

zu Aufgabe 4

Manchmal hilft eine einfache Skizze zur Veranschaulichung.

zu Aufgabe 5

a) Weise nach, dass in beiden Dreiecken gleich weite Winkel vorkommen. Denke an Stufenwinkel.

b) Du musst das Streckzentrum und den Streckfaktor angeben.

c) Zeichne die Dreiecksseite AD ein. Vergleiche die Winkelweiten in beiden Dreiecken.

zu Aufgabe 6

Betrachte irgendeine Strecke XY. Wie ändert sich ihre Länge bei den beiden Abbildungen?

Wähle gegebenenfalls einen bestimmten Wert für k, etwa k = 2 und überprüfe zuerst damit die Behauptung.

Anfangszeit: _____

+ 45 Minuten

Abgabe: _____

1 (1,5 + 1 + 1,5 VP)
Welche der Figuren gehen durch eine zentrische Streckung auseinander hervor? Zeichne gegebenenfalls das Streckzentrum Z ein und gib den Streckfaktor k an.

a)

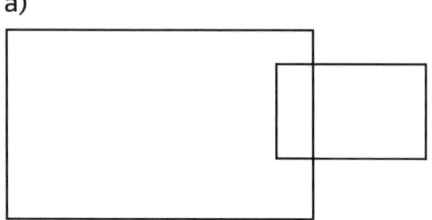

b)

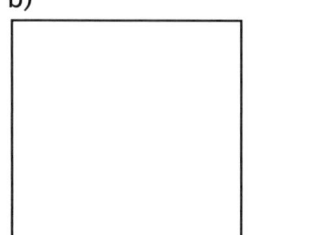

c)

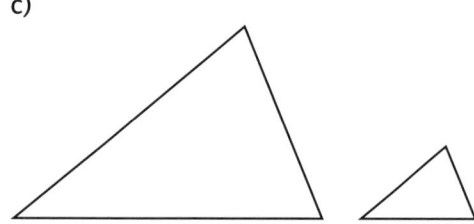

2 (3 + 1 + 1 VP)
Das Viereck ABCD wird durch eine zentrische Streckung von Z aus so abgebildet, dass A′ der Bildpunkt von A und B′ der Bildpunkt von B ist.
a) Konstruiere das Streckzentrum Z und das Viereck A′B′C′D′.
b) Welche Koordinaten hat der Bildpunkt M′ des Mittelpunkts M der Seite AB?
c) Welche Koordinaten hat der Originalpunkt P des Bildpunkts P′(3│2)?

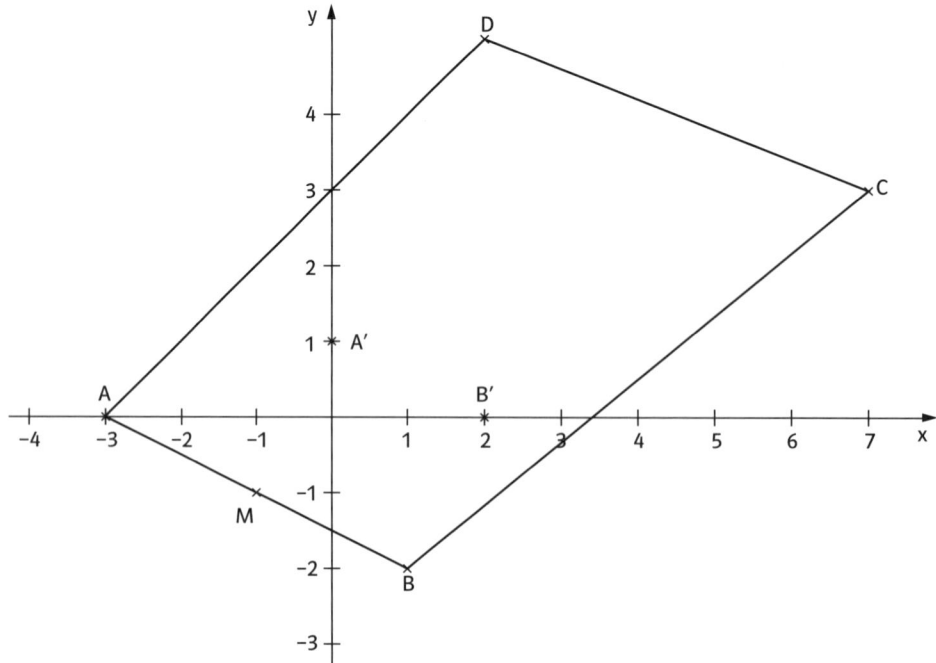

3 (4 VP)

Welche der angegebenen Beziehungen folgen aus der abgebildeten Figur? Kreuze in diesen Fällen „ja" an. Anderenfalls kreuze „nein" an.

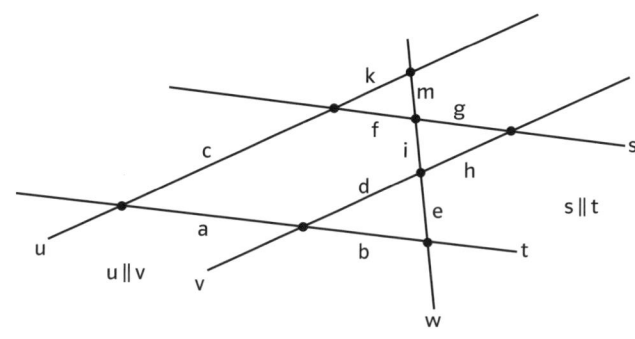

Nr.	Beziehung	ja	nein
1.	$\dfrac{k}{c} = \dfrac{m}{i+e}$		
2.	$\dfrac{i}{m} = \dfrac{g}{f}$		
3.	$\dfrac{g}{h} = \dfrac{e}{b}$		
4.	$\dfrac{b}{a} = \dfrac{e}{i+m}$		
5.	$\dfrac{h}{d} = \dfrac{g}{f}$		
6.	$\dfrac{i}{h} = \dfrac{m}{k}$		
7.	$\dfrac{e}{d} = \dfrac{i+m}{c+k}$		
8.	$m = \dfrac{k \cdot e}{c}$		

4 (3 + 3 + 1 VP)

a) Weise nach, dass die Dreiecke ADE und BCD ähnlich sind.
Inwiefern folgt daraus: $\overline{AD} \cdot \overline{DC} = \overline{BD} \cdot \overline{DE}$?
b) Wie lang ist die Strecke $\overline{AE}$?
c) Sind auch die Dreiecke ABC und ABE ähnlich? Begründe.

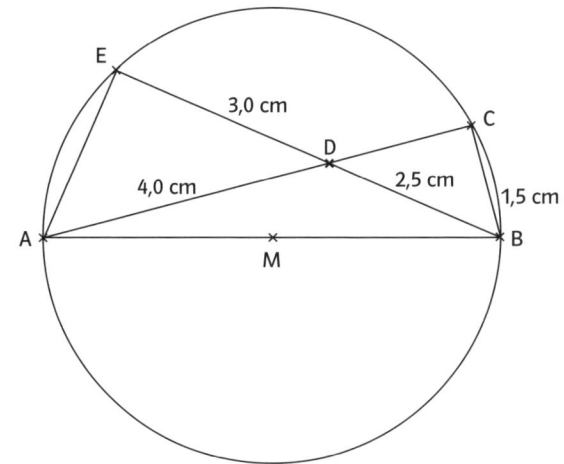

5 (4 VP)

Max Schlaumaier behauptet:
„Wenn ein Dreieck den Flächeninhalt A_1 und das Bilddreieck bei einer zentrischen Streckung mit dem Streckfaktor k, k > 0, den Flächeninhalt A_2 hat, dann gilt: $A_2 = k^2 \cdot A_1$."
Nimm Stellung zu dieser Behauptung.

Lerntipps

zu Aufgabe 2
a) Wenn du Z konstruiert hast, kannst du C′ und D′ mithilfe von Parallelen erhalten.
zu Aufgabe 4
a) Du weißt, dass die Winkel bei C und E die gleiche Weite 90° haben. Warum?
zu Aufgabe 5
Der Flächeninhalt eines Dreiecks mit der Grundseitenlänge g und der zugehörigen Höhe h wird mit der Formel $A = \frac{1}{2} \cdot g \cdot h$ berechnet. Wie verändern sich g und h bei der zentrischen Streckung?

1 (1,5 + 1,5 + 1,5 + 1,5 VP)
Kann die jeweils rechte Figur das Bild der linken Figur bei einer geeigneten zentrischen Streckung sein?
Falls ja, so zeichne das Streckzentrum Z ein und gib den Streckfaktor k an.
Falls nein, so erläutere, warum dies nicht sein kann.

a)

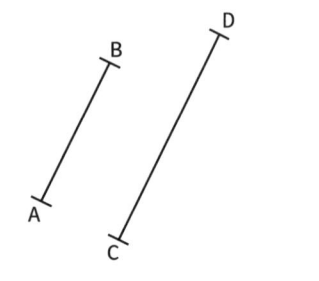

b)

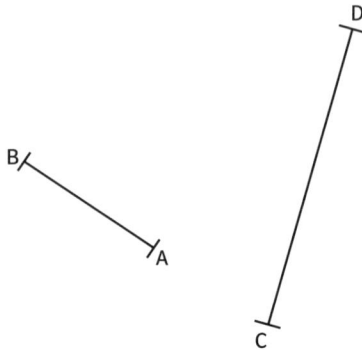

c)

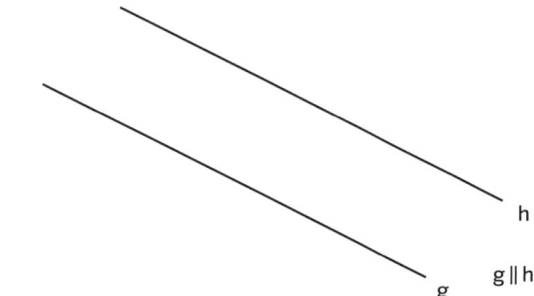

d)

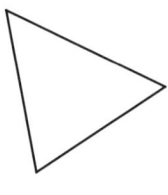

2 (2 + 2 VP)
Um einen Gegenstand ohne Linse auf einer Mattscheibe oder Photoplatte abzubilden, verwendet man seit Jahrhunderten eine sogenannte Lochkamera.

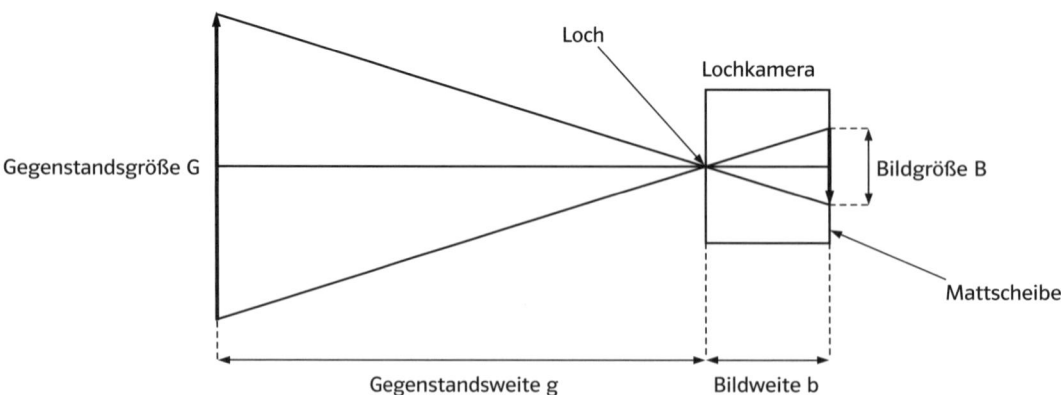

Die vom Gegenstand ausgehenden Lichtstrahlen treten durch das Loch der Kamera ein und erzeugen auf der Mattscheibe ein umgekehrtes Bild.
a) Wie groß ist ein Gegenstand, der 15,0 m vor der Kamera steht, wenn die Bildweite 20,0 cm und die Bildgröße 6,0 cm betragen?
b) Erläutere, inwiefern sich eine Lochkamera bei bekannter Gegenstandsgröße als Entfernungsmesser benutzen lässt.

3 (3 + 2 + 2 VP)

a) Begründe: Die Figur enthält ähnliche Dreiecke.

b) Bestätige damit: $\overline{BD}^2 = \overline{AB} \cdot \overline{BC}$

c) Kannst du $\overline{AD}^2$ entsprechend als Produkt von in der Figur vorkommenden Streckenlängen ausdrücken?

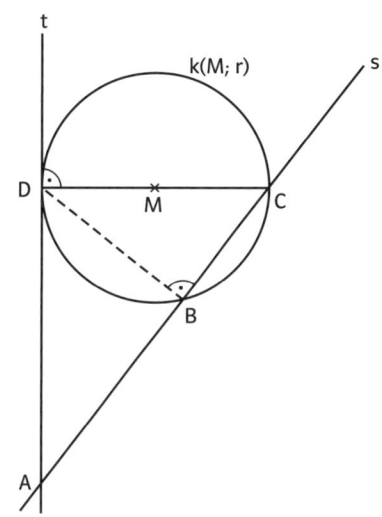

4 (3 + 4 VP)

Sehr häufig werden im Alltag Abbildungen wie die nebenstehende verwendet, um Prozentsätze durch geeignet gewählte Flächenstücke oder Körper zu verdeutlichen.

a) Weise nach, dass die Inhalte der vier weißen Flächenstücke sich sicher *nicht* wie die angegebenen Prozentsätze verhalten.

b) Wie müsste man das Dreieck durch drei Parallelen zur Grundseite zerlegen, so dass die angegebenen Prozentsätze den tatsächlichen Flächeninhalten der vier Teilfiguren entsprechen?

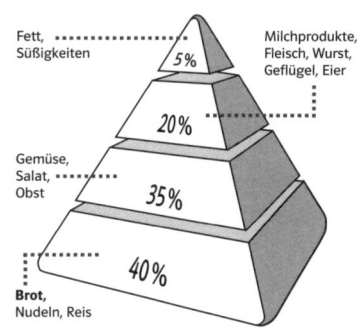

Sonnenblumenbrot

Fett, Süßigkeiten — 5%

Milchprodukte, Fleisch, Wurst, Geflügel, Eier — 20%

Gemüse, Salat, Obst — 35%

Brot, Nudeln, Reis — 40%

Das Korn.
Wertvolle Basis einer gesunden Ernährung.
Tagesbedarf an Grundnahrungsmitteln in Prozent des Gesamtbedarfs.

Lerntipps

Modellieren

Bei Problemen wie in Aufgabe 4 kann man folgendermaßen beginnen:

Idealisieren:

Die weißen Flächen sollen exakte geometrische Figuren sein (ein Dreieck, drei Trapeze). Erst dann kann man überhaupt geeignete Formeln anwenden.

Spezialisieren:

Die vier Flächen sollen gleiche Höhe haben. Oft ist es hilfreich, zuerst mit konkreten Maßen zu arbeiten. (Die vier Höhen sollen 1 cm sein, die Grundkante der Pyramide soll 4 cm lang sein).

Damit werden derartige Fragestellungen oft leichter handhabbar. Erst dann versuche man, falls überhaupt noch erforderlich, eine allgemeine Lösung.

1 (4 VP)
Die Geraden g und h sind parallel. Es gilt:
$\overline{AB}$ = 4,0 cm, $\overline{BC}$ = 2,4 cm, $\overline{BD}$ = 2,0 cm, $\overline{AE}$ = 2,8 cm.
Berechne die Streckenlängen $\overline{CD}$ und $\overline{BE}$.

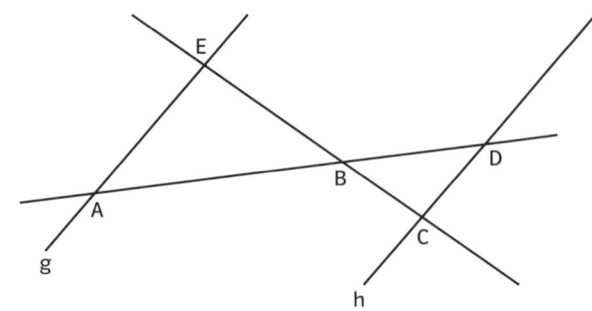

2 (4 VP)
Beweise: Wenn ein Dreieck gleichschenklig ist und
der Winkel an der Spitze die Weite 36° hat, dann
zerlegt die Winkelhalbierende eines Basiswinkels
das Dreieck so, dass eines der Teildreiecke zum
ganzen Dreieck ähnlich ist.

3 (3 + 3 VP)
a) Berechne die Streckenlängen $\overline{AF}$ und $\overline{AE}$.
b) In welchem Verhältnis teilt die Parallele zur Geraden (DE) durch C die Fläche des Dreiecks ADE?

4 (2 + 3 VP)
Von den drei Punkten A, B und C weiß man:
1. $\overline{AB}$ = 3,0 cm, $\overline{BC}$ = 5,0 cm.
2. B ist der Bildpunkt von A, C ist der Bildpunkt von
B bei derselben zentrischen Streckung.
a) Wie müssen die Punkte A, B und C liegen?
Gib den Streckfaktor k dieser zentrischen Streckung
an.
b) Bestimme die Lage des Streckzentrums Z.

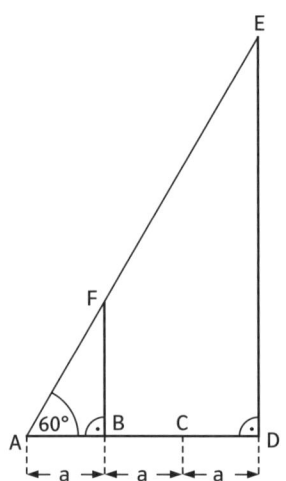

5 (5 VP)
Auf der Abbildung entsteht der Eindruck, dass die
Person die Sonne „umarmt".
Wie weit musste ein Beobachter von der abgebilde-
ten Person entfernt sein, um diesen optischen Ein-
druck zu haben?
Tipp: Wie lang ist etwa der Arm der Person?

Aus dem Lexikon:

Durchmesser der Sonne
d = $1{,}4 \cdot 10^6$ km
Abstand der Sonne von der Erde
s = $1{,}5 \cdot 10^8$ km

Klassenarbeit 1.1

1 (4 VP)

Bei Verwendung des 1. Strahlensatzes kannst du die Streckenlängen vom Anfangspunkt der Strahlen aus messen oder aber die einzelnen Abschnitte auf den Strahlen in Beziehung setzen.
Bei Verwendung des 2. Strahlensatzes musst du die Abschnitte auf den Strahlen immer vom Anfangspunkt der Strahlen aus angeben.

Berechnung von $\overline{AB}$

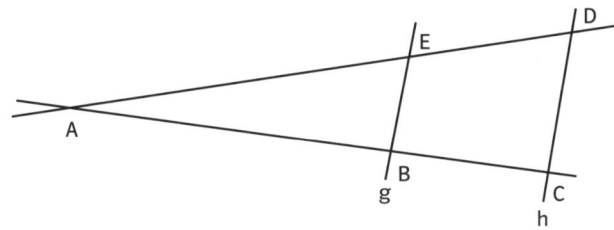

Mit dem 1. Strahlensatz von A aus gilt für die Abschnitte auf den beiden Strahlen:
$\overline{AB} : \overline{BC} = \overline{AE} : \overline{ED}$
Daraus folgt:
$\overline{AB} : \overline{BC} = \overline{AE} : (\overline{AD} - \overline{AE})$

$$\overline{AB} = \frac{\overline{AE}}{\overline{AD} - \overline{AE}} \cdot \overline{BC}$$

$$\overline{AB} = \frac{6{,}0\,\text{cm}}{9{,}0\,\text{cm} - 6{,}0\,\text{cm}} \cdot 2{,}0\,\text{cm}$$

$$\overline{AB} = 4{,}0\,\text{cm}$$

Alternative
Mit dem 1. Strahlensatz von A aus gilt für die von A aus gemessenen Abschnitte auf den Strahlen:
$\overline{AB} : \overline{AC} = \overline{AE} : \overline{AD}$
Daraus folgt:
$$\overline{AB} : (\overline{AB} + \overline{BC}) = \overline{AE} : \overline{AD}$$
$$\overline{AB} \cdot \overline{AD} = (\overline{AB} + \overline{BC}) \cdot \overline{AE}$$
$$\overline{AB} \cdot \overline{AD} = \overline{AB} \cdot \overline{AE} + \overline{BC} \cdot \overline{AE}$$
$$\overline{AB} \cdot \overline{AD} - \overline{AB} \cdot \overline{AE} = \overline{BC} \cdot \overline{AE}$$
$$\overline{AB} \cdot (\overline{AD} - \overline{AE}) = \overline{BC} \cdot \overline{AE}$$
$$\overline{AB} = \frac{\overline{BC} \cdot \overline{AE}}{\overline{AD} - \overline{AE}}$$

Einsetzen der Daten liefert wie oben $\overline{AB} = 4{,}0\,cm$.
Berechnung von $\overline{CD}$
Mit dem 2. Strahlensatz ergibt sich:
$\overline{AE} : \overline{AD} = \overline{BE} : \overline{CD}$
Daraus folgt:
$\overline{AE} \cdot \overline{CD} = \overline{AD} \cdot \overline{BE}$

$$\overline{CD} = \frac{\overline{AD} \cdot \overline{BE}}{\overline{AE}}$$

$$\overline{CD} = \frac{9{,}0\,\text{cm} \cdot 2{,}4\,\text{cm}}{6{,}0\,\text{cm}}$$

$$\overline{CD} = 3{,}6\,\text{cm}$$

2 (3 VP)
Konstruktion mit dem 1. Strahlensatz
Die Streckenlängen a und b werden nacheinander auf dem ersten Strahl, die Streckenlänge c auf dem zweiten Strahl abgetragen. Die zwischen den Parallelen p_1 und p_2 liegende Strecke auf dem zweiten Strahl hat die gesuchte Länge x.

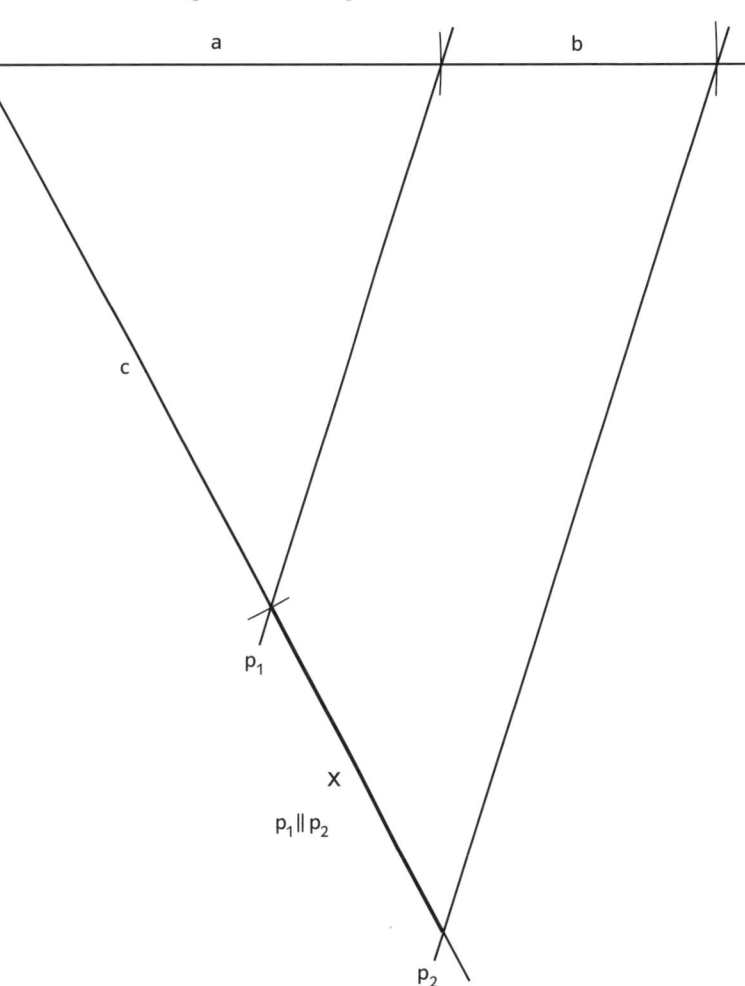

Alternativen
Konstruktion mit dem 1. Strahlensatz
Die Streckenlängen werden alle vom Anfangspunkt der beiden Strahlen abgetragen.

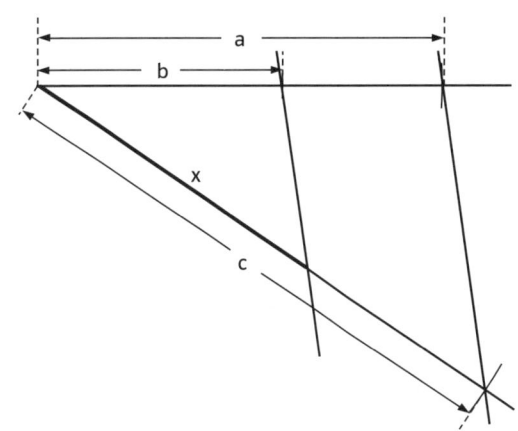

Konstruktion mit dem 2. Strahlensatz
Die Streckenlängen a und c werden auf dem ersten Strahl vom Scheitel aus abgetragen. Die Strecke der Länge b liegt auf einer der Parallelen, die gesuchte Strecke auf der anderen.

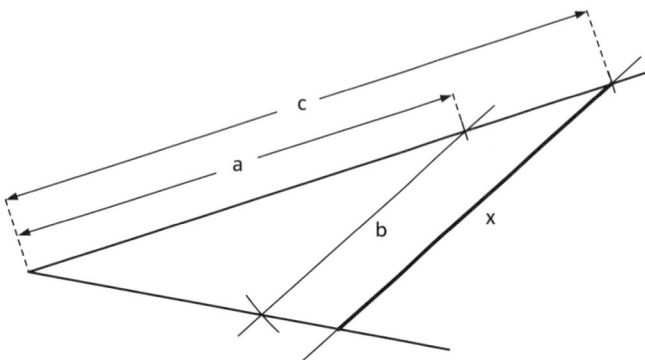

3 (2 + 2 VP)
a) Konstruktion des Streckzentrums Z

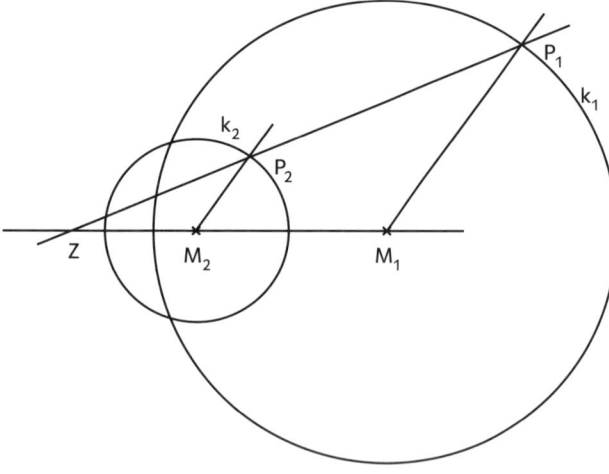

Erläuterung der Konstruktion
Das Streckzentrum Z muss auf der Geraden durch M_1 und M_2 liegen. Man zeichnet nun die Punkte P_1 auf k_1 und P_2 auf k_2 so ein, dass (M_1P_1) und (M_2P_2) parallel zueinander sind. Die Gerade durch P_1 und P_2 schneidet (M_1M_2) im gesuchten Streckzentrum Z.

b) Bestimmung des Streckzentrums Z

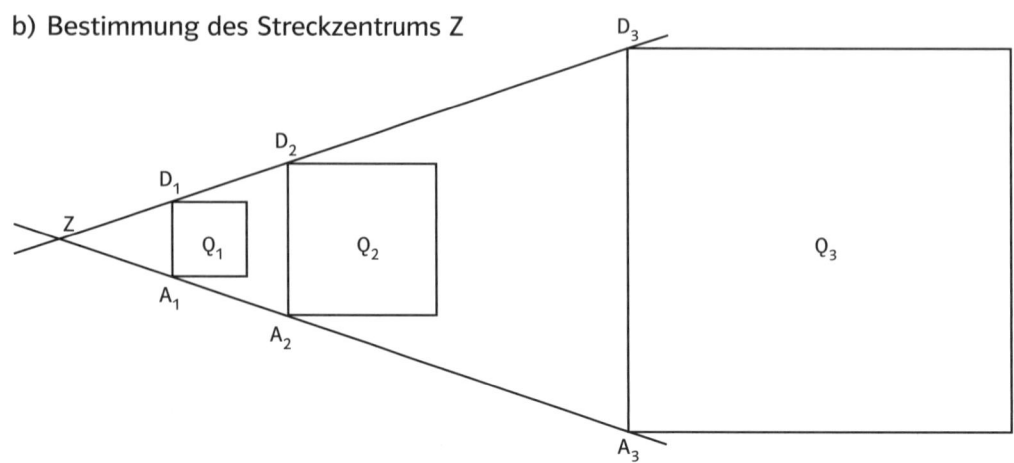

Die Gerade durch A_1 und A_2 geht auch durch A_3. Entsprechend geht die Gerade durch D_1 und D_2 auch durch D_3. Der Schnittpunkt dieser Geraden ist Z.
Die Strecken $\overline{A_1D_1}$, $\overline{A_2D_2}$ und $\overline{A_3D_3}$ sind zueinander parallel. Es gibt also eine zentrische Streckung von Z aus, die $\overline{A_1D_1}$ auf $\overline{A_2D_2}$ und $\overline{A_2D_2}$ auf $\overline{A_3D_3}$ abbildet. Der Zeichnung entnimmt man die Streckfaktoren k_1 bzw. k_2:

$$k_1 = \frac{\overline{A_2D_2}}{\overline{A_1D_1}} = \frac{2,0\,\text{cm}}{1,0\,\text{cm}} = 2$$

$$k_2 = \frac{\overline{A_3D_3}}{\overline{A_2D_2}} = \frac{5,0\,\text{cm}}{2,0\,\text{cm}} = 2,5$$

Da die Streckfaktoren verschieden sind, handelt es sich *nicht* um dieselbe zentrische Streckung.

4 (1 + 1 + 1 + 1 + 1 VP)
a) Wenn zwei Dreiecke in den Weiten zweier Innenwinkel übereinstimmen,
dann sind diese Dreiecke …**immer**… ähnlich.
b) Wenn zwei Dreiecke ähnlich sind,
dann sind sie …**manchmal**… kongruent.
c) Wenn ein Dreieck spitzwinklig und ein anderes stumpfwinklig ist,
dann sind diese beiden Dreiecke …**nie**… ähnlich.
d) Wenn zwei Dreiecke ähnlich, jedoch nicht kongruent sind,
dann haben sie …**nie**… den gleichen Flächeninhalt.
e) Wenn zwei Dreiecke gleichschenklig sind,
dann sind sie …**manchmal**… ähnlich.

Begründungen
a) Wenn Dreiecke in den Weiten zweier Innenwinkel übereinstimmen, dann stimmen sie auch in der Weite des dritten Innenwinkels überein (Winkelsummensatz). Wenn zwei Dreiecke in den Weiten aller drei Winkel übereinstimmen, dann sind sie ähnlich.
b) Ähnliche Dreiecke können kongruent sein, müssen es aber nicht.

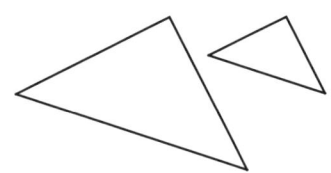

ähnlich und kongruent *ähnlich, aber nicht kongruent*

c) *Wenn ein Dreieck spitzwinklig ist, dann hat es keinen stumpfen Winkel. Ein dazu ähnliches Dreieck hat gleiche Winkelweiten, kann also auch keinen stumpfen Winkel haben.*

d) *Wenn zwei Dreiecke ähnlich, aber nicht kongruent sind, dann geht eines aus dem anderen durch eine zentrische Streckung mit einem Streckfaktor k, k ≠ 1, k ≠ −1, hervor. Der Flächeninhalt des Bilddreiecks ist dann k^2-mal so groß wie der des Originals.*

e) *Gleichschenklige Dreiecke können ähnlich sein, müssen es aber nicht.*

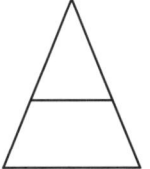

gleichschenklig und ähnlich *gleichschenklig und nicht ähnlich*

5 (3 + 2 + 1 VP)
Weise nach, dass es zu jedem Winkel im Dreieck OAB einen gleich weiten Winkel im Dreieck CEB gibt. Es reicht dabei aus, jeweils zwei Winkel als gleich groß zu erkennen. Du kennst Sätze über Stufenwinkel, Wechselwinkel, Scheitelwinkel und den Winkelsummensatz für Dreiecke.

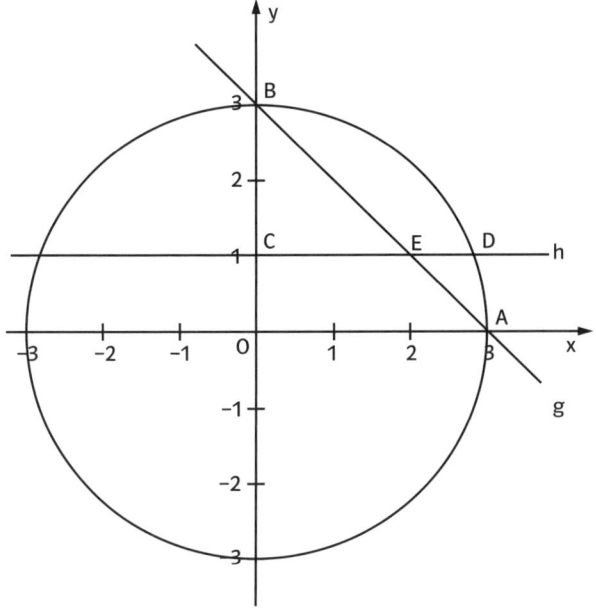

a) Die Gerade h ist parallel zur x-Achse. Daher haben die Dreiecke OAB und CEB beide rechte Winkel:
∢ AOB = ∢ ECB = 90°.
Da die Gerade h und die x-Achse von der Geraden durch A und B geschnitten werden, sind auch die Winkel ∢ BAO und ∢ BEC gleich weit (Wechselwinkel an Parallelen).
Mit dem Satz von der Winkelsumme im Dreieck folgt, dass auch die jeweils dritten Dreieckswinkel gleich weit sind: ∢ OBA = ∢ CBE.
Wenn zwei Dreiecke in den Weiten ihrer Winkel übereinstimmen, dann sind die Dreiecke ähnlich. Folglich: △OAB ~ △CEB.

b) Da (OA) und (CE) parallel sind, gibt es eine zentrische Streckung von B aus, die BO auf BC abbildet. Für den Streckfaktor gilt:
$$\overline{BC} = k \cdot \overline{BO}$$
$$k = \frac{\overline{BC}}{\overline{BO}}$$
$$k = \frac{2}{3}$$
Die zentrische Streckung von B aus mit dem Streckfaktor $k = \frac{2}{3}$ führt das Dreieck OAB in das Dreieck CEB über.

c) *Die beiden Dreiecke stimmen nur in der Weite eines Winkels überein.*
Wenn zwei Dreiecke ähnlich sein sollen, dann müssen sie paarweise gleich weite Winkel haben.
Zwar haben beide Dreiecke einen gleichweiten Winkel (Scheitelwinkel mit dem Scheitel E), aber da die Dreiecksseite AD nicht orthogonal zur x-Achse ist, sind (AD) und (BC) nicht parallel. Das Dreieck CEB hat daher einen rechten Winkel, das Dreieck EAD jedoch nicht.
Die Dreiecke CEB und EAD sind also nicht ähnlich.

6 (2 VP)
Die Behauptung ist wahr.
Wenn eine Figur A mit einer zentrischen Streckung mit dem Streckfaktor k, k > 0, abgebildet wird, so wird jede Strecke XY in der Figur k-mal so lang:
$\overline{X'Y'} = k \cdot \overline{XY}$.
Bildet man nun die Strecke X'Y' mit einer zentrischen Streckung vom selben Streckzentrum aus mit dem Streckfaktor $\frac{1}{k}$ ab, so erhält man:
$$\overline{X''Y''} = \frac{1}{k} \cdot \overline{X'Y'} = \frac{1}{k} \cdot k \cdot \overline{XY} = \overline{XY}.$$
Die Bildstrecke stimmt also mit der Originalstrecke überein. Daher fällt das gesamte Bild der Figur B wieder mit Figur A zusammen.

Klassenarbeit 1.2

1 (1,5 + 1 + 1,5 VP)

a) *Überlege, welche Punkte als Original- und Bildpunkte einander zugeordnet sind. Du weißt, dass Original- und Bildpunkte auf einer Geraden durch das Streckzentrum liegen.*
Zur Bestimmung des Streckfaktors musst du messen. Wähle eine geeignete Originalstrecke und die zugehörige Bildstrecke.

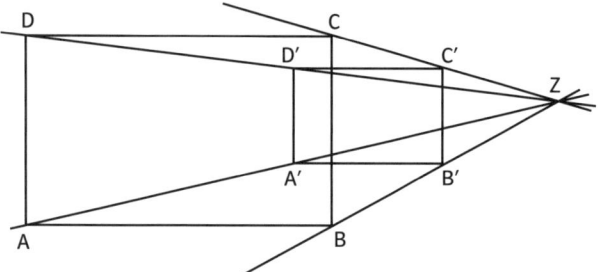

Bezeichnet man die Eckpunkte der Rechtecke mit A, B, C, D bzw. A', B', C', D' wie in der Abbildung, so schneiden sich die Geraden (AA'), (BB'), (CC') und (DD') in einem einzigen Punkt. Dieser Punkt Z ist das Streckzentrum.
Für den Streckfaktor gilt: $k = \frac{\overline{A'B'}}{\overline{AB}} = \frac{1}{2}$.

b) *Jede Strecke der Länge a wird auf eine Strecke der Länge k·a, k > 0, abgebildet. Jeder Winkel wird auf einen Winkel gleicher Weite abgebildet. Was bedeutet dies für das Bild eines Quadrats?*
Bei einer zentrischen Streckung wird ein Quadrat wieder auf ein Quadrat abgebildet. Daher gibt es keine zentrische Streckung, die das linke Viereck (Quadrat mit der Seitenlänge 4,0 cm) in das rechte Viereck (Rechteck mit den Seitenlängen 1,2 cm und 1,0 cm) abbildet.

c) *Du kannst entweder durch Nachmessen der Winkelweiten in beiden Dreiecken argumentieren oder aber die drei Verhältnisse der Seitenlängen der Dreiecke als gleich groß nachweisen.*

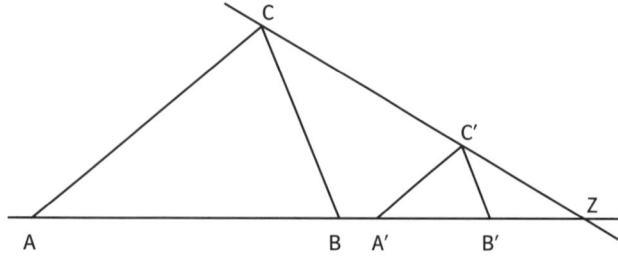

Die Dreiecke ABC und A'B'C' sind ähnlich, da es zu jedem Winkel im Dreieck ABC einen gleich weiten Winkel im Dreieck A'B'C' gibt. Daher gibt es eine

zentrische Streckung, die das Dreieck ABC auf das Dreieck A'B'C' abbildet.
Für den Streckfaktor gilt: $k = \frac{\overline{A'B'}}{\overline{AB}} = \frac{3}{8}$.

2 (3 + 1 + 1 VP)

a)

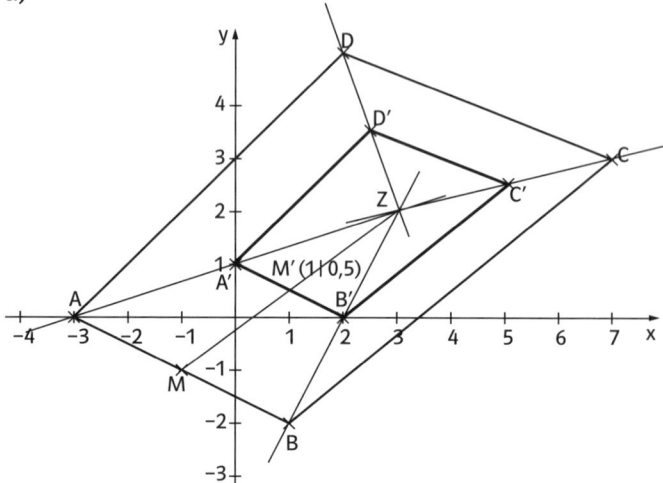

Erläuterung der Konstruktion des Vierecks A'B'C'D'
Das Streckzentrum Z muss sowohl auf der Geraden durch A und A' als auch auf der Geraden durch B und B' liegen. Der Punkt Z ist also der Schnittpunkt dieser beiden Geraden.
C' liegt auf der Geraden durch Z und C und der Parallelen zu (BC) durch B'. D' liegt auf der Geraden durch Z und D und der Parallelen zu (AD) durch A'.

b) *Der Punkt M' liegt auf der Geraden durch Z und M und auf der Strecke A'B'.*
Die Zeichnung ergibt M'(1|0,5).

c) Der Bildpunkt P'(3|2) stimmt mit dem Streckzentrum Z überein. Das Streckzentrum ist Fixpunkt bei der zentrischen Streckung. Daher ist der zum Bildpunkt P'(3|2) gehörende Originalpunkt der Punkt P(3|2).

3 (4 VP)

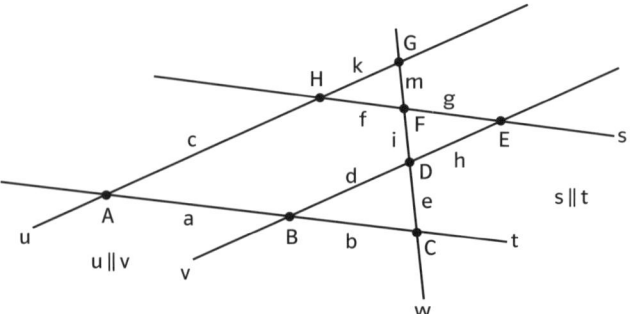

Tipp zur Vorgehensweise

Nr. 1

Betrachte bei der gegebenen Beziehung $\frac{k}{c} = \frac{m}{i+e}$ zuerst die ersten drei Variablen k, c und m.
Im Bild erkennst du, dass k und c auf ein und derselben Geraden liegen, m dagegen auf einer anderen, zu dieser nicht parallelen Geraden. Daher kommt – wenn überhaupt – nur der 1. Strahlensatz in Frage. Da die Strecken mit den Längen k und m den gleichen Anfangspunkt haben, ist dieser das Zentrum der Strahlensatzfigur. Durch die beiden Endpunkte dieser Strecke geht eine dritte Gerade s. Zu dieser muss nun eine Parallele gefunden werden. Diese Gerade ist t. Damit liegt der noch fehlende Abschnitt der Länge i + e fest.

Nr. 3

Betrachte erneut wieder die drei ersten Variablen g, h und e. Da die Strecken mit den Längen h und e auf sich schneidenden Geraden liegen und die Strecke der Länge g auf keiner dieser Geraden, muss sie auf einer der Parallelen, hier s, liegen. Damit liegt die andere Parallele t fest. Auf t liegt zwar die Strecke der Länge b. Wenn man den 2. Strahlensatz anwenden möchte, müssen jedoch die vom Zentrum ausgehenden Strecken auf derselben Geraden liegen. Dies trifft für h und e nicht zu. Es kann also nur $\frac{g}{h} = \frac{d}{b}$ oder $\frac{g}{i} = \frac{e}{b}$ gelten.
Entsprechend kann man die anderen Fälle durchdenken.

Nr.	ja	nein	Begründungen
1.	X		1. Strahlensatz von G aus
2.	X		1. Strahlensatz von F aus
3.		X	2. Strahlensatz von D aus ergibt: $\frac{g}{h} = \frac{d}{b}$
4.	X		1. Strahlensatz von C aus
5.		X	Da (HB) nicht parallel ist zu (FD), liegt keine Strahlensatzfigur vor.
6.	X		2. Strahlensatz von F aus
7.		X	Der zweite Strahlensatz von C aus ergibt $\frac{e}{d} = \frac{e+i+m}{c+k}$.
8.		X	Umformung ergibt $\frac{k}{c} = \frac{m}{e}$. Der erste Strahlensatz von G aus ergibt jedoch $\frac{k}{c} = \frac{m}{i+e}$.

4 (3 + 3 + 1 VP)

a) Die Dreiecke ADE und BCD sind ähnlich, denn es gilt:

1. $\sphericalangle\,$EDA = $\sphericalangle\,$BDC   (Scheitelwinkel)
2. $\sphericalangle\,$AED = $\sphericalangle\,$DCB = 90°   (Satz von Thales)
3. $\sphericalangle\,$DAE = $\sphericalangle\,$CBD   (Winkelsummensatz für Dreiecke)

Wegen der Ähnlichkeit der Dreiecke stimmen die Längenverhältnisse überein.

Somit: $\overline{AD}:\overline{DE} = \overline{BD}:\overline{DC}$

Folglich: $\overline{AD}\cdot\overline{DC} = \overline{BD}\cdot\overline{DE}$

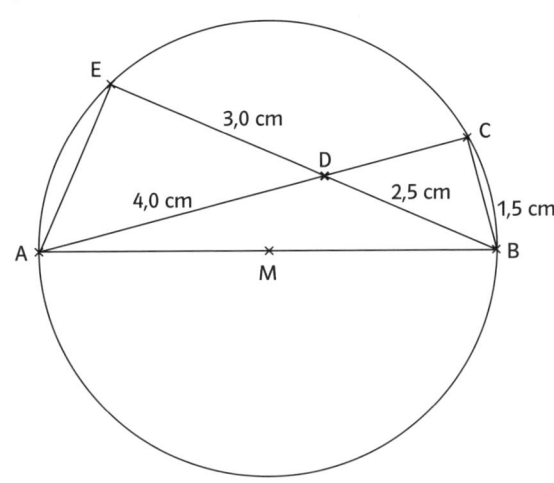

b) Wegen der Ähnlichkeit der Dreiecke ADE und BCD gilt:

$\overline{AE}:\overline{AD} = \overline{BC}:\overline{BD}$

Folglich:

$\overline{AE} = \frac{\overline{BC}}{\overline{BD}}\cdot\overline{AD}$

$\overline{AE} = \frac{1,5\,\text{cm}}{2,5\,\text{cm}}\cdot 4,0\,\text{cm}$

$\overline{AE} = 2,4\,\text{cm}$

c) Die Dreiecke ABC und ABE sind nicht ähnlich, da sie nur in der Weite eines einzigen Winkels, des rechten Winkels bei C bzw. E übereinstimmen.

5 (4 VP)

Bei einer zentrischen Streckung mit dem Streckfaktor k, k > 0, wird jede Originalstrecke der Länge a auf eine Bildstrecke der Länge k·a abgebildet.

Den Flächeninhalt A_1 eines Dreiecks berechnet man mit $A_1 = \frac{1}{2}\cdot g_1\cdot h_1$, wobei g_1 die Länge einer Seite und h_1 die Länge der zu dieser Seite gehörenden Höhe ist.

Für den Flächeninhalt A_2 des Bilddreiecks ergibt sich daher:

$A_2 = \frac{1}{2}\cdot g_2\cdot h_2$

$A_2 = \frac{1}{2}\cdot(k\cdot g_1)\cdot(k\cdot h_1)$

$A_2 = k^2\cdot\frac{1}{2}\cdot g_1\cdot h_1$

$A_2 = k^2\cdot A_1$

Die Behauptung ist also zutreffend.

Klassenarbeit 1.3

1 (1,5 + 1,5 + 1,5 + 1,5 VP)
a) 1. Lösung
Die Geraden (AC) und (BD) schneiden sich im Streckzentrum Z.

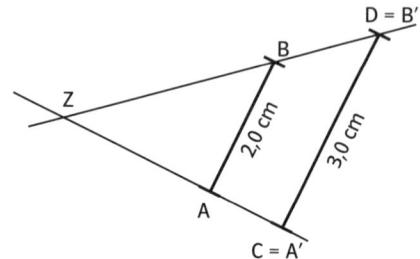

Die beiden Strecken AB und CD sind parallel. Es gilt: $\frac{\overline{CD}}{\overline{AB}} = \frac{3\,cm}{2\,cm} = \frac{3}{2}$. Der Streckfaktor ist daher $k = \frac{3}{2}$.

2. Lösung
Die Geraden (AD) und (BC) schneiden sich im Streckzentrum Z.

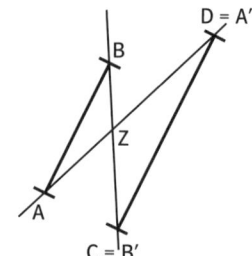

Der Streckfaktor ist $k = -\frac{3}{2}$.

b) Bei einer zentrischen Streckung wird eine Strecke auf eine zu ihr parallele Strecke abgebildet. Die rechte Figur ist daher nicht das Bild der linken Figur bei einer zentrischen Streckung.
In der Abbildung ist (CD) nicht parallel zu (AB).

c) 1. Lösung
Die Punkte A, B auf g und A', B' auf h werden beliebig gewählt. Die Geraden (AA') und (BB') schneiden sich im Streckzentrum Z.

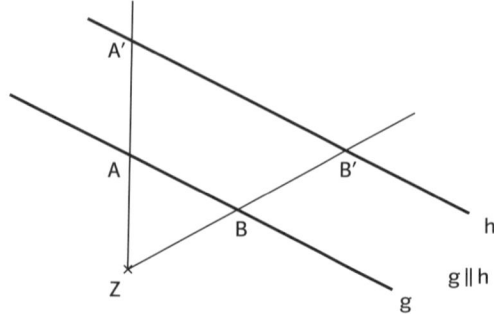

Für den Streckfaktor k gilt: $k = \frac{\overline{ZA'}}{\overline{ZA}}$
In der Abbildung ist $k = 2$.

2. Lösung

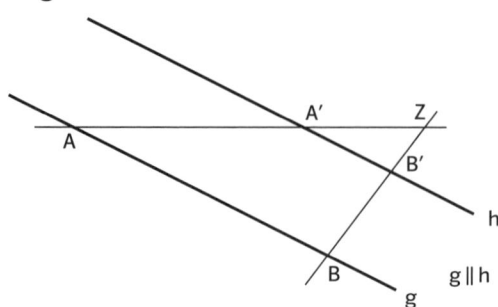

Es gilt: $k = \frac{\overline{ZA'}}{\overline{ZA}}$
In der Abbildung ist $k = \frac{1}{3}$.

3. Lösung

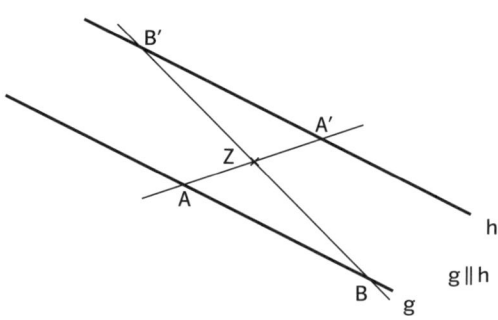

In der Abbildung liegt Z auf der Mittelparallelen von g und h. Daher gilt $\overline{ZA'} = \overline{ZA}$. Der Streckfaktor ist $k = -1$.

Bemerkung
Jeder Punkt der Zeichenebene kann als Streckzentrum gewählt werden, sofern er nicht auf g oder h gelegt wird.
Wählt man Z „links" von g, so ist der Streckfaktor positiv und größer als 1.
Wählt man Z „rechts" von h, so ist der Streckfaktor positiv und kleiner als 1.
Wählt man Z im Inneren des von g und h gebildeten Streifens, so ist der Streckfaktor negativ.

d) In der Abbildung schneiden sich die Verbindungsgeraden einander zugeordneter Punkte in einem einzigen Punkt Z. Man erkennt:
(A'B') ∥ (AB), (B'C') ∥ (BC), (A'C') ∥ (AC).
Da alle Bildstrecken halb so lang sind wie die entsprechenden Originalstrecken, gilt $k = \frac{1}{2}$.

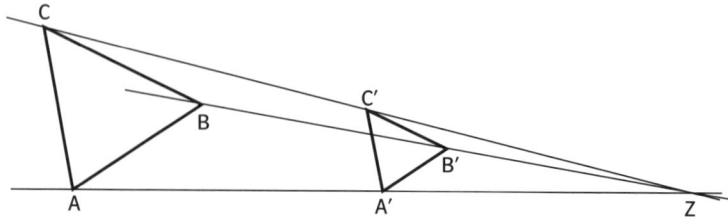

2 (2 + 2 VP)

a) Gegenstandsgröße

Der zweite Strahlensatz vom Loch der Kamera aus ergibt: $G:g = B:b$.

Daraus folgt:

$G = \frac{B}{b} \cdot g$

$G = \frac{6\,cm}{20\,cm} \cdot 15\,m$

$G = 4,5\,m$

b) Verwendung als Entfernungsmesser

Wegen $G:g = B:b$ erhält man:

$g:G = b:B$

$g = \frac{b}{B} \cdot G$

Da nach Voraussetzung die Gegenstandsgröße G bekannt ist und sich die Bildgröße B und die Bildweite b an der Kamera abmessen lassen, ist die Gegenstandsweite g mit dieser Beziehung berechenbar und damit die Entfernung des Gegenstands bekannt.

3 (3 + 2 + 2 VP)

a) Wenn in zwei Dreiecken die Weiten der Innenwinkel paarweise gleich groß sind, dann sind diese Dreiecke ähnlich.

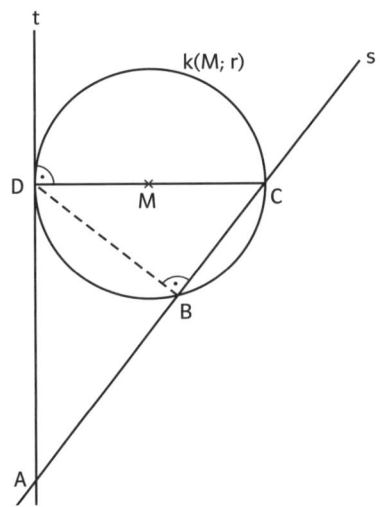

In der Abbildung gilt:

1. $\sphericalangle\,BAD = \sphericalangle\,CAD$ (gemeinsamer Winkel)
2. $\sphericalangle\,DBA = \sphericalangle\,ADC = 90°$ (nach Voraussetzung)
3. $\sphericalangle\,ADB = \sphericalangle\,DCB$ (Winkelsummensatz für Dreiecke)

Daher sind die Dreiecke ABD und ACD ähnlich.

Entsprechend gilt:

1. $\sphericalangle\,DCB = \sphericalangle\,DCA$ (gemeinsamer Winkel)
2. $\sphericalangle\,CBD = \sphericalangle\,ADC = 90°$ (nach Voraussetzung)
3. $\sphericalangle\,BDC = \sphericalangle\,CAD$ (Winkelsummensatz für Dreiecke)

Folglich sind auch die Dreiecke ABD und CDB ähnlich.

b) Nach Teilaufgabe a) gilt:

$\triangle ABD \sim \triangle CDB$

Somit folgt für das Verhältnis der Katheten in beiden Dreiecken:

$\overline{BD}:\overline{AB} = \overline{BC}:\overline{BD}$

Daraus folgt:

$\overline{BD}^2 = \overline{AB} \cdot \overline{BC}$. Dies war zu zeigen.

Bemerkung

Dies ist nichts anderes als der Höhensatz im rechtwinkligen Dreieck ACD.

c) Nach Teilaufgabe a) gilt:

$\triangle ABD \sim \triangle ACD$

Somit folgt für das Verhältnis der jeweils längeren Kathete zur Hypotenuse:

$\overline{AB}:\overline{AD} = \overline{AD}:\overline{AC}$

Daraus folgt:

$\overline{AD}^2 = \overline{AB} \cdot \overline{AC}$

Bemerkung

Dies ist der Kathetensatz im rechtwinkligen Dreieck ACD.

4 (3 + 4 VP)

Die vier weißen Flächenstücke entstehen durch Zerlegung eines gleichschenkligen Dreiecks mithilfe von Streifen gleicher Breite h.

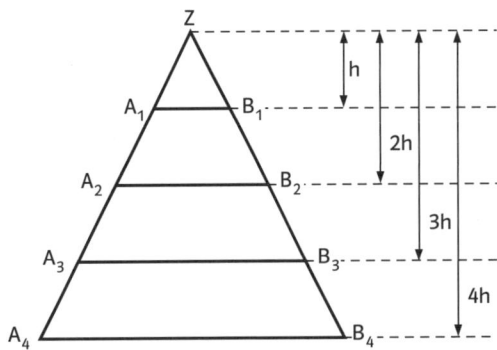

Eine zentrische Streckung von Z aus mit dem Streckfaktor $k = 2$ bildet das Dreieck A_1B_1Z auf das Dreieck A_2B_2Z ab. Entsprechend bildet eine zentrische Streckung von Z aus mit den Streckfaktoren $k = 3$ bzw. $k = 4$ das Dreieck A_1B_1Z auf die Dreiecke A_3B_3Z bzw. A_4B_4Z ab.

Wenn eine Figur vom Flächeninhalt A mit einer zentrischen Streckung mit dem Streckfaktor k, $k > 0$, abgebildet wird, dann hat die Bildfigur den Flächeninhalt $A' = k^2 \cdot A$.

Somit gilt für die Flächeninhalte der Dreiecke:

$A_{\triangle A_2B_2Z} = 2^2 \cdot A_{\triangle A_1B_1Z} = 4 \cdot A_{\triangle A_1B_1Z}$

$A_{\triangle A_3B_3Z} = 3^2 \cdot A_{\triangle A_1B_1Z} = 9 \cdot A_{\triangle A_1B_1Z}$

$A_{\triangle A_4B_4Z} = 4^2 \cdot A_{\triangle A_1B_1Z} = 16 \cdot A_{\triangle A_1B_1Z}$

Für die Flächeninhalte der drei Trapeze ergibt sich:

$$A_{\square A_2B_2B_1A_1} = A_{\triangle A_2B_2Z} - A_{\triangle A_1B_1Z} = 3 \cdot A_{\triangle A_1B_1Z}$$
$$A_{\square A_3B_3B_2A_2} = A_{\triangle A_3B_3Z} - A_{\triangle A_2B_2Z} = 5 \cdot A_{\triangle A_1B_1Z}$$
$$A_{\square A_4B_4B_3A_3} = A_{\triangle A_4B_4Z} - A_{\triangle A_3B_3Z} = 7 \cdot A_{\triangle A_1B_1Z}$$

Wenn der Flächeninhalt des Dreiecks A_1B_1Z dem Prozentsatz 5 % des Gesamtbedarfs entspricht, dann müsste das obere Trapez dem dreifachen Prozentsatz, also 15 % entsprechen, das mittlere Trapez dem fünffachen Prozentsatz, also 25 % und das untere Trapez dem siebenfachen Prozentsatz, also 35 % entsprechen. Dies stimmt mit den Angaben in der Abbildung nicht überein.
Die Inhalte der vier weißen Flächenstücke verhalten sich also *nicht* wie die in der Abbildung angegebenen Prozentsätze.

Alternative
Mithilfe einer Parkettierung kann das gleichschenklige Dreieck in kongruente Dreiecke zerlegt werden.

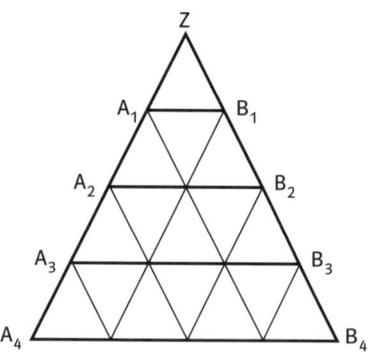

Auf diese Weise erkennt man, dass das obere Trapez den dreifachen, das mittlere den fünffachen und das untere den siebenfachen Flächeninhalt des oberen Dreiecks hat. Daraus folgen die in der obigen Lösung genannten Prozentsätze.

b) Nun sollen die vier Flächenstücke 5 %, 20 %, 35 % und 40 % der Gesamtfläche ausmachen.

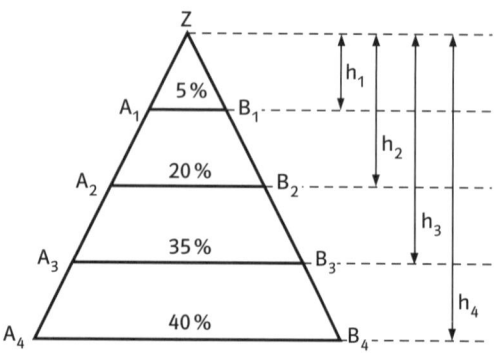

Dann muss gelten:
$$A_{\triangle A_1B_1Z} = \frac{5}{100} \cdot A_{\triangle A_4B_4Z}$$

Dreieck A_1B_1Z geht durch eine zentrische Streckung von Z aus mit dem Streckfaktor k_1, $k_1 > 0$, aus dem Dreieck A_4B_4Z hervor.
Daher:
$$k_1^2 = \frac{5}{100}, \qquad\qquad k_1 > 0$$
$$k_1 = \frac{1}{10}\sqrt{5} \qquad\qquad (\approx 0{,}224)$$
Entsprechend ergibt sich:
$$A_{\triangle A_2B_2Z} = \frac{25}{100} \cdot A_{\triangle A_4B_4Z}$$
Folglich:
$$k_2^2 = \frac{25}{100}, \qquad\qquad k_2 > 0$$
$$k_2 = \frac{1}{2} \qquad\qquad (= 0{,}500)$$
Ferner:
$$A_{\triangle A_3B_3Z} = \frac{60}{100} \cdot A_{\triangle A_4B_4Z}$$
$$k_3^2 = \frac{60}{100}, \qquad\qquad k_3 > 0$$
$$k_3 = \frac{1}{10}\sqrt{60}$$
$$k_3 = \frac{1}{5}\sqrt{15} \qquad\qquad (\approx 0{,}775)$$
Für die Höhen h_1, h_2 und h_3 der Dreiecke ergibt sich daher eine Abhängigkeit von der Höhe $h = h_4$ des gegebenen Dreiecks A_4B_4Z:
$$h_1 = \frac{1}{10}\sqrt{5} \cdot h$$
$$h_2 = \frac{1}{2} \cdot h$$
$$h_3 = \frac{1}{5}\sqrt{15} \cdot h$$

Damit sind die drei Parallelen der Lage nach bestimmt.

Alternative
Man kann auch von Dreieck A_1B_1Z ausgehen und dieses zentrisch strecken.
Auf Grund der angegebenen Prozentsätze gilt für die Flächeninhalte:
$$A_{\triangle A_2B_2Z} = 5 \cdot A_{\triangle A_1B_1Z}$$
Daraus ergibt sich der Streckfaktor $k_2 = \sqrt{5}$ und daher $h_2 = \sqrt{5} \cdot h_1$.
Entsprechend folgt: $A_{\triangle A_3B_3Z} = 12 \cdot A_{\triangle A_1B_1Z}$
Der Streckfaktor ist daher $k_3 = \sqrt{12} = 2\sqrt{3}$ und folglich $h_3 = 2\sqrt{3} \cdot h_1$.
Schließlich: $A_{\triangle A_4B_4Z} = 20 \cdot A_{\triangle A_1B_1Z}$
Der Streckfaktor ist also $k_4 = \sqrt{20} = 2\sqrt{5}$ und daher $h_4 = 2\sqrt{5} \cdot h_1$.

Bemerkung
Die Abbildung legt sogar nahe, die angegebenen Prozentsätze auf die vier Teilkörper der Pyramide zu beziehen. Wie müsste man diese Pyramide durch Ebenen parallel zur Grundfläche zerlegen, damit die Volumina der Teilkörper sich nach den Prozentsätzen verhalten?

Klassenarbeit 1.4

1 (4 VP)
Berechnung von $\overline{CD}$

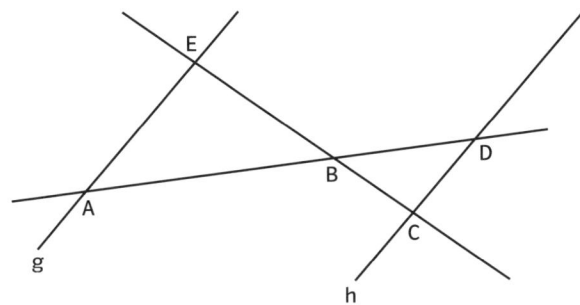

Mit dem 2. Strahlensatz von B aus gilt:
$\overline{CD} : \overline{AE} = \overline{BD} : \overline{AB}$
Daher:
$\overline{CD} = \dfrac{\overline{BD}}{\overline{AB}} \cdot \overline{AE}$
$\overline{CD} = \dfrac{2{,}0\,\text{cm}}{4{,}0\,\text{cm}} \cdot 2{,}8\,\text{cm}$
$\overline{CD} = 1{,}4\,\text{cm}$

Berechnung von $\overline{BE}$
Mit dem 1. Strahlensatz von B aus gilt:
$\overline{BE} : \overline{BC} = \overline{AB} : \overline{BD}$
Daher:
$\overline{BE} = \dfrac{\overline{AB}}{\overline{BD}} \cdot \overline{BC}$
$\overline{BE} = \dfrac{4{,}0\,\text{cm}}{2{,}0\,\text{cm}} \cdot 2{,}4\,\text{cm}$
$\overline{BE} = 4{,}8\,\text{cm}$

2 (4 VP)
Voraussetzung
Dreieck ABC mit
1. $\overline{AC} = \overline{BC}$, daher $\alpha = \beta$
2. $\gamma = 36°$
3. $\sphericalangle\,BAW_\alpha = \sphericalangle\,W_\alpha AC = \dfrac{\alpha}{2}$
Behauptung
Das Dreieck $BW_\alpha A$ ist ähnlich
zum Dreieck ABC.
Beweis
Es reicht zu zeigen, dass im
Dreieck $BW_\alpha A$ dieselben Innenwinkelweiten vor-
kommen wie im Dreieck ABC.
Im Dreieck ABC gilt:

$\alpha + \beta + \gamma = 180°$ (Winkelsummensatz)
$\beta + \beta + 36° = 180°$ (Vor. 1; Vor. 2)
$2\,\beta = 144°$
$\beta = 72°$
$\alpha = 72°$

Die Innenwinkel des Dreiecks ABC haben somit die
Weiten 36°, 72° und 72°.

Im Dreieck $BW_\alpha A$ gilt:
$\beta + \delta + \dfrac{\alpha}{2} = 180°$ (Winkelsummensatz; Vor. 3)
$72° + \delta + 36° = 180°$
$\delta = 72°$
Die Innenwinkel des Dreiecks $BW_\alpha A$ haben somit
ebenfalls die Weiten 36°, 72° und 72°.
Die Dreiecke ABC und $BW_\alpha A$ sind folglich ähnlich.
                                          q.e.d.

3 (3 + 3 VP)
a) Berechnung von $\overline{AF}$

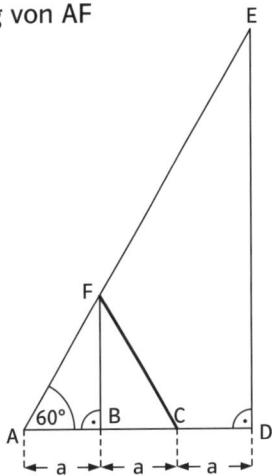

Das Dreieck ABF kann wegen seiner Winkelweiten
als Teildreieck des gleichseitigen Dreiecks ACF aufgefasst werden. Im Dreieck ACF ist die Strecke BF
sowohl Höhe als auch Seitenhalbierende.
Wegen $\overline{AC} = 2\,a$ folgt: $\overline{AF} = 2\,a$.
Berechnung von $\overline{AE}$
Da (BF) und (DE) parallel zueinander sind, gilt mit
dem 1. Strahlensatz von A aus:
$\overline{AE} : \overline{AF} = \overline{AD} : \overline{AB}$
Daher:
$\overline{AE} = \dfrac{\overline{AD}}{\overline{AB}} \cdot \overline{AF}$
$\overline{AE} = \dfrac{3\,a}{a} \cdot 2\,a$
$\overline{AE} = 6\,a$

Alternative
Bei der Berechnung von $\overline{AE}$ kann, analog zur Berech-
nung von $\overline{AF}$, über das Teildreieck ADE eines gleich-
seitigen Dreiecks mit der halben Seitenlänge $\overline{AD} = 3\,a$
argumentiert werden.

b) Flächenverhältnis
Die Parallele zu (DE) durch C schneidet AF in G.
Wegen $\overline{AC} : \overline{AD} = 2\,a : 3\,a = \dfrac{2}{3}$, kann das Dreieck ACG
als Bild des Dreiecks ADE bei zentrischer Streckung
von A aus mit dem Streckfaktor $k = \dfrac{2}{3}$ aufgefasst
werden.

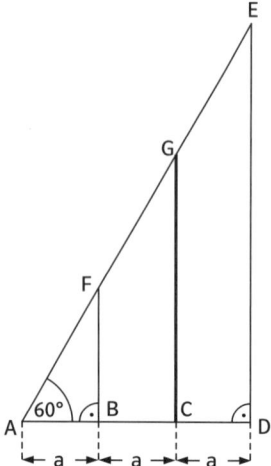

Daher gilt:

$$A_{\triangle ACG} = k^2 \cdot A_{\triangle ADE}$$

$$\frac{A_{\triangle ACG}}{A_{\triangle ADE}} = k^2$$

$$\frac{A_{\triangle ACG}}{A_{\triangle ADE}} = \left(\frac{2}{3}\right)^2$$

$$\frac{A_{\triangle ACG}}{A_{\triangle ADE}} = \frac{4}{9}$$

Die Gerade (CG) teilt die Fläche des Dreiecks ADE im Verhältnis 4 : 5.

Alternative
Der Flächeninhalt A eines Dreiecks kann aus einer Grundseite der Länge g und der Länge h der zugehörigen Höhe mit $A = \frac{1}{2} \cdot g \cdot h$ berechnet werden.

Wenn man bereits weiß, dass die Höhe eines gleichseitigen Dreiecks mit der Seitenlänge g mit $h = \frac{1}{2} \cdot \sqrt{3} \cdot g$ berechnet wird, dann erhält man:

$$A_{\triangle ADE} = \frac{1}{2} \cdot \overline{AD} \cdot \overline{DE}$$

$$A_{\triangle ADE} = \frac{1}{2} \cdot 3a \cdot 3a \cdot \sqrt{3}$$

$$A_{\triangle ADE} = \frac{9}{2}\sqrt{3} \cdot a$$

$$A_{\triangle ACG} = \frac{1}{2} \cdot \overline{AC} \cdot \overline{CG}$$

$$A_{\triangle ACG} = \frac{1}{2} \cdot 2a \cdot 2a \cdot \sqrt{3}$$

$$A_{\triangle ACG} = 2\sqrt{3} \cdot a$$

$$A_{\square CDEG} = A_{\triangle ADE} - A_{\triangle ACG}$$

$$A_{\square CDEG} = \frac{9}{2}\sqrt{3} \cdot a - 2\sqrt{3} \cdot a$$

$$A_{\square CDEG} = \frac{5}{2}\sqrt{3} \cdot a$$

Folglich:

$$A_{\triangle ACG} : A_{\square CDEG} = (2\sqrt{3} \cdot a) : \left(\frac{5}{2}\sqrt{3} \cdot a\right)$$

$$A_{\triangle ACG} : A_{\square CDEG} = \frac{4}{5}$$

4 (2 + 3 VP)
a) Lage der drei Punkte
Da bei derselben zentrischen Streckung A auf B und B auf C abgebildet wird, müssen die Punkte A, B und C auf derselben Geraden durch das Streckzentrum Z liegen.
Skizze

Berechnung des Streckfaktors k
Bei einer zentrischen Streckung mit dem Streckfaktor k, k > 0, wird jede Strecke auf eine Strecke der k-fachen Länge abgebildet.
Da nach der 2. Voraussetzung die Strecke AB auf die Strecke BC abgebildet wird, erhält man:

$$\overline{BC} = k \cdot \overline{AB}$$

$$k = \frac{\overline{BC}}{\overline{AB}}$$

$$k = \frac{5\,\text{cm}}{3\,\text{cm}}$$

$$k = \frac{5}{3}$$

b) Lage des Streckzentrums Z
Der Punkt A habe von Z den Abstand x.
Dann gilt:

$$\overline{ZA'} = k \cdot \overline{ZA}$$

$$\overline{ZA'} = \frac{5}{3} \cdot \overline{ZA}$$

$$\overline{ZA} + \overline{AA'} = \frac{5}{3} \cdot \overline{ZA}$$

$$\overline{ZA} + \overline{AB} = \frac{5}{3} \cdot \overline{ZA}$$

$$x + 3\,\text{cm} = \frac{5}{3} \cdot x$$

$$3\,\text{cm} = \frac{2}{3} \cdot x$$

$$x = 4,5\,\text{cm}$$

Das Streckzentrum Z liegt auf der Geraden durch A und B, hat von A den Abstand 4,5 cm und von B den Abstand 7,5 cm.

5 (5 VP)
Modellierung der Situation

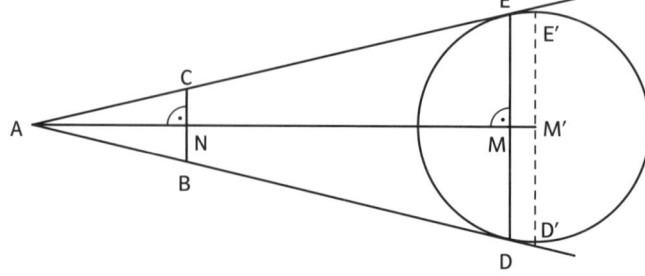

Die (nicht maßstabsgetreue) Skizze zeigt die Situation aus der Richtung vom rechten Bildrand aus und senkrecht zu diesem.

A   Auge des Beobachters
B, C Handflächen des Beobachters
$\overline{BC}$ Im Bild sichtbarer Durchmesser der Sonne
$\overline{ED}$ Scheinbarer Sonnendurchmesser
$\overline{E'D'}$ Wahrer Sonnendurchmesser

Wegen des großen Abstands der Sonne von der Erde wird zwischen dem scheinbaren und dem wahren Sonnendurchmesser nicht unterschieden. Entsprechendes gilt für den scheinbaren und den wahren Sonnenabstand:

$\overline{ED} \approx \overline{E'D'}, \quad \overline{ED} = d = 1{,}4 \cdot 10^6 \, \text{km}$
$\overline{AM} \approx \overline{AM'}, \quad \overline{AM} = s = 1{,}5 \cdot 10^8 \, \text{km}$

Der linke ausgestreckte Arm der Person hat von der Schulter bis zu den Fingerspitzen im Bild eine Länge von etwa 5 cm, was bei einem Erwachsenen etwa 70 cm entspricht. Dies muss man schätzen. Daher hat eine Strecke der Länge 1 cm im Bild die Originalgröße von etwa 14 cm.

Die Sonne hat im Bild den Durchmesser 3,5 cm. Folglich beträgt der Abstand der beiden Handflächen in Wirklichkeit etwa $3{,}5 \cdot 14 \, \text{cm}$.
Somit: $\overline{BC} = 0{,}5 \, \text{m}$.

Berechnung des Abstands $\overline{AN}$
Mit dem 2. Strahlensatz von A aus erhält man:

$$\overline{AN} : \overline{AM} = \overline{CN} : \overline{EM}$$

$$\overline{AN} = \frac{\overline{CN}}{\overline{EM}} \cdot \overline{AM}$$

$$\overline{AN} = \frac{\frac{1}{2}\overline{BC}}{\frac{1}{2}\overline{ED}} \cdot \overline{AM}$$

$$\overline{AN} = \frac{\frac{1}{2} \cdot 0{,}5 \, \text{m}}{\frac{1}{2} \cdot 1{,}4 \cdot 10^6 \, \text{km}} \cdot 1{,}5 \cdot 10^8 \, \text{km}$$

$$\overline{AN} = \frac{0{,}5 \, \text{m}}{1{,}4} \cdot 1{,}5 \cdot 10^2$$

$$\overline{AN} = 53{,}5 \dots \text{m}$$

Die Person musste vom Beobachter gut 50 m entfernt sein, um den abgebildeten optischen Eindruck zu haben.

Bemerkung
Wenn du für die Armlänge einen anderen plausiblen als den genannten Wert verwendet hast, ist deine Lösung ebenfalls korrekt. Die Größenordnung des Ergebnisses wird sich dadurch nicht ändern.

Pinboard – Rechtwinklige Dreiecke

Der Satz des Pythagoras

Definitionen	Beispiel
Die längste Seite eines rechtwinkligen Dreiecks heißt Hypotenuse, jede der anderen beiden Seiten heißt Kathete. Die Höhe auf die Hypotenuse eines rechtwinkligen Dreiecks teilt die Hypotenuse in zwei Abschnitte. Diese Abschnitte heißen Hypotenusenabschnitte.	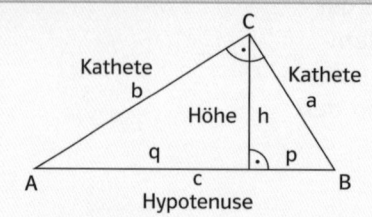

Satz des Pythagoras

Wenn ein Dreieck rechtwinklig ist, dann hat das Quadrat über der Hypotenuse denselben Flächeninhalt wie die beiden Quadrate über den Katheten zusammen.

Folgerung

Wenn in einem rechtwinkligen Dreieck zwei der drei Seitenlängen bekannt sind, dann kann mit Hilfe des Satzes des Pythagoras die dritte Seitenlänge berechnet werden.

Mit den Bezeichnungen der nebenstehenden Abbildung gilt:
$\overline{AC}^2 + \overline{BC}^2 = \overline{AB}^2$ bzw. $a^2 + b^2 = c^2$.

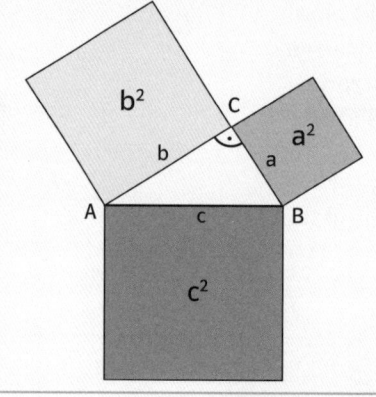

Der Höhensatz

Wenn ein Dreieck rechtwinklig ist, dann hat das Quadrat über der Höhe auf die Hypotenuse denselben Flächeninhalt wie das Rechteck mit den beiden Hypotenusenabschnitten als Seiten.
Mit den Bezeichnungen der nebenstehenden Abbildung gilt:
$\overline{CH}^2 = \overline{AH} \cdot \overline{HB}$ bzw. $h^2 = p \cdot q$.

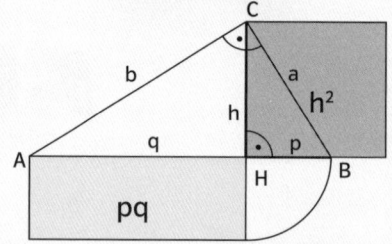

Der Kathetensatz

Wenn ein Dreieck rechtwinklig ist, dann hat das Quadrat über einer Kathete denselben Flächeninhalt wie das Rechteck mit der Hypotenuse und dem unter dieser Kathete liegenden Hypotenusenabschnitt als Seiten.
Mit den Bezeichnungen der nebenstehenden Abbildung gilt:
$\overline{BC}^2 = \overline{AB} \cdot \overline{HB}$ bzw. $a^2 = c \cdot p$.

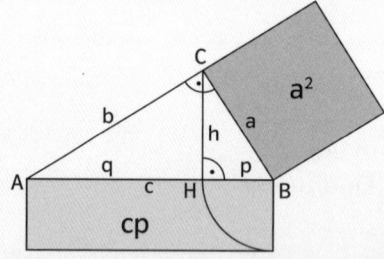

Der Kehrsatz des Satzes des Pythagoras

Definition	Beispiel
Wenn bei einem Dreieck die Quadrate über zwei Seiten zusammen denselben Flächeninhalt haben wie das Quadrat über der dritten Seite, dann ist das Dreieck rechtwinklig und der rechte Winkel liegt dieser dritten Seite gegenüber.	Ist das Dreieck ABC mit $a = 12\,\text{cm}$, $b = 13\,\text{cm}$, $c = 5\,\text{cm}$ rechtwinklig? Es gilt: $a^2 + c^2 = b^2$, daher ist das Dreieck rechtwinklig. Der rechte Winkel liegt der Seite AC mit der Länge b gegenüber.

Nützliche Formeln!

$$d = a\sqrt{2}, \quad d = a\sqrt{3}, \quad d = \sqrt{a^2 + b^2}$$
$$h = \frac{a}{2}\sqrt{3}, \quad A = \frac{a^2}{4}\sqrt{3}$$

Pythagoras

Wieviel Pythagoras der Samische Philosophus Schulen gehabt? – Als Pythagoras wegen der Zahl seiner Schüler gefragt wurde, antwortete er: Der halbe theil meiner Schüler studieren die Mathesin der vierdt theil die Physicum, der sibende theil lernt stillschweigen, und über diß hab ich noch 3 gar kleiner Knaben, ist die Frag wie viel der Personen gewest.

Aus Daniel Schwenters Erquickstunden
(1636)

Exercise

Find x.

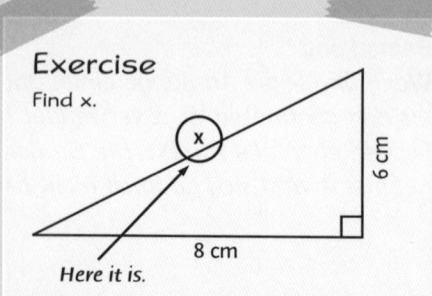

Here it is.

Seitenverhältnisse in rechtwinkligen Dreiecken

Definition

Diejenige Kathete eines rechtwinkligen Dreiecks, die einem Winkel gegenüberliegt, heißt Gegenkathete dieses Winkels.
Die andere Kathete heißt Ankathete dieses Winkels.

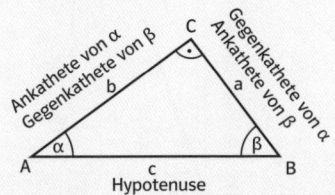

Definition

Wenn a die Länge der Gegenkathete eines Winkels der Weite α und c die Länge der Hypotenuse ist, dann nennt man das Verhältnis $\frac{a}{c}$ den **Sinus** von α und schreibt: $\sin(\alpha) = \frac{a}{c}$.

Wenn b die Länge der Ankathete eines Winkels der Weite α und c die Länge der Hypotenuse ist, dann nennt man das Verhältnis $\frac{b}{c}$ den **Kosinus** von α und schreibt: $\cos(\alpha) = \frac{b}{c}$.

Wenn a die Länge der Gegenkathete eines Winkels der Weite α und b die Länge der Ankathete ist, dann nennt man das Verhältnis $\frac{a}{b}$ den **Tangens** von α und schreibt: $\tan(\alpha) = \frac{a}{b}$.

Beispiele

Gegeben: a = 2,7 cm, c = 3,8 cm, $\gamma = 90°$
Gesucht: α, β, b
Lösung: $\sin(\alpha) = \frac{a}{c} = \frac{2,7\,cm}{3,8\,cm} \approx 0,7105$
$\alpha \approx 45,3°$
$\beta \approx 44,7°$
$\cos(\alpha) = \frac{b}{c}$
$b = c \cdot \cos(\alpha)$
$b = 3,8\,cm \cdot \cos(\alpha)$
$b = 2,7\,cm$

Gegeben: a = 6,8 cm, b = 4,9 cm, $\gamma = 90°$
Gesucht: α, β, c
Lösung: $\tan(\alpha) = \frac{a}{b} = \frac{6,8\,cm}{4,9\,cm} = \frac{6,8}{4,9} \approx 1,3878$
$\alpha \approx 54,2°$
$\beta \approx 35,8°$
$\sin(\alpha) = \frac{a}{c}$
$c = \frac{a}{\sin(\alpha)} = \frac{6,8\,cm}{\sin(\alpha)} \approx 8,4\,cm$

Gegeben: $\alpha = 26°$, c = 6,2 cm, $\gamma = 90°$
Gesucht: β, a, b
Lösung: $\beta = 64°$
$\sin(\alpha) = \frac{a}{c}$
$a = c \cdot \sin(\alpha)$
$a = 6,2\,cm \cdot \sin(26°)$
$a \approx 2,7\,cm$
$\cos(\alpha) = \frac{b}{c}$
$b = c \cdot \cos(\alpha)$
$b = 6,2\,cm \cdot \cos(26°)$
$b \approx 5,6\,cm$

Wichtige Beziehungen

Wichtige Beziehungen zwischen Sinus-, Kosinus- und Tangenswerten

$\sin^2(\alpha) + \cos^2(\alpha) = 1$
$\tan(\alpha) = \frac{\sin(\alpha)}{\cos(\alpha)}$
$\sin(\alpha) = \cos(90° - \alpha)$
$\cos(\alpha) = \sin(90° - \alpha)$

Häufig vorkommende Sinus-, Kosinus- und Tangenswerte

α	0°	30°	45°	60°	90°
$\sin(\alpha)$	0	$\frac{1}{2}$	$\frac{1}{2}\sqrt{2}$	$\frac{1}{2}\sqrt{3}$	1
$\cos(\alpha)$	1	$\frac{1}{2}\sqrt{3}$	$\frac{1}{2}\sqrt{2}$	$\frac{1}{2}$	0
$\tan(\alpha)$	0	$\frac{1}{3}\sqrt{3}$	1	$\sqrt{3}$	

Tipp

Nicht immer sind die Seitenlängen und Winkelweiten mit den hier verwendeten Standardbezeichnungen versehen. Achte also bei der Verwendung anderer Variablennamen auf die Bedeutung der Buchstaben! Prüfe, ob es sich um Gegenkatheten oder Ankatheten der bezeichneten Winkel handelt.
Runde Sinus-, Kosinus- und Tangenswerte auf vier Nachkommastellen, Winkelweiten auf Zehntelgrad und Längen nicht genauer als in der Aufgabenstellung angegeben.

Bist du sicher?

1 Berechne die Streckenlänge x.

a)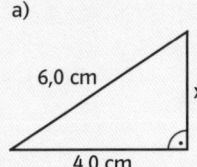

b)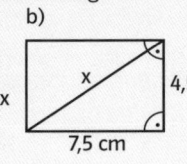

c)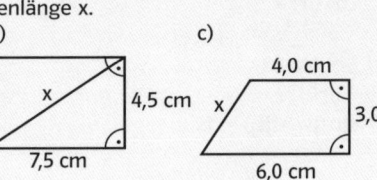

d)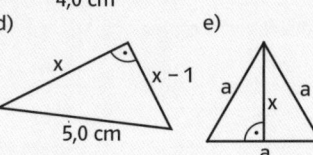

e)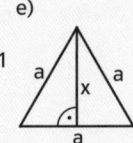

f)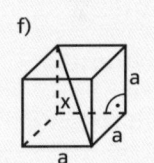

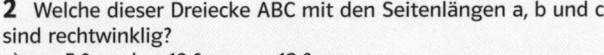

2 Welche dieser Dreiecke ABC mit den Seitenlängen a, b und c sind rechtwinklig?
a) a = 5,0 cm, b = 12,0 cm, c = 13,0 cm
b) a = 2,0 cm, b = $\sqrt{13}$ cm, c = 3,0 cm
c) a = $\sqrt{3}$ cm, b = $\sqrt{2}$ cm, c = 1,0 cm
d) a = 1,6 cm, b = 2,5 cm, c = 3,1 cm

3 Wie lang ist die Strecke AB?

a)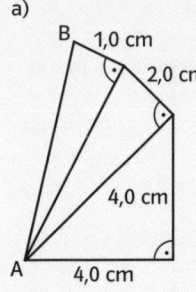

b)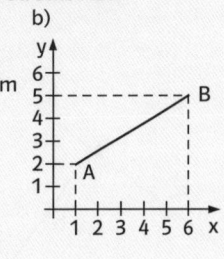

c)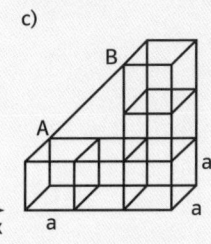

4 Berechne x, α, β.

a)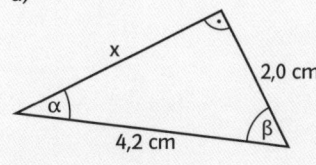

b)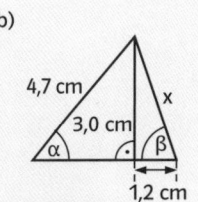

Lösungen

4 a) x ≈ 3,7 cm, $\sin(\alpha) = \frac{2}{4,2}$, daher $\alpha \approx 28,4°$, $\cos(\beta) = \frac{2}{4,2}$, daher $\beta \approx 61,6°$ b) x ≈ 3,2 cm, $\sin(\alpha) = \frac{3}{4,7}$, daher $\alpha \approx 39,7°$, $\tan(\beta) = \frac{3}{1,2}$, daher $\beta \approx 68,2°$
2 a) rechtwinklig, denn $5^2 + 12^2 = 13^2$ b) rechtwinklig, denn $2^2 + 3^2 = (\sqrt{13})^2$ c) rechtwinklig, denn $1^2 + (\sqrt{2})^2 = (\sqrt{3})^2$ d) nicht rechtwinklig, denn $1,6^2 + 3,1^2 \ne 3,5^2$ **3** a) $\sqrt{37}$ cm ≈ 6,1 cm b) $\sqrt{34}$ cm ≈ 5,8 cm c) 3a
1 a) $2\sqrt{5}$ cm ≈ 4,5 cm b) $\sqrt{76,5}$ cm ≈ 8,7 cm c) $\sqrt{13}$ cm ≈ 3,6 cm d) 4,0 cm e) $\frac{2}{3}\sqrt{3}$ f) $a\sqrt{3}$

1 (2 + 4 + 2 VP)
Aus einem Holzwürfel mit der Kantenlänge a wird die Pyramide ABDG herausgesägt.
a) Wie lang sind die Pyramidenkanten AG und BG?
b) Wie groß sind die Weiten der Innenwinkel in den Dreiecken ABG und DBG?
c) Unter welchem Winkel ist das Dreieck DBG gegen die Grundfläche ABD geneigt?

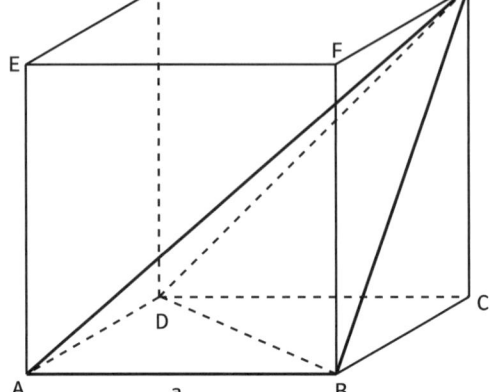

2 (3 + 2 VP)
a) Konstruiere ein Rechteck mit der Diagonalenlänge 6,0 cm, bei dem zwei parallele Seiten die Längen 3,0 cm haben.
Beschreibe die Konstruktion.
b) Wie lang sind die anderen Rechtecksseiten?

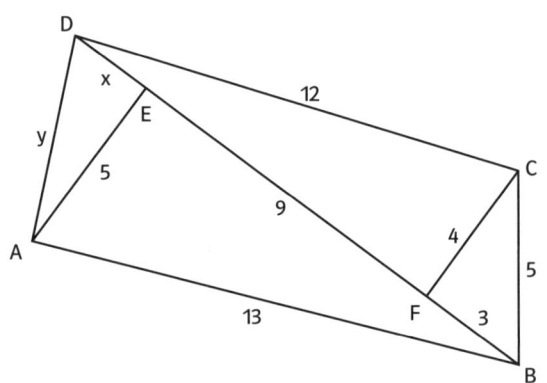

3 (2 + 4 VP)
a) Sind die Dreiecke BCF und ABE rechtwinklig?
b) Berechne die Streckenlängen x und y.

4 (4 VP) Welche der folgenden Behauptungen bezüglich der abgebildeten Figur sind wahr, welche falsch? Kreuze an!

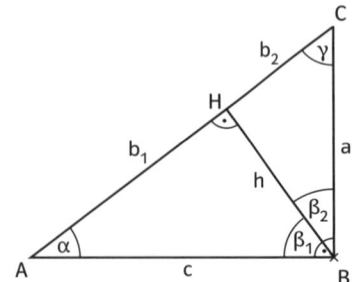

Behauptung	wahr	falsch
1. $\cos(\alpha) = \dfrac{b_1}{c}$		
2. $\dfrac{a}{c} = \tan(\alpha)$		
3. $\sin(\beta_1 + \beta_2) = 1$		
4. $\tan(\gamma) = \dfrac{\overline{AC}}{\overline{AB}}$		
5. $h = a \cdot \cos(\beta_2)$		
6. $\cos(\beta_1) = \sin(\alpha)$		
7. $\dfrac{b_1}{h} = \dfrac{h}{b_2}$		
8. $\sin(\alpha) = \dfrac{a}{c}$		

5 (1 VP)

Wie groß ist das Gefälle (in Winkelgrad), wenn am Straßenrand dieses Verkehrsschild warnt?

Lerntipps

zu Aufgabe 1

b) Das Dreieck ABG ist rechtwinklig.

Was weißt du über die Seitenlängen des Dreiecks DBG?

c) Der Neigungswinkel des Dreiecks DBG gegen die Grundfläche ABD ist der Winkel ∢ GMA, wobei M der Diagonalenschnittpunkt des Quadrats ABCD ist.

Berechne zuerst die Weite des Winkels ∢ CMG.

zu Aufgabe 2

a) Denke an den Satz von Thales oder eine Lotkonstruktion.

b) Die Rechtecksseiten sind auch Seiten von rechtwinkligen Dreiecken.

zu Aufgabe 3

a) Denke an den Kehrsatz des Satzes des Pythagoras.

b) Berechne zuerst die Länge der Strecke DF.

zu Aufgabe 4

Suche zuerst ein rechtwinkliges Dreieck in der Figur, in dem der in der Behauptung angegebene Winkel vorkommt. Welche Dreiecksseite ist Hypotenuse, welche Gegenkathete, welche Ankathete des Winkels? Beachte dann:

$$\sin(\alpha) = \frac{\text{Länge der Gegenkathete}}{\text{Länge der Hypotenuse}}, \quad \cos(\alpha) = \frac{\text{Länge der Ankathete}}{\text{Länge der Hypotenuse}}, \quad \tan(\alpha) = \frac{\text{Länge der Gegenkathete}}{\text{Länge der Ankathete}}.$$

Anfangszeit: _____

→ + 45 Minuten

Abgabe: _____

1 (3 VP)

Der Quader wird wie in der Abbildung durch einen Schnitt zerlegt.

Berechne den Inhalt der getönten Schnittfläche.

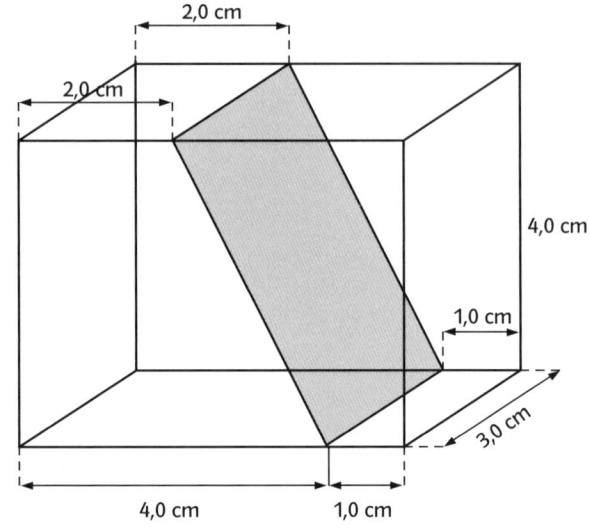

2 (4 VP)

Unter welchem Winkel schneiden sich die Raumdiagonalen eines Würfels?

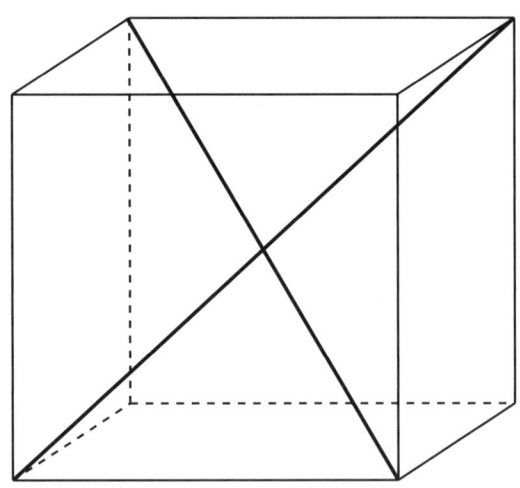

3 (4 + 3 VP)

a) Berechne den Umfang des Dreiecks ABC.

b) Überprüfe, ob der Koordinatenursprung der Umkreismittelpunkt des Dreiecks ABC ist.

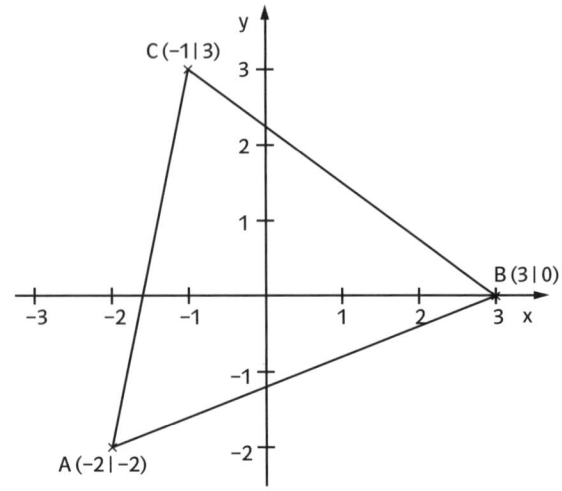

4 (5 VP)

Ein Ballonfahrer bestimmt bei nahezu Windstille die Winkelweiten α = 84° und β = 60° zu zwei markanten Punkten A und B in der Landschaft, deren Abstand d = 1,4 km aus einer Karte bekannt ist. Wie hoch ist der Ballon?

Skizze

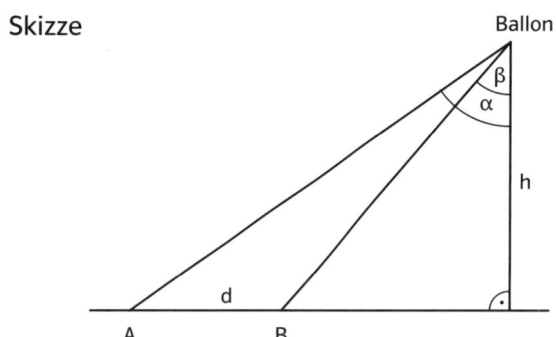

5 (3 + 2 VP)

Ein Getränkebecher hat die in der Abbildung angegebenen Innenmaße. Der Trinkhalm ist 20,5 cm lang.

a) Wie viel Prozent der Trinkhalmlänge ragen aus dem Becher hervor?

b) Welchen Winkel bildet die Becherwand mit dem Becherboden?

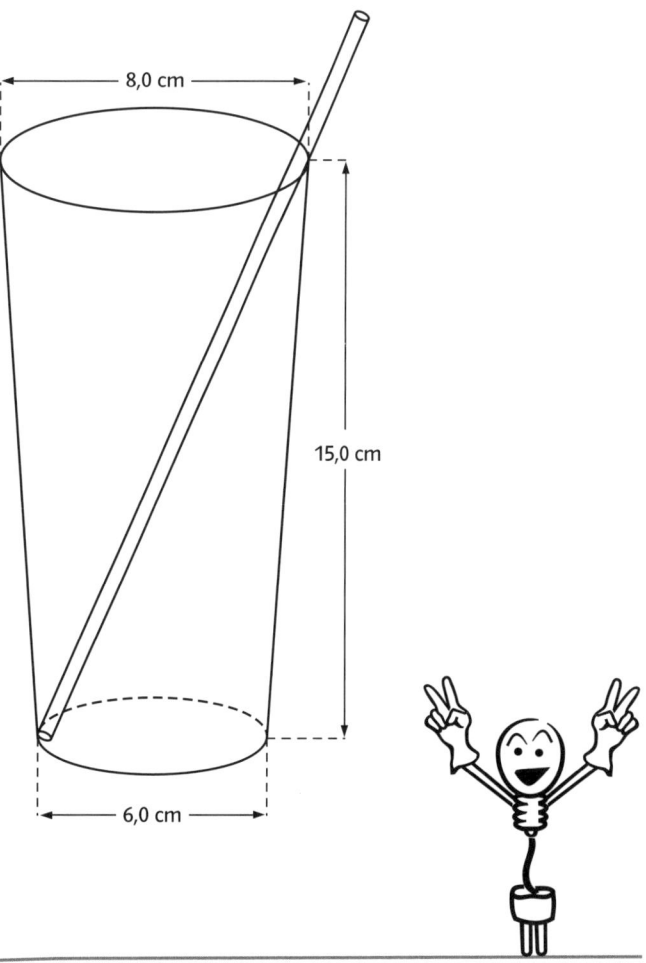

Lerntipps

Überblick behalten!

Bei allen Aufgaben, in denen viele Punktenamen, Streckenlängen, Dreiecke usw. vorkommen, ist es ratsam festzulegen, in welcher Teilfigur man argumentiert. Es hilft einem selbst und einem Leser, wenn man z. B. notiert: Im rechtwinkligen Dreieck ABC gilt mit dem Satz des Pythagoras $\overline{AB}^2 = \overline{AC}^2 + \overline{BC}^2$.

Man versuche auch, wo immer möglich, zuerst allgemeine Beziehungen aufzuschreiben, die entsprechenden Gleichungen nach der gesuchten Größe aufzulösen und erst zum Schluss die Daten der Aufgabenstellung einzusetzen. Dies erspart oft auch viel Schreib- und Tipparbeit. Darüber hinaus vermeidet man, dass man mit Näherungswerten von Zwischenergebnissen weiterrechnen muss.

1 (5 VP)
Das Dach eines Kirchturms hat die Form einer quadratischen, senkrechten Pyramide mit der Grundkanten-
länge 8,0 m und der Höhe 12,0 m.
Wie groß ist die Dachfläche?

2 (2 + 2 VP)
a) Wie weit kann ein Astronaut (Augenhöhe 1,65 m) auf einem kugelförmigen Asteroiden (Radius 200 m)
sehen?
b) In welcher Höhe müssten die Augen des Astronauten sein, wenn er 100 m weit sehen wollte?

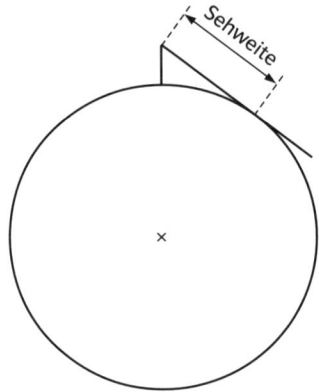

3 (3 + 3 + 3 VP)
Herr Peters will an einer Hauswand einen Schuppen als Holzlager anbauen. Die Balken für das Dach sollen
wie in der Skizze auf der niedrigeren Mauer aufliegen und an der Hauswand anliegen.
a) Wie müssen Balkenhöhe d und Balkenlänge s gewählt werden?
b) In welcher Höhe h liegt die Balkenoberkante an der Hauswand?
Wie groß könnte die Dachneigung höchstens sein,
wenn h nicht größer als 3,00 m sein dürfte?
c) Wie groß ist der Rauminhalt des 4,0 m langen
Schuppens (bis Unterkante Balken)?

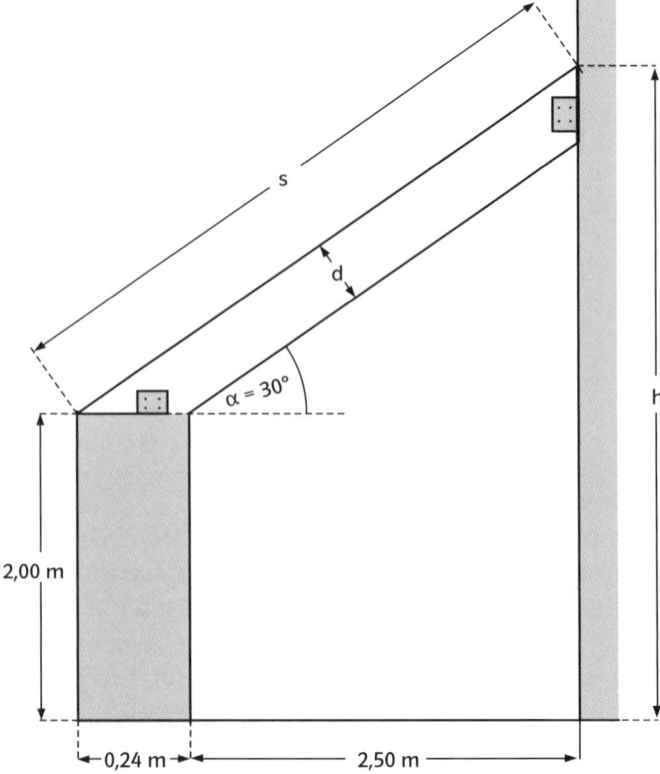

4 (6 VP)

Mithilfe eines Förderbands werden in einer Gießerei glühende Gussteile um 4,00 m nach oben transportiert. Der Steigungswinkel beträgt 25°. Die Antriebswalzen haben einen Radius von 0,10 m.

Wie lang muss das Förderband insgesamt sein?

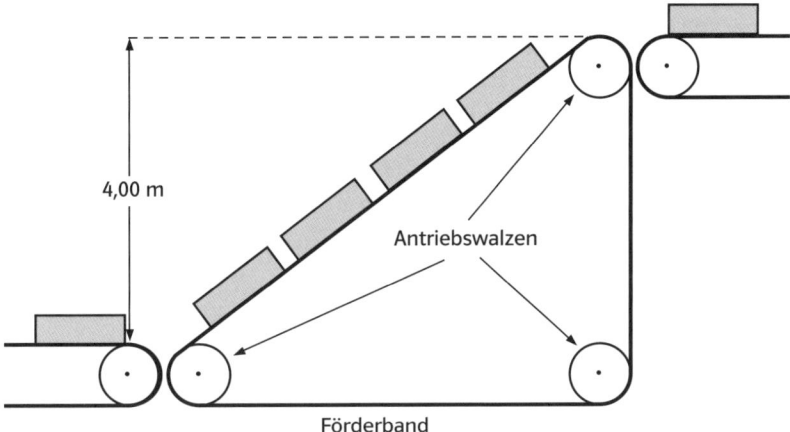

4,00 m

Antriebswalzen

Förderband

Lerntipps

Verallgemeinern

Beobachten	Fragen	Einsehen
Legt man um ein Quadrat ein „Band", das von allen Punkten des Quadrats den gleichen Abstand d hat, dann bilden die vier Kreisbögen um die Ecken des Quadrats zusammen einen einzigen Kreis. Die Bandlänge ist folglich um den Umfang dieses Kreises größer als der Quadratumfang.	Liegt dies daran, dass es sich um ein Quadrat handelt? Für ein beliebiges Fünfeck kann man entsprechend feststellen, dass die fünf Kreisbögen an den Ecken zusammen einen einzigen Kreis bilden. Die Bandlänge ist also auch beim Fünfeck um den Umfang dieses Kreises größer als der Fünfecksumfang.	Das muss immer so sein! Entsprechende Überlegungen kann man beim beliebigen n-Eck anstellen! Die n Kreisbögen an den Ecken bilden zusammen einen einzigen Kreis. Die Bandlänge ist also immer um den Umfang dieses Kreises größer als der Umfang des n-Ecks.
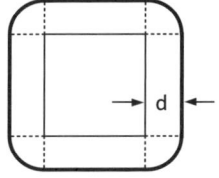	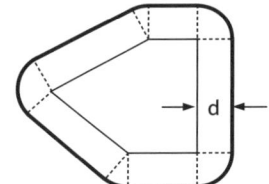	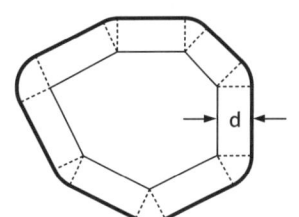

Anfangszeit: _____   + 45 Minuten →   Abgabe: _____

1 (2 + 2 + 2 VP)

Wenn elektrischer Strom durch einen Draht AB der Länge s = 1000 mm fließt, so erwärmt sich der Draht und verlängert sich dabei.

Hängt man in der Drahtmitte ein kleines Massenstück an, so misst man den Durchhang d.

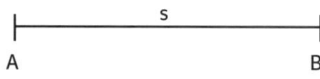
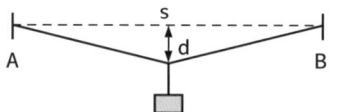

a) Wie stark hat sich der Draht verlängert, wenn der Durchhang 20 mm beträgt?

b) Wie groß wäre der Durchhang, wenn sich der Draht um 5 mm verlängern würde?

c) Welches der drei Diagramme beschreibt am ehesten den Zusammenhang zwischen dem Durchhang d und der Verlängerung Δs? Erläutere kurz deine Vorgehensweise.

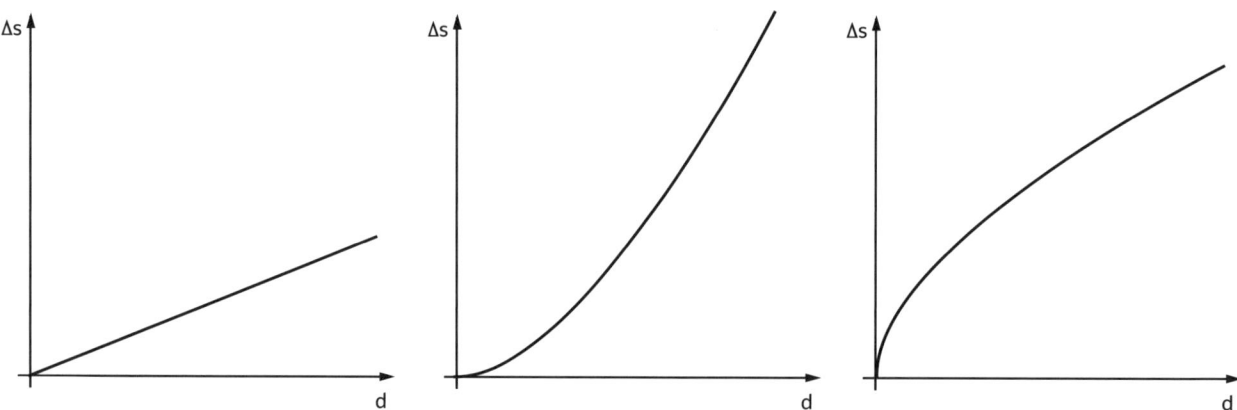

2 (2 + 4 + 2 VP)

Bereits vor mehr als 2000 Jahren hat man zur Wasserversorgung von Städten Tunnel durch Hügel gebaut. Den vereinfachten Querschnitt durch einen solchen Hügel zeigt die Abbildung (nicht maßstabsgerecht). Die Tunneleingänge liegen bei A und B. Der Erhebungswinkel bei A zum sichtbaren Punkt C auf dem Gipfel hat die Weite α = 40°, der entsprechende Winkel bei B die Weite β = 32°. Die Abstände $\overline{AC}$ = 155 m und $\overline{BC}$ = 112 m sind bekannt.

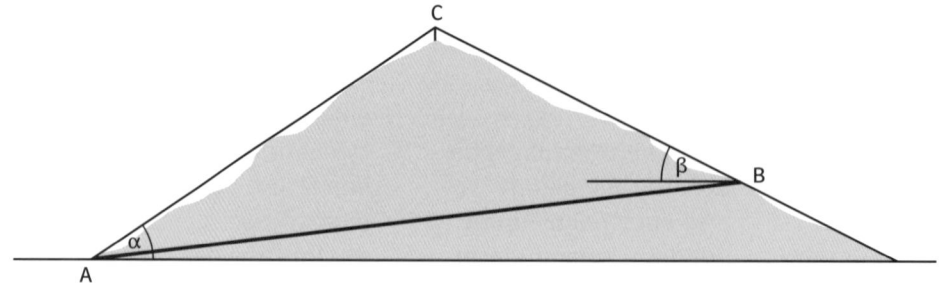

a) Wie groß ist der Höhenunterschied der beiden Tunneleingänge?

b) Welche Länge hat der geradlinige Tunnel?

c) Wie viel Prozent beträgt die Steigung im Tunnel?

3 (2 + 3 + 2 VP)

Einem Kreis mit dem Radius r ist ein regelmäßiges n-Eck (n ≧ 3) mit der Seitenlänge s_n einbeschrieben (siehe Skizze).

a) Gib α_n an und bestimme damit s_n in Abhängigkeit von r und n.

b) Leite eine Formel für den Flächeninhalt des n-Ecks in Abhängigkeit von r und n her.

c) Wie muss man n wählen, damit das n-Eck mindestens 95 % der Kreisfläche bedeckt?

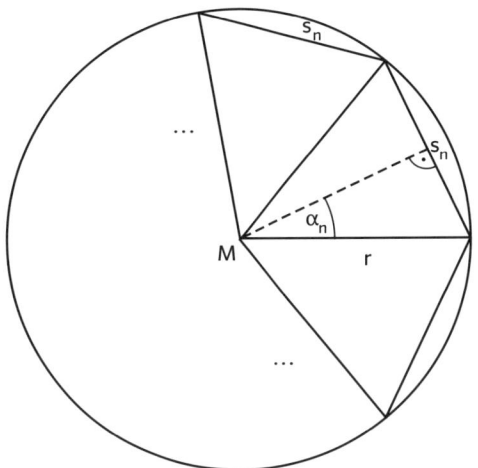

4 (3 VP)

Gibt es Quader mit quadratischer Grundfläche, bei denen jede Raumdiagonale mit der Grundfläche einen Winkel der Weite 60° bildet?

Lerntipps

Mathematik heißt Muster erkennen!

Wenn man die Seitenlängen s_n regelmäßiger n-Ecke berechnet, die einem Kreis mit dem Radius r einbeschrieben sind, dann ergeben sich die folgenden Tabellen.

n	s_n
4	$r\sqrt{2}$
8	$r\sqrt{2 - \sqrt{2}}$
16	$r\sqrt{2 - \sqrt{2 + \sqrt{2}}}$
32	$r\sqrt{2 - \sqrt{2 + \sqrt{2 + \sqrt{2}}}}$
64	$r\sqrt{2 - \sqrt{2 + \sqrt{2 + \sqrt{2 + \sqrt{2}}}}}$

n	s_n
3	$r\sqrt{3}$
6	r
12	$r\sqrt{2 - \sqrt{3}}$
24	$r\sqrt{2 - \sqrt{2 + \sqrt{3}}}$
48	$r\sqrt{2 - \sqrt{2 + \sqrt{2 + \sqrt{3}}}}$

In beiden Fällen erkennt man, wie es wohl weitergehen wird! Jeder wird ohne zu zögern hinschreiben:

$$s_{128} = r\sqrt{2 - \sqrt{2 + \sqrt{2 + \sqrt{2 + \sqrt{2 + \sqrt{2}}}}}}$$

Aber stimmt das immer? Wie beweist man dies?

In der Formelsammlung findest du eine Beziehung zwischen der Seitenlänge s_n des einem Kreis mit dem Radius r einbeschriebenen regelmäßigen n-Ecks und der entsprechenden Seitenlänge des 2n-Ecks.

Sie lautet: $s_{2n} = r \cdot \sqrt{2 - 2\sqrt{1 - \left(\frac{s_n}{2r}\right)^2}}$

Der Beweis dieser Formel gelingt mit dem Satz des Pythagoras. Damit lassen sich dann aus s_4 die weiteren Seitenlängen s_8, s_{16}, ... berechnen und entsprechend aus s_3 die Seitenlängen s_6, s_{12}, ... Beim tatsächlichen Rechnen erkennt man dann, dass es so weitergeht. Ausprobieren!

Klassenarbeit 2.1

1 (2 + 4 + 2 VP)

a) *Suche rechtwinklige Dreiecke, in denen du zwei Seitenlängen kennst und die dritte Seitenlänge berechnet werden soll. Dann kannst du den Satz des Pythagoras anwenden.*

Länge der Pyramidenkante BG
Die Strecke BG ist eine Diagonale im Quadrat BCGF, das die Seitenlänge a hat.
Daher gilt: $\overline{BG} = a \cdot \sqrt{2}$

Länge der Pyramidenkante AG
Die Strecke AG ist eine Raumdiagonale des Würfels mit der Kantenlänge a.
Daher gilt: $\overline{AG} = a \cdot \sqrt{3}$

Bemerkung
Diese beiden Werte kann man auswendig wissen.
Eine Begründung ergibt sich mit dem Satz des Pythagoras.
Im rechtwinkligen Dreieck BCG gilt:
$\overline{BG}^2 = \overline{BC}^2 + \overline{CG}^2$
$\overline{BG}^2 = a^2 + a^2$
$\overline{BG}^2 = 2\,a^2$
$\overline{BG} = a \cdot \sqrt{2}$
Im rechtwinkligen Dreieck ABG gilt:
$\overline{AG}^2 = \overline{AB}^2 + \overline{BG}^2$
$\overline{AG}^2 = a^2 + (a \cdot \sqrt{2})^2$
$\overline{AG}^2 = 3\,a^2$
$\overline{AG} = a \cdot \sqrt{3}$

b) Innenwinkel des Dreiecks ABG
Winkelweite β

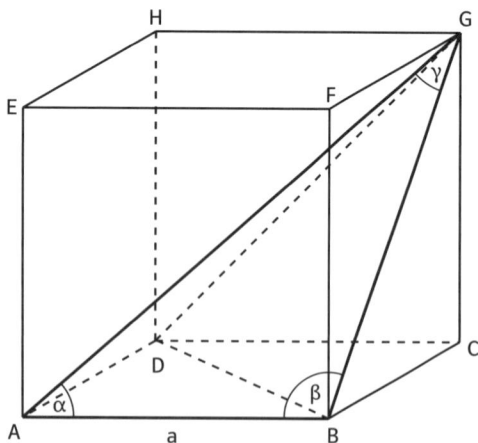

Da die Würfelkante AB orthogonal zur Seitenfläche BCGF ist, ist sie auch zu jeder Strecke in dieser Seitenfläche orthogonal, insbesondere also auch zu BG.
Somit: β = 90°

Um Winkelweiten im rechtwinkligen Dreieck zu berechnen, benötigt man zwei Seitenlängen. Sind die beiden Katheten gegeben, wird man tan (α) verwenden.
Winkelweite α
Es gilt im rechtwinkligen Dreieck ABG:
$\tan(\alpha) = \dfrac{\overline{BG}}{\overline{AB}}$
$\tan(\alpha) = \dfrac{a \cdot \sqrt{2}}{a}$ (wegen Teilaufgabe a)
$\tan(\alpha) = \sqrt{2}$
$\alpha \approx 54{,}7°$

Winkelweite γ
Mit dem Satz von der Winkelsumme im Dreieck ABG folgt:
γ = 180° − β − α
γ ≈ 180° − 90° − 54,7°
γ ≈ 35,3°

Alternative
$\tan(\gamma) = \dfrac{\overline{AB}}{\overline{BG}}$
$\tan(\gamma) = \dfrac{a}{a \cdot \sqrt{2}}$
$\tan(\gamma) = \dfrac{1}{\sqrt{2}}$
$\gamma \approx 35{,}3°$

Innenwinkel des Dreiecks DBG

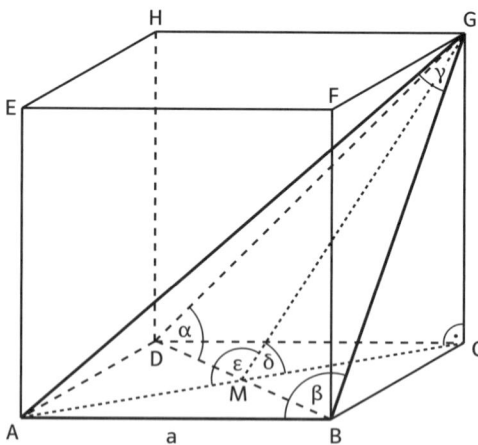

Da die Strecken BG, DB und DG als Diagonalen von Quadraten mit der Seitenlänge a gleich lang sind, ist das Dreieck DBG gleichseitig. Daher sind die drei Innenwinkel gleich weit.
Es gilt: α = β = γ = 60°

c) Neigungswinkel des Dreiecks DBG
Der Mittelpunkt M des Quadrats ABCD wird mit der Würfelecke G verbunden. Der Neigungswinkel dieser Strecke MG gegen die Würfelgrundfläche habe die Weite δ.

Im rechtwinkligen Dreieck MCG gilt:

$\tan(\delta) = \dfrac{\overline{CG}}{\overline{MC}}$

Da die Strecke MC halb so lang ist wie die Quadratdiagonale AC, so folgt:

$\tan(\delta) = \dfrac{\overline{CG}}{\frac{1}{2}\cdot\overline{AC}}$

$\tan(\delta) = \dfrac{a}{\frac{1}{2}\cdot a\cdot\sqrt{2}}$

$\tan(\delta) = \sqrt{2}$

$\quad\delta \approx 54{,}7°$

$\quad\varepsilon = 180° - \delta$

$\quad\varepsilon \approx 125{,}3°$

Die Pyramidenfläche DBG ist gegen die Grundfläche etwa unter einem Winkel der Weite 125,3° geneigt.

2 (3 + 2 VP)

a) Planfigur

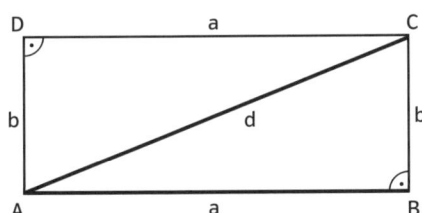

Die rechten Winkel über der Strecke AC erhält man mithilfe des Thaleskreises über AC.

Konstruktion

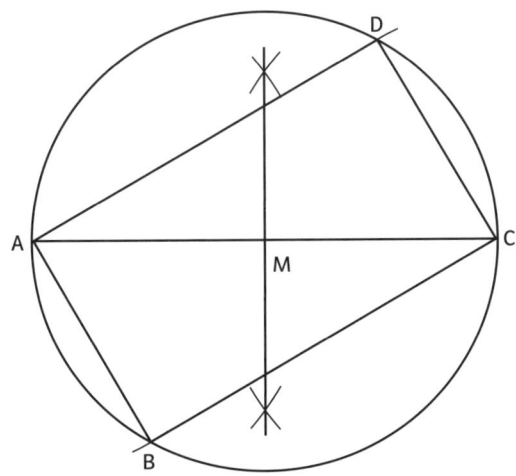

Beschreibung der Konstruktion
1. Zeichne die Strecke AC der Länge $\overline{AC}$ = 6,0 cm.
2. Konstruiere den Thaleskreis über AC.
3. Der Kreis um A mit dem Radius 3,0 cm schneidet den Thaleskreis in B (und B').
4. Der Kreis um C mit dem Radius 3,0 cm schneidet den Thaleskreis in D (und D').
5. Zeichne das Rechteck ABCD.

b) Länge der Rechtecksseiten BC bzw. AD
Im rechtwinkligen Dreieck ABC gilt mit dem Satz des Pythagoras:

$\overline{AC}^2 = \overline{AB}^2 + \overline{BC}^2$

$\overline{BC}^2 = \overline{AC}^2 - \overline{AB}^2$

$\overline{BC} = \sqrt{\overline{AC}^2 - \overline{AB}^2}$

$\overline{BC} = \sqrt{(6\,\text{cm})^2 - (3\,\text{cm})^2}$

$\overline{BC} = \sqrt{27\,\text{cm}^2}$

$\overline{BC} = 3\sqrt{3}\ \text{cm}$

$\overline{BC} \approx 5{,}2\,\text{cm}$

Die beiden anderen Rechtecksseiten haben etwa die Länge 5,2 cm.

3 (2 + 4 VP)

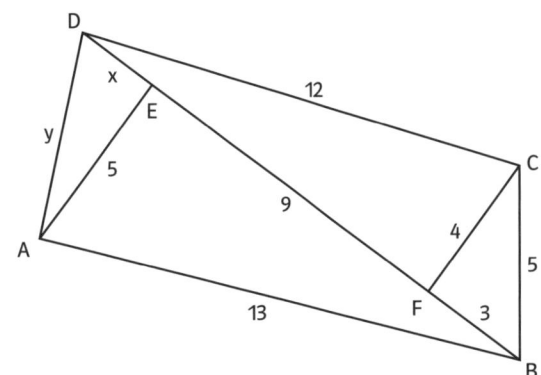

Mache dir immer zuerst klar, ob du ein Dreieck als rechtwinklig erkennen willst oder ob du in einem rechtwinkligen Dreieck eine Seitenlänge berechnen möchtest. Im ersten Fall verwendest du die Umkehrung des Satzes des Pythagoras. Im zweiten Fall wendest du den Satz des Pythagoras auf das rechtwinklige Dreieck an und formst die entstehende Gleichung so um, dass die gesuchte Seitenlänge allein links vom Gleichheitszeichen steht. Dann erst setze die gegebenen Daten ein.

a) Dreieck BCF
Im Dreieck BCF gilt:
$\overline{BC}^2 = \overline{BF}^2 + \overline{CF}^2$, denn $5^2 = 3^2 + 4^2$.
Mit der Umkehrung des Satzes des Pythagoras folgt daraus, dass das Dreieck BCF rechtwinklig ist bei F.

Dreieck ABE
Im Dreieck ABE gilt:
$\overline{AB}^2 = (\overline{BF} + \overline{FE})^2 + \overline{AE}^2$,
denn $(13)^2 = (9 + 3)^2 + 5^2$.
Mit der Umkehrung des Satzes des Pythagoras folgt daraus, dass das Dreieck ABE rechtwinklig ist bei E.

b) Berechnung von x

Im bei F rechtwinkligen Dreieck DFC gilt mit dem Satz des Pythagoras:

$$\overline{CD}^2 = \overline{DF}^2 + \overline{CF}^2$$

$$\overline{DF}^2 = \overline{CD}^2 - \overline{CF}^2$$

$$\overline{DF} = \sqrt{\overline{CD}^2 - \overline{CF}^2}$$

$$\overline{DF} = \sqrt{12^2 - 4^2}$$

$$\overline{DF} = \sqrt{128}$$

$$\overline{DF} = 8\sqrt{2}$$

$$\overline{DF} = \overline{DE} + \overline{EF}$$

$$\overline{DE} = \overline{DF} - \overline{EF}$$

$$x = 8\sqrt{2} - 9$$

$$x \approx 2{,}3$$

Berechnung von y

Im bei E rechtwinkligen Dreieck AED gilt mit dem Satz des Pythagoras:

$$\overline{AD}^2 = \overline{AE}^2 + \overline{DE}^2$$

$$\overline{AD} = \sqrt{\overline{AE}^2 + \overline{DE}^2}$$

$$y = \sqrt{5^2 + x^2}$$

$$y = \sqrt{25 + (8\sqrt{2} - 9)^2}$$

$$y = \sqrt{25 + 128 - 144\sqrt{2} + 81}$$

$$y = \sqrt{234 - 144\sqrt{2}}$$

$$y \approx 5{,}5$$

Begründungen

1. *Dreieck ABH*
   $$\cos(\alpha) = \frac{\overline{AH}}{\overline{AB}} = \frac{b_1}{c}$$

2. *Dreieck ABC*
   $$\tan(\alpha) = \frac{\overline{BC}}{\overline{AB}} = \frac{a}{c}$$

3. *Winkel CBA*
   $$\beta_1 + \beta_2 = 90°$$
   $$\sin(90°) = 1$$

4. *Dreieck ABC*
   $$\tan(\gamma) = \frac{\overline{AB}}{\overline{BC}} \neq \frac{\overline{AC}}{\overline{AB}}$$

5. *Dreieck BCH*
   $$\cos(\beta_2) = \frac{\overline{BH}}{\overline{BC}} = \frac{h}{a}$$
   $$h = a \cdot \cos(\beta_2)$$

6. *Dreieck ABH*
   $$\cos(\beta_1) = \frac{\overline{BH}}{\overline{AB}}$$
   $$\sin(\alpha) = \frac{\overline{BH}}{\overline{AB}}$$

7. *Dreieck ABH*
   $$\tan(\beta_1) = \frac{\overline{AH}}{\overline{BH}} = \frac{b_1}{h}$$
   Dreieck BCH
   $$\tan(\gamma) = \frac{\overline{BH}}{\overline{CH}} = \frac{h}{b_2}$$
   Da $\beta_1 = \gamma$, *folgt* $\frac{b_1}{h} = \frac{h}{b_2}$.

8. *Dreieck ABC*
   $$\sin(\alpha) = \frac{\overline{BC}}{\overline{AC}} = \frac{a}{b_1 + b_2} \neq \frac{a}{c}$$

4 (4 VP)

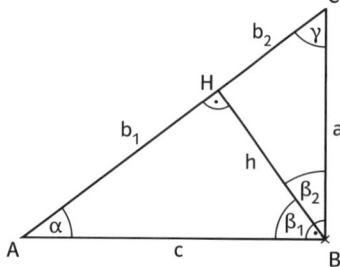

Behauptung	wahr	falsch
1. $\cos(\alpha) = \frac{b_1}{c}$	X	
2. $\frac{a}{c} = \tan(\alpha)$	X	
3. $\sin(\beta_1 + \beta_2) = 1$	X	
4. $\tan(\gamma) = \frac{\overline{AC}}{\overline{AB}}$		X
5. $h = a \cdot \cos(\beta_2)$	X	
6. $\cos(\beta_1) = \sin(\alpha)$	X	
7. $\frac{b_1}{h} = \frac{h}{b_2}$	X	
8. $\sin(\alpha) = \frac{a}{c}$		X

5 (1 VP)

Wenn der Neigungswinkel der Straße die Weite α hat, dann gilt hier:

$$\tan(\alpha) = \frac{16}{100}$$

$$\alpha \approx 9{,}1°$$

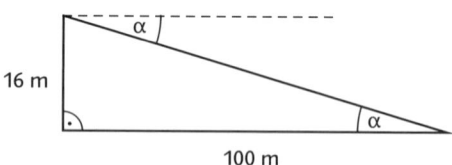

Bemerkung

Daraus ergibt sich z.B., dass ein Steilhang mit 100% Steigung mit der Horizontalen einen Winkel von „nur" 45° bildet.

Klassenarbeit 2.2

1 (3 VP)

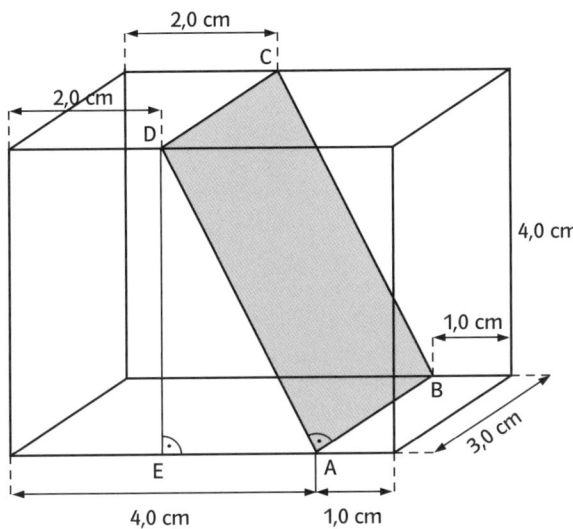

Form des Vierecks ABCD
Die Rechtecksseite AB ist parallel zur rechten unteren Quaderkante und daher orthogonal zur vorderen Quaderfläche. Daher ist AB auch orthogonal zu jeder Strecke in dieser vorderen Quaderfläche, insbesondere also orthogonal zu AD.
Entsprechend ist AB auch orthogonal zu BC. Die analoge Argumentation ergibt, dass CD orthogonal zu AD und BC ist.
Folglich hat das Viereck ABCD vier rechte Winkel und ist daher ein Rechteck.

Länge der Seiten
Da die Seite AB parallel zur Quaderkante mit der Länge 3,0 cm ist, hat sie ebenfalls diese Länge:
$\overline{AB}$ = 3,0 cm.
Die Länge der Seite AD lässt sich mithilfe des Satzes des Pythagoras im Dreieck ADE berechnen.
Es gilt: $\overline{AD}^2 = \overline{AE}^2 + \overline{DE}^2$

$\overline{AD} = \sqrt{\overline{AD}^2 + \overline{DE}^2}$

$\overline{AD} = \sqrt{(2\,cm)^2 + (4\,cm)^2}$

$\overline{AD} = \sqrt{20\,cm^2}$

$\overline{AD} = 2\sqrt{5}\,cm$

$\overline{AD} \approx 4,5\,cm$

Flächeninhalt des Rechtecks ABCD
$A = \overline{AB} \cdot \overline{CD}$
$A = 3\,cm \cdot 2\sqrt{5}\,cm$
$A = 6\sqrt{5}\,cm^2$

Das getönte Rechteck hat etwa den Flächeninhalt 13,5 cm².

2 (4 VP)

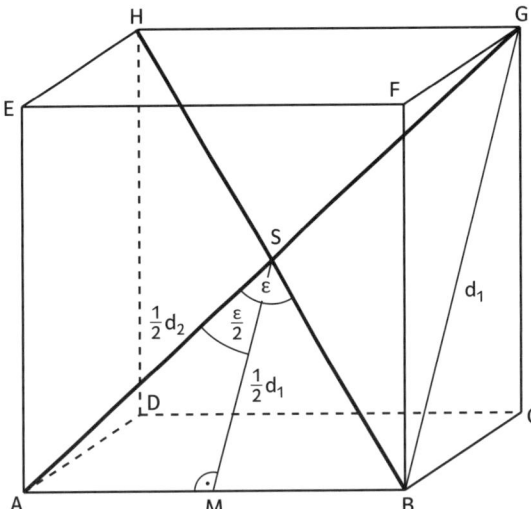

Der Würfel habe die Kantenlänge a. Das Lot vom Würfelmittelpunkt S (dem Schnittpunkt der Raumdiagonalen) auf die Würfelkante AB schneidet diese im Mittelpunkt M dieser Kante. Die Lotstrecke MS ist parallel zur Flächendiagonalen BG des Quadrats BCGF und halb so lang wie BG:
$\overline{MS} = \frac{1}{2} \cdot \overline{BG}$
$\overline{MS} = \frac{1}{2} \cdot d_1$
$\overline{MS} = \frac{1}{2} \cdot a \cdot \sqrt{2}$
Da sich die Raumdiagonalen des Würfels gegenseitig halbieren, gilt $\overline{AS} = \overline{BS}$. Das Dreieck ABS ist daher gleichschenklig. In diesem Dreieck ist SM also die Höhe auf die Basis AB und zugleich die Winkelhalbierende des Winkels ASB.
Im rechtwinkligen Dreieck AMS gilt daher:
$\tan\left(\frac{\varepsilon}{2}\right) = \frac{\overline{AM}}{\overline{MS}}$
$\tan\left(\frac{\varepsilon}{2}\right) = \frac{\frac{1}{2} \cdot a}{\frac{1}{2} \cdot a \cdot \sqrt{2}}$
$\tan\left(\frac{\varepsilon}{2}\right) = \frac{1}{\sqrt{2}}$
$\frac{\varepsilon}{2} \approx 35,26°$
Die Raumdiagonalen des Würfels schneiden sich folglich unter einem Winkel der Weite ε von etwa 70,5°.

Alternative Kurzlösungen
Da (SM) parallel zu (BG) ist, hat der Winkel $\sphericalangle$ AGB dieselbe Weite $\frac{\varepsilon}{2}$ wie der Winkel $\sphericalangle$ ASM.
Im rechtwinkligen Dreieck ABG gilt daher:
$tan\left(\frac{\varepsilon}{2}\right) = \frac{\overline{AB}}{\overline{BG}}$
$tan\left(\frac{\varepsilon}{2}\right) = \frac{a}{a \cdot \sqrt{2}}$
$tan\left(\frac{\varepsilon}{2}\right) = \frac{1}{\sqrt{2}}$
Daraus folgt wie oben $\varepsilon \approx 70,5°$.

Im Dreieck ABG kann man auch mithilfe des Sinus argumentieren, wenn man die Länge der Raumdiagonalen AG kennt:

Es gilt:

$$\sin\left(\tfrac{\varepsilon}{2}\right) = \frac{\overline{AB}}{\overline{AG}}$$

$$\sin\left(\tfrac{\varepsilon}{2}\right) = \frac{a}{a \cdot \sqrt{3}}$$

$$\sin\left(\tfrac{\varepsilon}{2}\right) = \frac{1}{\sqrt{3}}$$

Daraus ergibt sich wieder $\varepsilon \approx 70{,}5°$.

Man kann im Dreieck AMS auch zuerst den Winkel ⊰ MAS berechnen. Bezeichnet man seine Weite mit δ, so gilt z. B:

$$\cos(\delta) = \frac{\overline{AM}}{\overline{AS}}$$

$$\cos(\delta) = \frac{\tfrac{1}{2} \cdot a}{\tfrac{1}{2} \cdot a \cdot \sqrt{3}}$$

$$\cos(\delta) = \frac{1}{\sqrt{3}}$$

$$\delta \approx 54{,}74°$$

Mit dem Winkelsummensatz im rechtwinkligen Dreieck AMS folgt daraus $\frac{\varepsilon}{2} \approx 35{,}26°$, wobei sich wieder $\varepsilon \approx 70{,}5°$ ergibt.

3 (4 + 3 VP)

a) Die Figur wird wie in der Abbildung durch ein Rechteck ergänzt, dessen Seiten parallel zu den Koordinatenachsen sind.

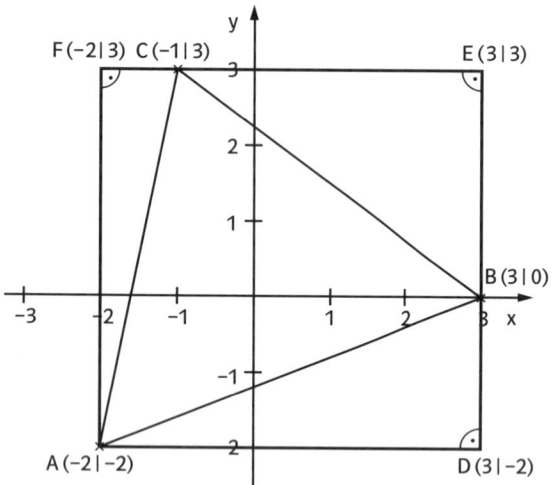

Die Seiten des Dreiecks ABC treten jetzt als Hypotenusen in den rechtwinkligen Dreiecken ADB, BEC und CFA auf. Die Längen der Katheten AD, BD, BE, CE, CF und AF können aus den Koordinaten der Punkte sofort abgelesen werden.

Umfang des Dreiecks

Mit dem Satz des Pythagoras ergibt sich jetzt:

$$\overline{AB}^2 = \overline{AD}^2 + \overline{BD}^2$$

$$\overline{AB} = \sqrt{\overline{AD}^2 + \overline{BD}^2}$$

$$\overline{AB} = \sqrt{5^2 + 2^2}$$

$$\overline{AB} = \sqrt{29}$$

$$\overline{BC}^2 = \overline{BE}^2 + \overline{CE}^2$$

$$\overline{BC} = \sqrt{\overline{BE}^2 + \overline{CE}^2}$$

$$\overline{BC} = \sqrt{3^2 + 4^2}$$

$$\overline{BC} = \sqrt{25}$$

$$\overline{BC} = 5$$

$$\overline{AC}^2 = \overline{CF}^2 + \overline{AF}^2$$

$$\overline{AC} = \sqrt{\overline{CF}^2 + \overline{AF}^2}$$

$$\overline{AC} = \sqrt{1^2 + 5^2}$$

$$\overline{AC} = \sqrt{26}$$

Daraus erhält man den Umfang des Dreiecks:

$$U = \overline{AB} + \overline{BC} + \overline{AC}$$

$$U = \sqrt{29} + 5 + \sqrt{26}$$

Der Dreiecksumfang ist etwa 15,5 Längeneinheiten.

b) Wenn der Koordinatenursprung O der Umkreismittelpunkt des Dreiecks ABC wäre, dann müssten die Punkte A, B und C von O alle denselben Abstand haben.

Der Abstand zweier Punkte $P_1(x_1 \,|\, y_1)$ und $P_2(x_2 \,|\, y_2)$ kann mithilfe des Satzes des Pythagoras berechnet werden. Man erhält:

$$\overline{P_1 P_2}^2 = (x_1 - x_2)^2 + (y_1 - y_2)^2 \,.$$

Diese Beziehung vereinfacht sich hier, da einer der Punkte der Punkt O ist.

$$\overline{P_1 O}^2 = x_1^2 + y_1^2.$$

Es gilt:

$$\overline{AO}^2 = 2^2 + 2^2$$

$$\overline{AO} = \sqrt{8}$$

$$\overline{AO} = 2\sqrt{2}$$

$$\overline{BO} = 3$$

$$\overline{CO}^2 = 3^2 + 1^2$$

$$\overline{CO} = \sqrt{10}$$

Da die Abstände AO, BO und CO nicht alle gleich groß sind, ist O nicht der Umkreismittelpunkt des Dreiecks ABC.

4 (5 VP)
Höhe des Ballons

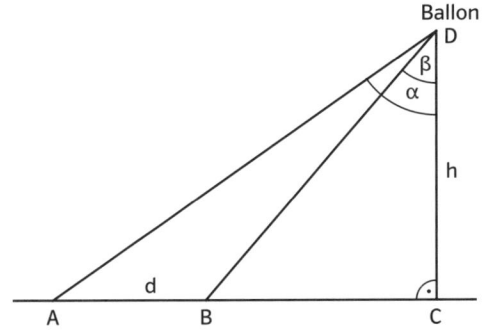

Im rechtwinkligen Dreieck ACD gilt:

$\tan(\alpha) = \frac{\overline{AC}}{\overline{CD}}$

$\overline{AC} = \overline{CD} \cdot \tan(\alpha)$

Im rechtwinkligen Dreieck BCD gilt:

$\tan(\beta) = \frac{\overline{BC}}{\overline{CD}}$

$\overline{BC} = \overline{CD} \cdot \tan(\beta)$

Mit $\overline{AB} = \overline{AC} - \overline{BC}$ folgt:

$\overline{AB} = \overline{CD} \cdot \tan(\alpha) - \overline{CD} \cdot \tan(\beta)$

$d = h \cdot \tan(a) - h \cdot \tan(\beta)$

$d = h \cdot (\tan(\alpha) - \tan(\beta))$

$h = \frac{d}{\tan(\alpha) - \tan(\beta)}$

Mit den gegebenen Winkelweiten und der Streckenlänge d erhält man:

$h = \frac{1,4\,km}{\tan(84°) - \tan(60°)}$

$h \approx 180\,m$

Der Ballon ist etwa 180 m hoch.

5 (3 + 2 VP)

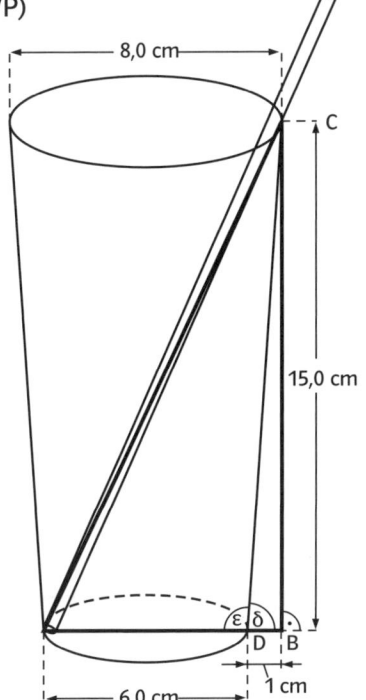

a) Streckenlänge AC
Im rechtwinkligen Dreieck ABC gilt mit dem Satz des Pythagoras:

$\overline{AC}^2 = \overline{AB}^2 + \overline{BC}^2$

$\overline{AC} = \sqrt{\overline{AB}^2 + \overline{BC}^2}$

$\overline{AC} = \sqrt{(7\,cm)^2 + (15\,cm)^2}$

$\overline{AC} = \sqrt{274}\,cm$

$\overline{AC} \approx 16,6\,cm$

Der Trinkhalm ragt demzufolge um 3,9 cm aus dem Becher heraus.

Anteil der herausragenden Trinkhalmlänge

$p = \frac{3,9\,cm}{20,5\,cm}$

$p \approx 0,19$

Etwa 19 % des Trinkhalms ragen aus dem Becher heraus.

Bemerkung
Für die vorausgehenden Überlegungen wurde der Durchmesser des Trinkhalms vernachlässigt, da er klein ist gegenüber seiner Länge.

b) Winkel zwischen (BD) und (CD)
Im rechtwinkligen Dreieck DBC gilt:

$\tan(\delta) = \frac{\overline{BC}}{\overline{DB}}$

$\tan(\delta) = \frac{15\,cm}{1\,cm}$

$\tan(\delta) = 15$

$\delta \approx 86,2°$

Der Winkel zwischen der Becherwand und dem Becherboden hat demnach die Weite $\varepsilon = 180° - \delta$. Dies sind etwa 93,8°.

Klassenarbeit 2.3

1 (5 VP)

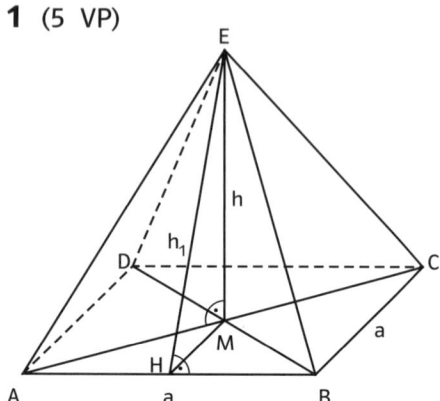

Form der Dachfläche
Die Dachfläche besteht aus vier kongruenten gleichschenkligen Dreiecken. Jedes dieser Dreiecke hat die Grundseitenlänge $a = \overline{AB}$ und die Höhenlänge $h_1 = \overline{EH}$.
Da die Höhe auf die Basis im gleichschenkligen Dreieck zugleich Mittelsenkrechte ist, gilt:
$\overline{AH} = \overline{HB} = \frac{1}{2} \cdot \overline{AB}$.

Berechnung der Dreieckshöhe h_1
Im rechtwinkligen Dreieck HME gilt mit dem Satz des Pythagoras:
$$\overline{EH}^2 = \overline{MH}^2 + \overline{EM}^2$$
$$h_1^2 = \left(\tfrac{a}{2}\right)^2 + h^2$$
$$h_1 = \sqrt{\left(\tfrac{a}{2}\right)^2 + h^2}$$
$$h_1 = \sqrt{(4\,\text{m})^2 + (12\,\text{m})^2}$$
$$h_1 = \sqrt{160}\,\text{m}$$
$$h_1 = 4\sqrt{10}\,\text{m}\ (\approx 12{,}6\,\text{m})$$

Flächeninhalt der Dachfläche
$$A = 4 \cdot A_{\triangle ABE}$$
$$A = 4 \cdot \tfrac{1}{2} \cdot \overline{AB} \cdot \overline{EH}$$
$$A = 2 \cdot a \cdot h_1$$
$$A = 2 \cdot 8{,}0\,\text{m} \cdot 4\sqrt{10}\,\text{m}$$
$$A = 64\sqrt{10}\,\text{m}^2$$

Das Dach hat etwa den Flächeninhalt $202\,\text{m}^2$.

2 (2 + 2 VP)
a) Der Sehstrahl vom Auge A aus durch den Horizontpunkt B verläuft tangential an die Kugel. Daher ist (AB) orthogonal zu (BM).

Berechnung der Sehweite s
Mit dem Satz des Pythagoras im bei B rechtwinkligen Dreieck AMB gilt:

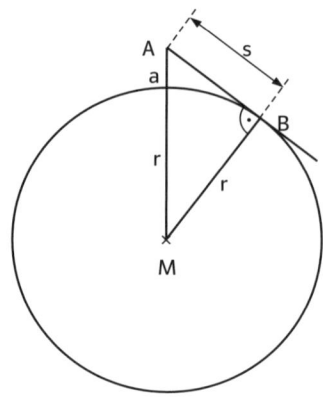

$$\overline{AM}^2 = \overline{BM}^2 + \overline{AB}^2$$
$$\overline{AB}^2 = \overline{AM}^2 - \overline{BM}^2$$
$$(*)\ s^2 = (a + r)^2 - r^2$$
$$s^2 = a^2 + 2ar + r^2 - r^2$$
$$s^2 = a^2 + 2ar$$
$$s = \sqrt{a^2 + 2ar}$$
Mit den Daten $a = 1{,}65\,\text{m}$ und $r = 200\,\text{m}$ ergibt sich:
$$s = \sqrt{(1{,}65\,\text{m})^2 + 2 \cdot 1{,}65\,\text{m} \cdot 200\,\text{m}}$$
$$s = \sqrt{662{,}7225}\,\text{m}$$
$$s \approx 25{,}7\,\text{m}$$
Der Astronaut kann etwa 25,7 m weit sehen.

b) Augenhöhe a bei Sehweite 100 m
Mit der Beziehung (*) aus Teilaufgabe a) erhält man:
$$s^2 = (a + r)^2 - r^2$$
$$(a + r)^2 = s^2 + r^2$$
$$a + r = \sqrt{s^2 + r^2}$$
$$a = \sqrt{s^2 + r^2} - r$$
Mit $s = 100\,\text{m}$ und $r = 200\,\text{m}$ folgt daraus:
$$a = \sqrt{(100\,\text{m})^2 + (200\,\text{m})^2} - 200\,\text{m}$$
$$a = \sqrt{50\,000}\,\text{m} - 200\,\text{m}$$
$$a = (100\sqrt{5} - 200)\,\text{m}$$
Die Augenhöhe müsste etwa bei 23,6 m sein.

3 (3 + 3 + 3 VP)
a) Balkenhöhe d

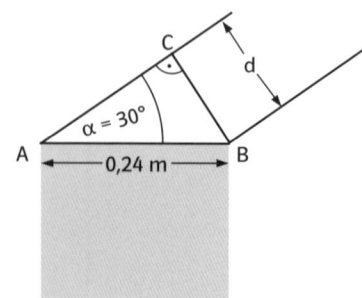

Im rechtwinkligen Dreieck ABC gilt:
$$\sin(\alpha) = \frac{d}{\overline{AB}}$$
$$\sin(30°) = \frac{d}{0{,}24\,\text{m}}$$

Folglich: d = 0,24 m · sin (30°)
         d = 0,24 · $\frac{1}{2}$
         d = 0,12 m

Der Balken muss 0,12 m hoch sein.

Balkenlänge s

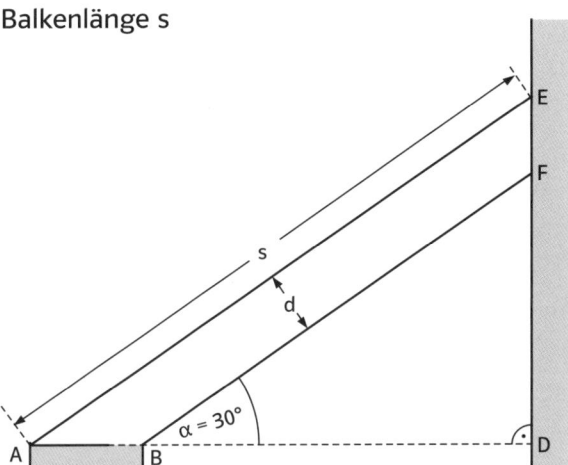

Im rechtwinkligen Dreieck ADE gilt:

$$\cos(\alpha) = \frac{\overline{AD}}{s}$$

$$s = \frac{\overline{AD}}{\cos(\alpha)}$$

$$s = \frac{0{,}24\,m + 2{,}50\,m}{\cos(30°)}$$

$$s = \frac{2{,}74\,m}{\frac{1}{2}\sqrt{3}}$$

$$s \approx 3{,}16\,m$$

Der Balken muss etwa 3,16 m lang sein.

b) Für die Höhe h gilt:
h = 2,00 m + $\overline{DE}$
Für $\overline{DE}$ erhält man im rechtwinkligen Dreieck ADE:

$$\tan(\alpha) = \frac{\overline{DE}}{\overline{AD}}$$

$$\overline{DE} = \overline{AD} \cdot \tan(\alpha)$$

Folglich: h = 2,00 m + $\overline{AD}$ · tan (α)
        h = 2,00 m + 2,74 m · tan (30°)
        h ≈ 3,58 m

Die Balkenoberkante liegt etwa 3,58 m über dem Boden.

Maximaler Neigungswinkel β
Wie oben gilt:
    h = 2,00 m + $\overline{AD}$ · tan (β)

$$\tan(\beta) = \frac{h - 2{,}00\,m}{\overline{AD}}$$

$$\tan(\beta) = \frac{3{,}00\,m - 2{,}00\,m}{2{,}74\,m}$$

$$\tan(\beta) = \frac{1}{2{,}74}$$

$$\beta \approx 20°$$

Bei einer Dachneigung von höchstens 20° liegt die Balkenoberkante nicht höher als 3,00 m über dem Boden.

c) Länge der Strecke DF
Im rechtwinkligen Dreieck BDF gilt:

$$\tan(\alpha) = \frac{\overline{DF}}{\overline{BD}}$$

$$\overline{DF} = \overline{BD} \cdot \tan(\alpha)$$

Höhe a des Schuppens an der Hauswand
a = 2,00 m + $\overline{DF}$
a = 2,00 m + $\overline{BD}$ · tan (α)

Inhalt A der trapezförmigen Querschnittsfläche
A = $\frac{1}{2}$ · (2,00 m + a) · 2,50 m
A = $\frac{1}{2}$ · (2,00 m + 2,00 m + BD · tan (α)) · 2,50 m
A = $\frac{1}{2}$ · (4,00 m + 2,50 m · tan (30°)) · 2,50 m

Volumen V des Schuppens
V = A · 4,0 m
V = $\frac{1}{2}$ · (4,00 m + 2,50 m · tan (30°)) · 2,50 m · 4,0 m
V ≈ 27 m³
Der Rauminhalt des Schuppens beträgt etwa 27 m³.

4 (6 VP)
Länge der Bandabschnitte

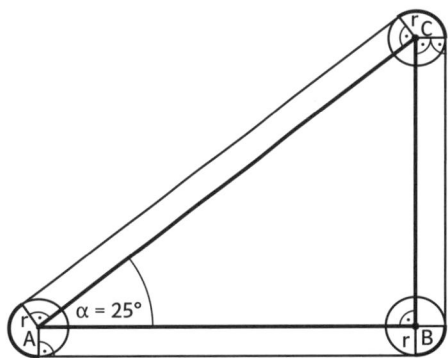

Das Band setzt sich aus den drei geradlinigen Abschnitten AB, BC und AC sowie den drei Kreisbögen zusammen. Die Kreisbögen zusammen bilden einen Kreis mit dem Radius r = 0,10 m.
Mit $\overline{BC}$ = 4,00 m, α = 25° folgt:

$$\sin(\alpha) = \frac{\overline{BC}}{\overline{AC}}$$

$$\overline{AC} = \frac{\overline{BC}}{\sin(\alpha)}$$

$$\tan(\alpha) = \frac{\overline{BC}}{\overline{AB}}$$

$$\overline{AB} = \frac{\overline{BC}}{\tan(\alpha)}$$

Bandlänge s

$s = \overline{AB} + \overline{BC} + \overline{AC} + U$

$s = \frac{\overline{BC}}{\tan(\alpha)} + \overline{BC} + \frac{\overline{BC}}{\sin(\alpha)} + 2\pi \cdot r$

$s = \frac{4{,}00\,m}{\tan(25°)} + 4{,}00\,m + \frac{4{,}00\,m}{\sin(25°)} + 2\pi \cdot 0{,}10\,m$

$s \approx 22{,}67\,m$

Das Band muss etwa 22,67 m lang sein.

Alternative
Wenn $\overline{AC}$ wie oben berechnet ist, dann lässt sich $\overline{AB}$
auch mit dem Satz des Pythagoras berechnen.

Klassenarbeit 2.4

1 (2 + 2 + 2 VP)

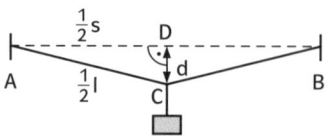

a) Länge l des Drahts bei Erwärmung
Die Drahtlänge nach der Verlängerung sei l.
Im rechtwinkligen Dreieck ACD gilt mit dem Satz
des Pythagoras:

$$\overline{AC}^2 = \overline{CD}^2 + \overline{AD}^2$$
$$\left(\tfrac{1}{2}l\right)^2 = d^2 + \left(\tfrac{1}{2}s\right)^2$$
$$\tfrac{1}{4}l^2 = d^2 + \tfrac{1}{4}s^2$$
$$l^2 = 4d^2 + s^2$$
$$l = \sqrt{4d^2 + s^2}$$

Verlängerung Δs des Drahts

$$\Delta s = l - s$$
$$(^*) \quad \Delta s = \sqrt{4d^2 + s^2} - s$$
$$\Delta s = \sqrt{4 \cdot (20\,mm)^2 + (1000\,mm)^2} - 1000\,mm$$
$$\Delta s \approx 0{,}8\,mm$$

Der Draht hat sich um etwa 0,8 mm verlängert.

b) Berechnung des Durchhangs d
Mit (*) erhält man:

$$\Delta s = \sqrt{4d^2 + s^2} - s$$
$$\sqrt{4d^2 + s^2} = \Delta s + s$$
$$4d^2 + s^2 = (\Delta s + s)^2$$
$$4d^2 = (\Delta s + s)^2 - s^2$$
$$d^2 = \tfrac{1}{4}\left[(\Delta s + s)^2 - s^2\right]$$
$$d = \tfrac{1}{2}\sqrt{\Delta s^2 + 2 \cdot \Delta s \cdot s + s^2 - s^2}$$
$$d = \tfrac{1}{2}\sqrt{\Delta s^2 + 2 \cdot \Delta s \cdot s}$$

Mit $\Delta s = 5\,mm$ und $s = 1000\,m$ ergibt sich:

$$d = \tfrac{1}{2} \cdot \sqrt{(5\,mm)^2 + 2 \cdot 5\,mm \cdot 1000\,mm}$$
$$d \approx 50\,mm$$

Bei einer Verlängerung des Drahts um 5 mm wäre
der Durchhang 50 mm.

c) Auswahl des zutreffenden Diagramms
Die Gleichung (*) zeigt, dass die Verlängerung
nicht zum Durchhang d proportional ist. Daher kann
das erste Diagramm nicht richtig sein.
Die Entscheidung über das zweite oder dritte Diagramm wird mithilfe des GTR getroffen. Für eine
gegebene Drahtlänge s (z. B. s = 1000 mm) wird Δs
in Abhängigkeit von d gezeichnet.

GTR	
-Taste	Eingeben: $\sqrt{4\,d^2 + 1000^2} - 1000$
[GRAPH]-Taste	Schaubild wird gezeichnet

Man erkennt bei geeigneter Einstellung des Zeichenfensters, dass die Kurve eine Linkskurve wie im zweiten Diagramm ist.

2 (2 + 4 + 2 VP)

a)

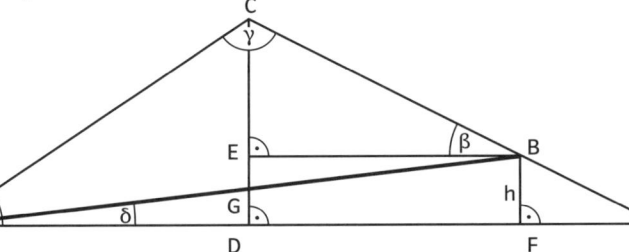

Höhenunterschied h der beiden Tunneleingänge
Die Länge der Strecke DE entspricht dem Höhenunterschied der beiden Tunneleingänge.
Es gilt:
$h = \overline{DE}$
$h = \overline{CD} - \overline{CE}$
Die Streckenlängen $\overline{CD}$ und $\overline{DE}$ können in den rechtwinkligen Dreiecken ADC und BCE berechnet werden:
$\sin(\alpha) = \dfrac{\overline{CD}}{\overline{AC}}$
$\overline{CD} = \overline{AC} \cdot \sin(\alpha)$
$\sin(\beta) = \dfrac{\overline{CE}}{\overline{BC}}$
$\overline{CE} = \overline{BC} \cdot \sin(\beta)$

Somit:
$h = \overline{CD} - \overline{CE}$
$h = \overline{AC} \cdot \sin(\alpha) - \overline{BC} \cdot \sin(\beta)$
$h = 155\,\text{m} \cdot \sin(40°) - 112\,\text{m} \cdot \sin(32°)$
$h \approx 40\,\text{m}$
Der Höhenunterschied der Tunneleingänge beträgt etwa 40 m.

b) Länge s des geradlinigen Tunnels
Die Länge $s = \overline{AB}$ kann im Dreieck AFB mit dem Satz des Pythagoras berechnet werden, wenn man neben $h = \overline{BF}$ auch die Streckenlänge $\overline{AF}$ kennt.
Für $\overline{AF}$ gilt:
$\overline{AF} = \overline{AD} + \overline{DF}$
$\overline{AF} = \overline{AD} + \overline{EB}$
Im Dreieck ADC erhält man:
$\cos(\alpha) = \dfrac{\overline{AD}}{\overline{AC}}$
$\overline{AD} = \overline{AC} \cdot \cos(\alpha)$

Im Dreieck BCE erhält man:
$\cos(\beta) = \dfrac{\overline{EB}}{\overline{BC}}$
$\overline{EB} = \overline{BC} \cdot \cos(\beta)$
Der Satz des Pythagoras im Dreieck AFB ergibt:
$\overline{AB}^2 = \overline{AF}^2 + \overline{BF}^2$
$s^2 = (\overline{AD} + \overline{EB})^2 + h^2$
$s^2 = (\overline{AC} \cdot \cos(\alpha) + \overline{BC} \cdot \cos(\beta))^2$
$\qquad + (\overline{AC} \cdot \sin(\alpha) - \overline{BC} \cdot \sin(\beta))^2$
$s^2 = \overline{AC}^2 \cdot \cos^2(\alpha) + 2 \cdot \overline{AC} \cdot \overline{BC} \cdot \cos(\alpha)\cos(\beta)$
$\qquad + \overline{BC}^2 \cdot \cos^2(\beta)$
$\qquad + \overline{AC}^2 \cdot \sin^2(\alpha) - 2 \cdot \overline{AC} \cdot \overline{BC} \cdot \sin(\alpha)\sin(\beta)$
$\qquad + \overline{BC}^2 \cdot \sin^2(\beta)$
$s^2 = \overline{AC}^2 + \overline{BC}^2$
$\qquad + 2 \cdot \overline{AC} \cdot \overline{BC} \cdot (\cos(\alpha)\cos(\beta) - \sin(\alpha)\sin\beta))$

Einsetzen der gegebenen Werte $\overline{AC} = 155\,\text{m}$, $\overline{BC} = 112\,\text{m}$, $\alpha = 40°$ und $\beta = 32°$ und Wurzelziehen ergibt $s \approx 217\,\text{m}$.
Der Tunnel ist etwa 217 m lang.

Alternative
Wer den Kosinussatz zur Verfügung hat (Formelsammlung!), der kommt rascher ans Ziel.
Es gilt im Dreieck ABC:
$\gamma = 180° - (\alpha + \beta)$
$\gamma = 180° - (40° + 32°)$
$\gamma = 108°$
Der Kosinussatz besagt:
$\overline{AB}^2 = \overline{AC}^2 + \overline{BC}^2 - 2 \cdot \overline{AB} \cdot \overline{BC} \cdot \cos(\gamma)$
$\overline{AB} = \sqrt{\overline{AC}^2 + \overline{BC}^2 - 2 \cdot \overline{AB} \cdot \overline{BC} \cdot \cos(\gamma)}$
$\overline{AB} = \sqrt{155^2 + 112^2 + 2 \cdot 155 \cdot 112 \cdot \cos(108°)}\,\text{m}$
$\overline{AB} \approx 217\,\text{m}$

c) Steigung im Tunnel
Die Steigung im Tunnel ist der Tangens des Neigungswinkels δ.
Zunächst erhält man:
$\sin(\delta) = \dfrac{\overline{BF}}{\overline{AB}}$
$\sin(\delta) \approx \dfrac{40\,\text{m}}{217\,\text{m}}$
$\delta \approx 10{,}6°$
Daraus folgt:
$\tan(10{,}6°) \approx 0{,}19$
Die Tunnelsteigung beträgt etwa 19 %.

3 (2 + 3 + 2 VP)

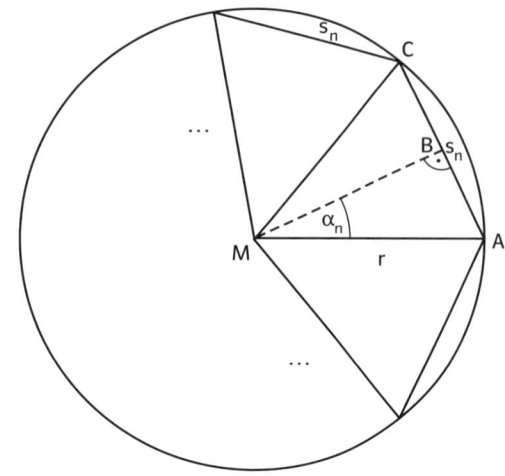

a) Mittelpunktswinkel beim n-Eck

$\alpha_n = \frac{360°}{2n} = \frac{180°}{n}$

Berechnung der Seitenlänge s_n

Im rechtwinkligen Dreieck MAB erhält man:

$\sin(\alpha_n) = \frac{\overline{AB}}{\overline{AM}}$

$\sin(\alpha_n) = \frac{\frac{1}{2} \cdot s_n}{r}$

Somit:

$s_n = 2 \cdot r \cdot \sin(\alpha_n)$

$s_n = 2 \cdot r \cdot \sin\left(\frac{180°}{n}\right)$

b) Berechnung des Flächeninhalts A_n des n-Ecks

Das n-Eck besteht aus n gleichschenkligen Dreiecken, die kongruent sind zum Dreieck MAC. Daher ergibt sich für den Flächeninhalt:

$A_n = n \cdot A_{\triangle MAC}$

$A_n = n \cdot \frac{1}{2} \cdot \overline{AC} \cdot \overline{BC}$

$A_n = n \cdot \frac{1}{2} \cdot s_n \cdot \overline{BM}$

Im Dreieck MAB erhält man $\overline{BM}$:

$\cos(\alpha_n) = \frac{\overline{BM}}{\overline{AM}}$

$\overline{BM} = \overline{AM} \cdot \cos(\alpha_n)$

$\overline{BM} = r \cdot \cos\left(\frac{180°}{n}\right)$

Damit ergibt sich A_n in Abhängigkeit von r und n:

$A_n = n \cdot \frac{1}{2} \cdot 2 \cdot r \cdot \sin\left(\frac{180°}{n}\right) \cdot r \cdot \cos\left(\frac{180°}{n}\right)$

$A_n = n \cdot r^2 \cdot \sin\left(\frac{180°}{n}\right) \cdot \cos\left(\frac{180°}{n}\right)$

c) Berechnung von n

Es soll gelten:

$A_n \geqq \frac{95}{100} \cdot A_{Kreis}$

Daraus folgt:

$n \cdot r^2 \cdot \sin\left(\frac{180°}{n}\right) \cdot \cos\left(\frac{180°}{n}\right) \geqq \frac{95}{100} \cdot \pi \cdot r^2$

$n \cdot \sin\left(\frac{180°}{n}\right) \cdot \cos\left(\frac{180°}{n}\right) \geqq 0,95 \cdot \pi$

Diese Ungleichung lässt sich mit dem GTR lösen.

GTR	
[MODE]-Taste	Gradangabe einstellen: „Degree" auswählen
[Y=]-Taste	Funktionsgleichung eingeben: $y_1 = x \cdot \sin\left(\frac{180}{x}\right) \cdot \cos\left(\frac{180}{x}\right)$ $y_2 = 0,95 \cdot \pi$
[GRAPH]-Taste	Es erfolgt die Auflistung der Werte für x, y_1, y_2.

Man erkennt, dass erstmals für x = 12 gilt: $y_1 \geqq y_2$. Das n-Eck bedeckt mindestens 95% der Kreisfläche, wenn man für n mindestens 12 wählt.

4 (3 VP)

Angenommen, ein solcher Quader habe eine quadratische Grundfläche mit der Kantenlänge a. Seine Höhe sei b.

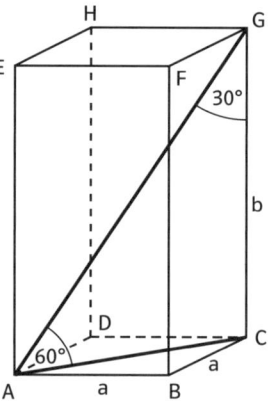

Im rechtwinkligen Dreieck ACG erhält man:

$\tan(60°) = \frac{\overline{CG}}{\overline{AC}}$

$\tan(60°) = \frac{b}{a \cdot \sqrt{2}}$

Es gibt einen solchen Quader, falls gilt:

$b = a \cdot \sqrt{2} \cdot \tan(60°)$

$b = a \cdot \sqrt{2} \cdot \sqrt{3}$

$b = a \cdot \sqrt{6}$

Wenn der Quader die Höhe $a \cdot \sqrt{6}$ hat, dann bildet jede Raumdiagonale mit der Grundfläche einen Winkel der Weite 60°.

Alternative

Das Dreieck ACG kann als „halbes" gleichseitiges Dreieck aufgefasst werden. In diesem gleichseitigen Dreieck ist AC die halbe Grundseite und CG die Höhe. Bekannt ist, dass die Höhe eines gleichseitigen Dreiecks $\sqrt{3}$-mal so lang ist wie die halbe Grundseite, also: $\overline{CG} = \sqrt{3} \cdot \overline{AC}$.

Mit $\overline{AC} = a\sqrt{2}$ folgt:

$\overline{CG} = \sqrt{3} \cdot a \cdot \sqrt{2}$

$b = a \cdot \sqrt{6}$

Wundersame Geldvermehrung

Wie trotz ständiger Verdoppelung schließlich alles Geld beim Teufel ist!

Johann Christoph Schäfer (1802 – 1854) lebte als Landwirt in der kleinen Gemeinde Illeben bei Gotha. Neben seiner täglichen Arbeit auf dem Bauernhof fand er immer noch Zeit, sich für „geistesbeschäftigende und gesellige Unterhaltung" zu interessieren, die damals im Freundes- und Familienkreis gepflegt wurde. Auf diese Weise ist eine Aufgabensammlung entstanden, die zunächst in Tagebüchern festgehalten, 1831 dann als Büchlein erschienen ist.

Aus einem Nachdruck (Aulis Verlag Köln) ist die folgende Aufgabe 54 entnommen.

54. Der durch sich selbst Betrogene
Ein Mann, welcher an einem Flusse wohnte, machte mit dem Bösen ein Bündnis; dieser versprach ihm alles baare Geld, das er im Hause habe, zu verdoppeln, wenn er damit über die Brücke gehe, und verlangte weiter nichts dafür, als daß er $1\frac{1}{3}$ Thlr. Davon in's Wasser werfen solle, wenn er wieder über die Brücke zurückgehe; dies könne er übrigens wiederholen, so oft er nur wolle. Der Einfältige schlug mit Freuden ein, nahm alles baare Geld, welches er im Hause hatte, zusammen und machte den ersten Versuch. Der Böse hielt Wort.
Drei Mal in Allem machte er diesen Gang; als er aber zum 3ten Male mit seiner verdoppelten Baarschaft zurückkehrte und den ausbedungenen Brückenzolle in's Wasser geworfen hatte, war sein ganzes Geld in den Händen des Bösen.
Wie groß war die Summe, die der Betrogene zum erstenmal über die Brücke trug?
(1 Thaler = 30 Neugroschen)

Neben der Frage, wie viel der Betrogene zum erstenmal über die Brücke trug, ist natürlich interessant zu wissen, ab welcher Barschaft er sich auf den Handel mit dem Bösen hätte einlassen können, um nicht am Ende mit leeren Händen dazustehen. Aber dann würde der Böse das Angebot wohl gar nicht erst machen. Glücklicherweise!?

Potenzen

Potenzen mit ganzzahligen Exponenten

Definition	Beispiele
Für jedes $a \in \mathbb{R}^*$ soll gelten:	1. $7^3 = 7 \cdot 7 \cdot 7$
1. $a^n = \underbrace{a \cdot a \cdot a \cdot \ldots \cdot a}_{n \text{ Faktoren}}$, falls $n \in \mathbb{N}$, $n > 1$	$(-2)^4 = (-2) \cdot (-2) \cdot (-2) \cdot (-2)$ $\left(\frac{2}{3}\right)^5 = \frac{2}{3} \cdot \frac{2}{3} \cdot \frac{2}{3} \cdot \frac{2}{3} \cdot \frac{2}{3}$
2. $a^0 = 1$, $a^1 = a$	2. $3^0 = 1$, $(-5)^0 = 1$, $\left(\frac{1}{2}\right)^0 = 1$
3. $a^{-n} = \frac{1}{a^n}$	3. $5^{-3} = \frac{1}{5^3}$, $\left(\frac{1}{4}\right)^{-2} = \frac{1}{\left(\frac{1}{4}\right)^2}$, $(-7)^{-2} = \frac{1}{(-7)^2}$
a^n heißt Potenz, a heißt Basis (Grundzahl), n heißt Exponent (Hochzahl).	

Potenzen mit rationalen Exponenten

Definition	Beispiele
Für jedes $a \in \mathbb{R}^+$, $p \in \mathbb{Z}$, $q \in \mathbb{N}$, $q \neq 0$, $q \neq 1$, soll gelten: $a^{\frac{p}{q}} = \sqrt[q]{a^p} = (\sqrt[q]{a})^p$	$5^{\frac{3}{4}} = (5^3)^{\frac{1}{4}} = \sqrt[4]{5^3} = (\sqrt[4]{5})^3$ $2^{-\frac{4}{5}} = \frac{1}{2^{\frac{4}{5}}} = \frac{1}{\sqrt[5]{2^4}}$

Rechengesetze

Rechengesetze	Beispiele
1. Potenzen mit gleicher Basis werden multipliziert, indem man die Exponenten addiert und die Basis beibehält. $a^p \cdot a^q = a^{p+q}$	1. $2^5 \cdot 2^7 = 2^{5+7} = 2^{12}$ $\left(\frac{3}{4}\right)^{-2} \cdot \left(\frac{3}{4}\right)^4 = \left(\frac{3}{4}\right)^{-2+4} = \left(\frac{3}{4}\right)^2$ $(-5)^{-1} \cdot (-5)^{-3} = (-5)^{-1+(-3)} = (-5)^{-4}$
2. Potenzen mit gleicher Basis werden dividiert, indem man die Exponenten subtrahiert und die Basis beibehält. $a^p : a^q = a^{p-q}$	2. $5^3 : 5^2 = 5^{3-2} = 5^1 = 5$ $\left(\frac{1}{2}\right)^{-3} : \left(\frac{1}{2}\right)^{-4} = \left(\frac{1}{2}\right)^{-3-(-4)} = \left(\frac{1}{2}\right)^1 = \frac{1}{2}$ $(-7)^{-4} : (-7)^2 = (-7)^{-4-2} = (-7)^{-6}$
3. Potenzen mit gleichen Exponenten werden multipliziert, indem man die Basen multipliziert und den Exponenten beibehält. $a^p \cdot b^p = (a \cdot b)^p$	3. $2^3 \cdot 5^3 = (2 \cdot 5)^3 = 10^3$ $\left(\frac{1}{3}\right)^4 \cdot 6^4 = \left(\frac{1}{3} \cdot 6\right)^4 = 2^4$ $(-4)^3 \cdot 2^3 = (-4 \cdot 2)^3 = (-8)^3$
4. Potenzen mit gleichen Exponenten werden dividiert, indem man die Basen dividiert und den Exponenten beibehält. $a^p : b^p = (a : b)^p$	4. $2^{\frac{1}{3}} : 3^{\frac{1}{3}} = (2 : 3)^{\frac{1}{3}} = \left(\frac{2}{3}\right)^{\frac{1}{3}}$ $(-5)^4 : 5^4 = (-5 : 5)^4 = (-1)^4 = 1$ $\left(\frac{2}{5}\right)^3 : \left(\frac{5}{4}\right)^3 = \left(\frac{2}{5} \cdot \frac{4}{5}\right)^3 = \left(\frac{8}{25}\right)^3$
5. Potenzen werden potenziert, indem man die Exponenten multipliziert und die Basis beibehält. $(a^p)^q = a^{p \cdot q}$	5. $(2^3)^4 = 2^{3 \cdot 4} = 2^{12}$ $((-3)^5)^2 = (-3)^{5 \cdot 2} = (-3)^{10} = 3^{10}$ $\left(5^{\frac{1}{3}}\right)^{\frac{3}{4}} = 5^{\frac{1}{3} \cdot \frac{3}{4}} = 5^{\frac{1}{4}}$
Die Rechengesetze sind unmittelbare Folgerungen aus der Definition der Potenz. Es wird in jedem Fall angenommen, dass die Variablenbelegungen so gewählt werden, dass die auftretenden Terme definiert sind.	

Der Rechenschieber

Was hat dieses alte Rechenhilfsmittel mit dem Logarithmus zu tun?

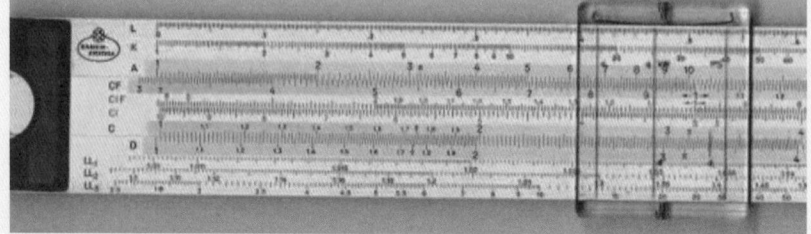

Der Logarithmus

Definition

Unter dem Logarithmus von b zur Basis a versteht man diejenige Zahl, mit der man a potenzieren muss, um b zu erhalten.
Kurz: $x = \log_a(b)$, $a > 0$, $b > 0$

Beispiele

$2^x = 16$, daher $x = \log_2(16) = 4$

$10^x = \frac{1}{100}$, daher $x = \log_{10}\left(\frac{1}{100}\right) = -2$

$3^x = 5$, daher $x = \log_3(5)$

Rechengesetze

1. Der Logarithmus eines Produkts ist gleich der Summe der Logarithmen der Faktoren.
$$\log_a(u \cdot v) = \log_a(u) + \log_a(v)$$

2. Der Logarithmus eines Quotienten ist gleich der Differenz der Logarithmen von Dividend und Divisor.
$$\log_a(u : v) = \log_a(u) - \log_a(v)$$

Beispiele

1. $\log_2(6) = \log_2(2 \cdot 3)$
$= \log_2(2) + \log_2(3)$
$= 1 + \log_2(3)$

2. $\log_{10}\left(\frac{10}{3}\right) = \log_{10}(10) - \log_{10}(3)$
$= 1 - \log_{10}(3)$

Folgerungen

1. Für den Logarithmus einer Potenz folgt aus dem ersten Rechengesetz:
$$\log_a(u^p) = p \cdot \log_a(u)$$

2. Für den Logarithmus von $\frac{1}{u}$ folgt aus dem zweiten Rechengesetz:
$\log_a\left(\frac{1}{u}\right) = \log_a(1) - \log_a(u)$
$= 0 - \log_a(u)$
$= -\log_a(u)$

3. Aus der Definition des Logarithmus folgt, dass sich Potenzieren und Logarithmieren gegenseitig aufheben:
$$a^{\log_a(b)} = b$$

Beispiele

1. $\log_5(\sqrt{5}) = \log_5\left(5^{\frac{1}{2}}\right) = \frac{1}{2} \cdot \log_5(5) = \frac{1}{2}$
$\log_{10}(0,001) = \log_{10}(10^{-3})$
$= -3 \cdot \log_{10}(10) = -3$

2. $\log_3\left(\frac{1}{27}\right) = \log_3(1) - \log_3(27) = -3$
$\log_5\left(\frac{2}{25}\right) = \log_5(2) - \log_5\left(\frac{1}{25}\right)$
$= \log_5(2) - (-\log_5(25))$
$= \log_5(2) + 2$

3. $2^{\log_2(5)} = 5$

Dies lässt sich auch mit der 1. Folgerung begründen:
$\log_2\left(2^{\log_2(5)}\right) = \log_2(5) \cdot \log_2(2) = \log_5(5)$
Vergleichen der Argumente ergibt:
$2^{\log_2(5)} = 5$

Potenzgleichungen

Definition	Beispiele
Jede Gleichung der Form $x^n = a$, $n \in \mathbb{N}$, $n > 1$, $a \in \mathbb{R}$, heißt Potenzgleichung.	$x^3 = 5$, $x^{10} = 1024$, $x^4 = \sqrt{2}$
	Gegenbeispiele
	$x^{\frac{1}{2}} = 1$, $\frac{1}{x^2} = 4$, $\sqrt[3]{x} = 6$

Lösung der Potenzgleichung	Beispiele
n ist gerade	
Die Gleichung $x^n = a$ hat keine Lösung, falls $a < 0$ eine Lösung, falls $a = 0$ zwei Lösungen $-a^{\frac{1}{n}}$, $a^{\frac{1}{n}}$, falls $a > 0$	$x^6 = -1$ hat keine Lösung $x^{10} = 0$ hat die Lösung $x_1 = 0$ $x^4 = 16$ hat die Lösungen $x_1 = -16^{\frac{1}{4}} = -\sqrt[4]{16} = -2$, $x_2 = 16^{\frac{1}{4}} = \sqrt[4]{16} = 2$
n ist ungerade	
Die Gleichung $x^n = a$ hat die Lösung $-(-a)^{\frac{1}{n}}$, falls $a < 0$ die Lösung $a^{\frac{1}{n}}$, falls $a \geqq 0$	$x^5 = -3$ hat die Lösung $x_1 = -(-(-3))^{\frac{1}{5}} = -\sqrt[5]{3}$ $x^3 = 64$ hat die Lösung $x_1 = 64^{\frac{1}{3}} = \sqrt[3]{64} = 4$

Exponentialgleichungen

Definition	Beispiele
Jede Gleichung der Form $a^x = b$, $x \in \mathbb{R}$, $a, b \in \mathbb{R}^+$, heißt Exponentialgleichung.	$5^x = 1$, $3^x = 10$, $2^x = \sqrt{2}$
	Gegenbeispiele
	$x^2 = 1$, $8^x = -4$, $(-2)^x = 6$

Lösung der Exponentialgleichung	Beispiel
Logarithmieren zur Basis a $a^x = b$ $\log_a(a^x) = \log_a(b)$ $x \cdot \log_a(a) = \log_a(b)$ $x \cdot 1 = \log_a(b)$ $x = \log_a(b)$	$4^x = 12$ $\log_4(4^x) = \log_4(12)$ $x \cdot \log_4(4) = \log_4(12)$ $x \cdot 1 = \log_4(12)$ $x = \log_4(12)$
Logarithmieren zur Basis 10: $a^x = b$ $\log_{10}(a^x) = \log_{10}(b)$ $x \cdot \log_{10}(a) = \log_{10}(b)$ $x = \frac{\log_{10}(b)}{\log_{10}(a)}$	$4^x = 12$ $\log_{10}(4^x) = \log_{10}(12)$ $x \cdot \log_{10}(4) = \log_{10}(12)$ $x = \frac{\log_{10}(12)}{\log_{10}(4)} \approx 1{,}7925$

Die Chip-Pagode

Im Jahr 1965 hat der Intel-Mitgründer Gordon Moore folgende Gesetzmäßigkeit formuliert: In jeweils zwei Jahren verdoppelt sich die Anzahl der Transistoren auf einem Chip bzw. halbiert sich die benötigte Chipfläche bei gleicher Leistung. Diese kühne Vorhersage Moores hat sich bis heute näherungsweise bestätigt. Das Heinz-Nixdorf-MuseumsForum Paderborn (www.hnf.de) hat das Moore'sche Gesetz in wunderbarer Weise visualisiert. Die Chip-Pagode beginnt für das Jahr 1965 mit einer quadratischen Grundfläche der Seitenlänge 270 cm und endet für das Jahr 2005 mit einer quadratischen Fläche der Seitenlänge 3,5 Millimeter.

Stelle dir dazu Fragen und beantworte sie!

Bist du sicher?

1 a) $3^{-4} \cdot 3^5 \cdot 3$ b) $(-5)^3 \cdot \left(\frac{1}{5}\right)^4$ c) $-6^5 : 2^5$
d) $2^{-4} : (-2^4)$ e) $0{,}03^2 \cdot 0{,}01^{-2}$ f) $(7^{-2})^3 \cdot (7^3)^{-1}$

2 a) $\sqrt[3]{2} \cdot \sqrt[3]{4}$ b) $\sqrt[5]{3^2} : \sqrt[5]{3^{-8}}$ c) $(\sqrt[4]{5})^3 \cdot (\sqrt[3]{5})^4$
d) $2^{-\frac{1}{4}} \cdot 2^{\frac{4}{3}}$ e) $3^{\frac{5}{6}} : 3$ f) $\sqrt[3]{7^{\frac{1}{2}}} \cdot (\sqrt[6]{7})^5$

3 Ordne die Zahlen der Größe nach.
10^{10}, $(10^3)^4$, $(10^{-2})^5$, $10^{(3^3)}$, $\left(\frac{1}{10}\right)^{-8}$, $10^{(-2^3)}$

4 Bestimme x. Verwende die Definition des Logarithmus.
a) $x = \log_3(27)$ b) $x = \log_2\left(\frac{1}{32}\right)$ c) $\log_x(100) = 2$
d) $\log_x(5) = \frac{1}{2}$ e) $\log_3(x) = 4$ f) $\log_5(x) = -2$
g) $\log_{10}(x^2) = 6$ h) $\log_{10}(x - 3) = 0{,}5$

5 Löse die Gleichungen.
a) $3^x = \frac{1}{9}$ b) $5^x = 1$ c) $7^x = 2$
d) $10^{x+1} = 3$ e) $2 \cdot 5^{-x} = 0{,}4$ f) $3^{2-x} = 9\sqrt{3}$
g) $3^{x+1} = 3^{x-1} + 24$ h) $2^x - 2^{-x} = 1$

Lösungen

4 a) 3 b) -5 c) 10 d) 25 e) 3^4 f) 5^{-2} g) 1000 oder -1000 h) $3 + \sqrt{10}$ **5** a) -2 b) 0 c) $\log_2(7) = \frac{\log_{10}(7)}{\log_{10}(2)}$ d) $\log_{10}(3) - 1$ e) 1 f) $-\frac{1}{2}$ g) 2 h) $\log_{10}\left(\frac{1+\sqrt{5}}{2}\right)$
1 a) 3^2 b) $\frac{1}{5}$ c) -3^5 d) -2^{-8} e) 3^2 f) 7^{-9} **2** a) 2 b) 3^2 c) $5^{\frac{25}{12}}$ d) $2^{\frac{13}{12}}$ e) $3^{-\frac{1}{6}}$ f) 7 **3** $(10^{-2})^5 < 10^{(-2^3)} < \left(\frac{1}{10}\right)^{-8} < 10^{10} < (10^3)^4 < 10^{(3^3)}$

Anfangszeit: _____   + 45 Minuten →   Abgabe: _____

1 (1 + 1 + 1 + 1 VP)
Verwende die Potenzsätze zur Vereinfachung der Terme.

a) $(3^6 \cdot 2^9) \cdot 36^{-3}$

b) $50 \cdot 5^{-4} - 4 \cdot 5^{-2}$

c) $(8 \cdot 3^{-5}) : (4 \cdot 3^2)$

d) $\left(-\frac{3}{5}\right)^2 \cdot \left(\frac{5}{3}\right)^{-2}$

2 (1 + 1,5 + 1,5 VP)
Verwende die Potenzsätze zur Vereinfachung der Terme auf die jeweils in Klammern angegebene Form.

a) $\left(\sqrt[5]{3} \cdot \sqrt[2]{3}\right) : 3^{\frac{1}{3}}$ $\left(3^{\frac{m}{n}}\right)$

b) $\frac{1}{\sqrt[4]{2}} \cdot 4^{\frac{1}{6}} \cdot \frac{\sqrt[3]{2}}{2}$ $\left(2^{\frac{m}{n}}\right)$

c) $\left(\left(\frac{4}{9}\right)^{\frac{2}{3}} : 3^{-\frac{3}{4}}\right) : \sqrt[3]{16}$ $\left(\sqrt[m]{a^n}\right)$

3 (3 + 1 VP)
a) Die Sonne ist mit guter Näherung eine Kugel mit dem Radius r = $7{,}0 \cdot 10^8$ m. Ihre Masse beträgt
m = $2{,}0 \cdot 10^{30}$ kg.
Berechne damit die mittlere Dichte der Sonne in $\frac{g}{cm^3}$.
(Für das Volumen einer Kugel mit dem Radius r gilt: $V = \frac{4}{3}\pi r^3$)
b) Die Erde hat $3 \cdot 10^{-6}$ mal so große Masse wie die Sonne.
Wie groß ist die Erdmasse?

4 (3 + 2 + 3 VP)
a) Andrea will 60 Urlaubsfotos im Format 13 cm × 9 cm
ausdrucken.
Reicht dafür eine Patrone?
b) Wie dick ist die Farbschicht beim Ausdruck durchschnittlich?
c) Die Düsen des Druckkopfs versprühen Tropfen bis zu einem
minimalen Volumen von 1 Picoliter. Die durchschnittliche
Tropfengröße ist 10 Picoliter.
Wie viele Tropfen werden für eines der Urlaubsfotos wohl gebraucht?

> **HP 57 Tintenpatrone**
> Tintenvolumen 17 ml
> Seitenleistung max. 400 DIN-A4-Seiten bei 5 % Flächendeckung (gleichmäßiger Verbrauch der drei Farben)
> Preis 29,95 €

5 (4 VP)
Mirja kann sich einfach nicht merken, welche der beiden folgenden „Regeln" stimmt:
1. $a^n + a^m = a^{n \cdot m}$
2. $a^n \cdot a^m = a^{a+m}$
Erkläre Mirja eine Strategie zum Erkennen der falschen „Regel" und zum Einsehen
der richtigen.

Lerntipps

zu Aufgabe 1
Zerlege auftretende Grundzahlen soweit wie möglich in Faktoren.

zu Aufgabe 2
Schreibe die Potenzen konsequent mit gebrochenen Hochzahlen.

zu Aufgabe 3
Zehnerpotenzen solltest du nicht in den Taschenrechner eintippen. Eine Vereinfachung per Hand geht
schneller.

zu Aufgabe 4
Die Größe einer DIN-A4-Seite kannst du durch Ausmessen bestimmen.
Die Vorsilbe pico bedeutet 10^{-12}.

1 (1 + 1 + 1 + 1 VP)
Gib die folgenden Zahlen mithilfe der Definition des Logarithmus an.
a) $\log_5(25)$
b) $\log_3\left(\dfrac{1}{81}\right)$
c) $\log_7\left(\dfrac{1}{\sqrt[3]{49}}\right)$
d) $\log_{10}(0{,}000001)$

2 (2 + 2 VP)
Löse die Gleichungen.
a) $3^{x+1} - 54 = 3^x$
b) $3 \cdot 2^x = 5^x$

3 (4 VP)
Nikolaus rechnet noch sehr unsicher mit Potenzen.
Stelle fest, wo Fehler aufgetreten sind und erkläre, wie die Rechnung richtig ausgeführt werden muss.
1. $(2^3)^2 = 2^{3+2} = 2^5 = 10$
2. $3^4 : 3^{-4} = 3^{4-4} = 3^0 = 0$

4 (2 + 2 + 2 VP)
Welche der folgenden Aussagen sind wahr, welche falsch?
Begründe deine Antworten.
a) $3 < \log_{10}(2008) < 4$
b) $\log_2(7) = y \log_3(7)$
c) $\log_{\frac{1}{5}}(5) = \log_5\left(\dfrac{1}{5}\right)$

5 (6 VP)

> **Info**
>
> **Mersenne'sche Primzahlen**
> **Definition**
> Primzahlen der Form $2^n - 1$, $n \in \mathbb{N}$, heißen Mersenne'sche Primzahlen.
> **Beispiele**
> $M_1 = 2^2 - 1 = 3$
> $M_2 = 2^3 - 1 = 7$
> $M_3 = 2^5 - 1 = 31$
> ...
> $M_{43} = 2^{30\,402\,457} - 1$
> $M_{44} = 2^{32\,582\,657} - 1$

Die Zahl M_{43} wurde im Jahr 2005, M_{44} im Jahr 2006 entdeckt.
Anna behauptet: „M_{44} ist eine riesige Zahl, aber sie hat sicher viel weniger als 35 Millionen Stellen."
Bernd meint: „Wenn ich mich nicht verrechnet habe, dann hat M_{44} etwa 9 808 358 Stellen."
Christian glaubt: „M_{44} hat fast eine Million Ziffern mehr als M_{43}."
Diana ist sicher: „Die letzte Ziffer von M_{44} heißt 7."
Wer hat Recht? Begründe deine Antworten.

Anfangszeit: _____   + 45 Minuten →   Abgabe: _____

1 (1,5 + 1,5 + 1,5 + 1,5 VP)

Bringe die Terme auf die jeweils in Klammern angegebene Form. Die Existenz der Terme kann vorausgesetzt werden.

a) $\dfrac{a^3b^2c}{a^{-1}b^{-2}c^2}\cdot\dfrac{ab^{-1}c^{-2}}{a^2b^3c^{-4}}$ $(a^m\,b^n\,c^p)$

b) $\dfrac{a^{k+1}\cdot b}{a^2}\cdot\left(\dfrac{1}{ab}\right)^{k+1}$ $(a^m\,b^n)$

c) $(4\,a)^{-k+3}:a^{-k}$ $(2^m\cdot a^n)$

d) $\dfrac{(2a+b)^{-3}}{(2a-b)^2}:\dfrac{(2a+b)^4}{(2a-b)^{-3}}$ (ohne Bruchstrich)

2 (1 + 1 + 1 + 1 VP)

Bringe die Terme auf die jeweils in Klammern angegebene Form. Die Existenz der Terme kann vorausgesetzt werden.

a) $(\sqrt[6]{a^3}\cdot\sqrt[6]{a^5}):a^{\frac{2}{3}}$ $\left(a^{\frac{m}{n}}\right)$

b) $\sqrt[3]{a^2\cdot\sqrt[4]{a}}$ $\left(a^{\frac{m}{n}}\right)$

c) $(\sqrt[3]{a^4}+\sqrt[3]{a^2}+1)\cdot(\sqrt[3]{a^2}-1)$ (Differenz)

d) $\dfrac{\sqrt[4]{3a^3}:\sqrt{3a}}{\sqrt[3]{a}}$ $\left(3^{\frac{m}{n}}\cdot a^{\frac{u}{v}}\right)$

3 (1 + 1 + 1 + 1 VP)

Bestimme jeweils x.

a) $\log_x(32)=5$

b) $\log_x\left(\dfrac{1}{125}\right)=-3$

c) $\log_3(x)=-2$

d) $\log_{10}(\log_{10}(x))=2$

4 (2 + 2 VP)

a) Der Graph gehört zu einer Funktion f mit
$f(x)=a\cdot b^x,\ a>0,\ b>0,\ x\in\mathbb{R}$.
Bestätige, dass gilt: $a=1,\ b=2$.

b) Erläutere, wie du mit diesem Graphen einen Näherungswert für $\log_2(6)$ ermitteln kannst.
Gib diesen Näherungswert an.

John Napier
(1550 – 1617),
der Erfinder
der Logarithmen

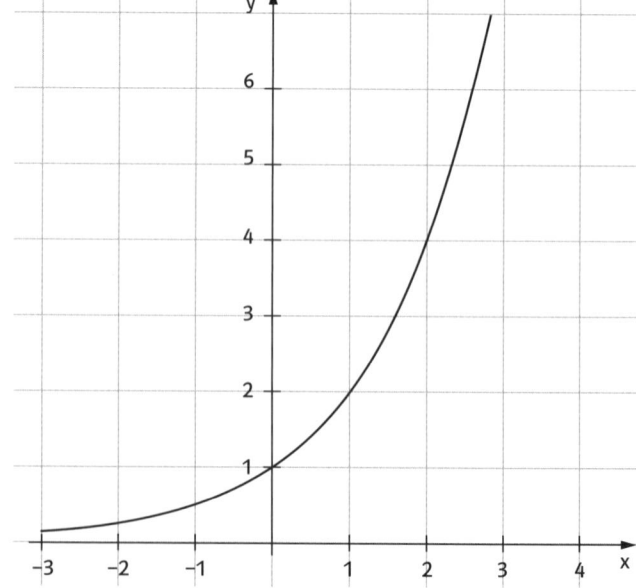

5 (3 + 3 VP)

Wie kocht man ein perfektes Frühstücksei?

Auch über diese Frage haben Physiker nachgedacht und gerechnet. Das Ergebnis ist eine einfache Formel für die Kochzeit t:

$$t = 0{,}0037\,\frac{min}{mm^2} \cdot d^2 \cdot \log_{10}\left(2 \cdot \frac{100°C - T_{Start}}{100°C - T_{Innen}}\right)$$

Dabei bedeutet T_{Start} die Anfangstemperatur des Eis beim Einlegen in das kochende Wasser. T_{Innen} muss bei einem weichen Ei 62°C, bei einem harten Ei 82°C sein. Die Variable d steht für den Eidurchmesser an der bauchigsten, etwa kreisförmigen Stelle des Eis.

a) Wie lange muss ein Ei mit d = 48 mm kochen, das aus dem 8°C kalten Kühlschrank genommen wird und hart sein soll?

Um wie viel Prozent kann man die Kochzeit verringern, wenn man das Ei zunächst auf die Zimmertemperatur 22°C erwärmen lässt, ehe man es in das kochende Wasser gibt?

b) Erstelle ein Diagramm, aus dem für Eidurchmesser zwischen 40 mm und 56 mm die Kochzeit für weiche und harte Eier abgelesen werden kann, die bei der Raumtemperatur 20°C gelagert wurden.

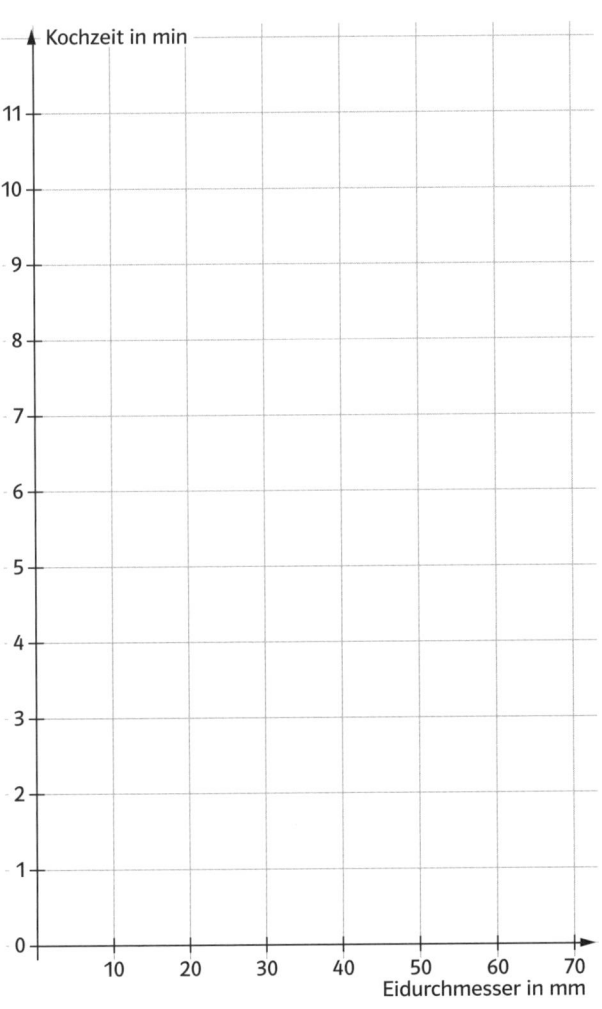

Anfangszeit: _____

→ + 45 Minuten

Abgabe: _____

1 (3 + 2 VP)
Löse die Gleichungen.
a) $5^{2x} - 4 \cdot 5^x + 3 = 0$, $x \in \mathbb{R}$.

b) $\log_{10}(x - 2) + 1 = 0$

2 (4 VP)

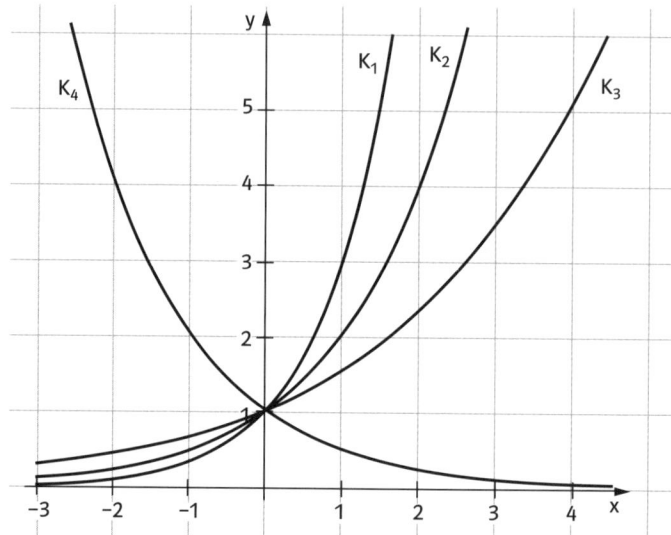

Jeder der vier Graphen K_1, K_2, K_3 und K_4 gehört zu einer Funktion mit der Gleichung $f(x) = a^x$, $x \in \mathbb{R}$, $a \in \mathbb{R}^+$.
Gib die entsprechenden Funktionen f_1, f_2, f_3 und f_4 an.

3 (3 VP)
Bekanntlich liefert der Taschenrechner die Logarithmen von Zahlen zur Basis 10, nicht aber z. B. die Logarithmen zur Basis 3.
Erläutere, wie du dennoch mithilfe des Taschenrechners $\log_3(8)$ bestimmen kannst.

4 (2 + 3 VP)
Im Technorama in Winterthur, dem Technikmuseum der Schweiz, ist die sogenannte „Ewigkeitsmaschine" des amerikanischen Künstlers Arthur Ganson zu besichtigen.
Ein Elektromotor treibt eine Welle mit 200 Umdrehungen je Minute an. Diese bewegt mit einer Untersetzung auf $\frac{1}{50}$ das erste Zahnrad. Die Drehung dieses Zahnrads wird wieder untersetzt auf $\frac{1}{50}$ und dreht ein zweites Zahnrad. Dieses Spiel wird noch zehnmal fortgesetzt bis zum zwölften Zahnrad, das in einem Granitblock festgeschraubt ist.
a) Zeige, dass das zweite Zahnrad für eine Umdrehung 12,5 min benötigt.
b) Der Künstler behauptet, dass das zwölfte Zahnrad mehr als zwei Billionen Jahre für eine Umdrehung brauchen würde (weswegen es problemlos in Granit festgeschraubt sein kann!)
Prüfe diese Behauptung nach.

5 (2 + 2 + 3 VP)

Frisch geschlagenes Holz kann in der Regel nicht sofort verarbeitet werden, da es zum Reißen und Verziehen neigt. Daher wird Holz in speziellen Trockenkammern getrocknet. Die dazu erforderliche Trockenzeit lässt sich erfahrungsgemäß mit folgender Formel näherungsweise bestimmen.

$$t = k \cdot \log_{10}\left(\frac{u_a}{u_e}\right) \cdot \left(\frac{d}{25\,\text{mm}}\right)^{1,25} \cdot \left(\frac{65°C}{T}\right) h$$

k ist ein Faktor, der von der Holzart abhängt und typischerweise zwischen 45 und 90 liegt.
u_a ist die Anfangsfeuchtigkeit des Holzes (in Prozent),
u_e ist die gewünschte Endfeuchtigkeit (in Prozent),
d ist die Brettdicke und
T ist die Temperatur in der Trockenkammer.
a) Möbelholz (k = 60) mit einer Anfangsfeuchtigkeit von 40% soll auf die Endfeuchtigkeit von 10% getrocknet werden. Die Dicke der Bretter ist 30 mm, die Temperatur in der Trockenkammer ist auf 50°C eingestellt. Wie lange dauert das Trocknen?
Um wie viel Prozent würde sich die Trockenzeit verlängern, wenn die Temperatur der Trockenkammer auf 40°C herabgesetzt wäre?
b) Welche Endfeuchte hat ein 50 mm dickes Brett (k = 60) nach 100 h Trockenzeit bei einer Trockenkammertemperatur von 45°C?
c) Zu welcher Zuordnungsvorschrift gehört welches Schaubild? Kreuze die Nummer des jeweils qualitativ richtigen Schaubilds an.

Voraussetzungen	Zuordnung	Schaubild					
		1	2	3	4	5	6
1. u_a, u_e, T konstant	$d \rightarrow t$						
2. u_a, d, T konstant	$u_e \rightarrow t$						
3. t, d, T konstant	$u_a \rightarrow u_e$						
4. t, d, u_a konstant	$T \rightarrow u_e$						

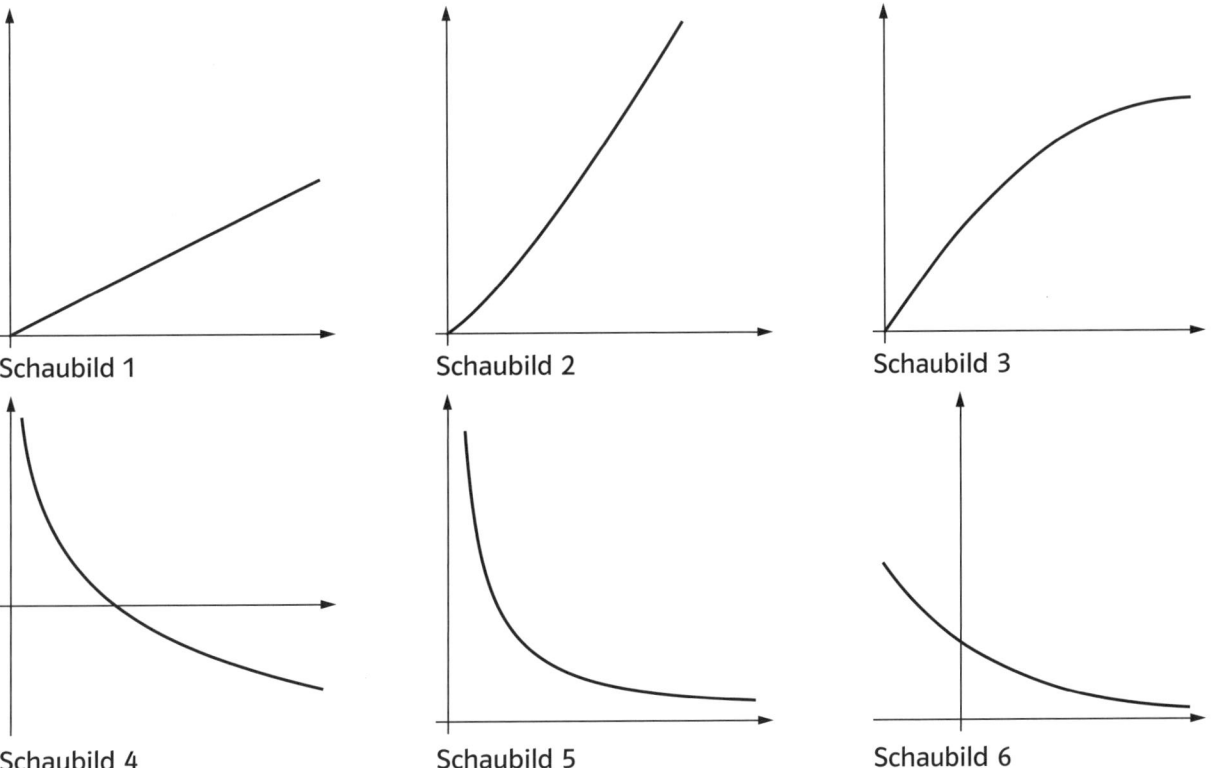

Schaubild 1   Schaubild 2   Schaubild 3

Schaubild 4   Schaubild 5   Schaubild 6

Klassenarbeit 3.1

1 (1 + 1 + 1 + 1 VP)

a) $(3^6 \cdot 2^9) \cdot 36^{-3}$

$= 3^6 \cdot 2^9 \cdot (6^2)^{-3}$

$= 3^6 \cdot 2^9 \cdot 6^{-6}$

$= 3^6 \cdot 2^9 \cdot (2 \cdot 3)^{-6}$

$= 3^6 \cdot 2^9 \cdot 2^{-6} \cdot 3^{-6}$

$= 2^{9 + (-6)} \cdot 3^{6 + (-6)}$

$= 2^3 \cdot 3^0$

$= 2^3$

b) $50 \cdot 5^{-4} - 4 \cdot 5^{-2}$

$= 2 \cdot 5^2 \cdot 5^{-4} - 4 \cdot 5^{-2}$

$= 2 \cdot 5^{2 + (-4)} - 4 \cdot 5^{-2}$

$= 2 \cdot 5^{-2} - 4 \cdot 5^{-2}$

$= (2 - 4) \cdot 5^{-2}$

$= -2 \cdot 5^{-2}$

c) $(8 \cdot 3^{-5}) : (4 \cdot 3^2)$

$= (2^3 \cdot 3^{-5}) : (2^2 \cdot 3^2)$

$= 2^3 \cdot 3^{-5} \cdot 2^{-2} \cdot 3^{-2}$

$= 2^{3 + (-2)} \cdot 3^{-5 + (-2)}$

$= 2^1 \cdot 3^{-7}$

d) $\left(-\frac{3}{5}\right)^2 \cdot \left(\frac{5}{3}\right)^{-2}$

$= \left(+\frac{3}{5}\right)^2 \cdot \frac{5^{-2}}{3^{-2}}$

$= \frac{3^2 \cdot 5^{-2}}{5^2 \cdot 3^{-2}}$

$= 3^2 \cdot 5^{-2} \cdot 5^{-2} \cdot 3^{-(-2)}$

$= 3^{2+2} \cdot 5^{-2 + (-2)}$

$= 3^4 \cdot 5^{-4}$

2 (1 + 1,5 + 1,5 VP)

a) $\left(\sqrt[5]{3} \cdot \sqrt[2]{3}\right) : 3^{\frac{1}{3}}$

$= 3^{\frac{1}{5}} \cdot 3^{\frac{1}{2}} \cdot 3^{-\frac{1}{3}}$

$= 3^{\frac{1}{5} + \frac{1}{2} - \frac{1}{3}}$

$= 3^{\frac{6 + 15 - 10}{30}}$

$= 3^{\frac{11}{30}}$

b) $\frac{1}{\sqrt[4]{2}} \cdot 4^{\frac{1}{6}} \cdot \frac{\sqrt[3]{2}}{2}$

$= \frac{1}{2^{\frac{1}{4}}} \cdot (2^2)^{\frac{1}{6}} \cdot \frac{2^{\frac{1}{3}}}{2}$

$= 2^{-\frac{1}{4}} \cdot 2^{\frac{1}{3}} \cdot 2^{\frac{1}{3}} \cdot 2^{-1}$

$= 2^{-\frac{1}{4} + \frac{1}{3} + \frac{1}{3} - 1}$

$= 2^{\frac{-3 + 4 + 4 - 12}{12}}$

$= 2^{-\frac{7}{12}}$

c) $\left(\left(\frac{4}{9}\right)^{\frac{2}{3}} : 3^{-\frac{3}{4}}\right) : \sqrt[3]{16}$

$= \left(\left(\frac{2^2}{3^2}\right)^{\frac{2}{3}} \cdot 3^{\frac{3}{4}}\right) : \sqrt[3]{2^4}$

$= \frac{2^{2 \cdot \frac{2}{3}}}{3^{2 \cdot \frac{2}{3}}} \cdot 3^{\frac{3}{4}} : 2^{\frac{4}{3}}$

$= \frac{2^{\frac{4}{3}}}{3^{\frac{4}{3}}} \cdot 3^{\frac{3}{4}} \cdot 2^{-\frac{4}{3}}$

$= 2^{\frac{4}{3}} \cdot 3^{-\frac{4}{3}} \cdot 3^{\frac{3}{4}} \cdot 2^{-\frac{4}{3}}$

$= 2^{\frac{4}{3} + \left(-\frac{4}{3}\right)} \cdot 3^{-\frac{4}{3} + \frac{3}{4}}$

$= 2^0 \cdot 3^{\frac{-16 + 9}{12}}$

$= 3^{-\frac{7}{12}}$

$= (3^{-1})^{\frac{7}{12}}$

$= \left(\frac{1}{3}\right)^{\frac{7}{12}}$

$= \sqrt[12]{\left(\frac{1}{3}\right)^7}$

3 (3 + 1 VP)

Die Faktoren, die Zehnerpotenzen sind, lassen sich schnell per Hand vereinfachen. Den Taschenrechner solltest du nur für die „krummen" Zahlenwerte verwenden.

a) Mittlere Dichte der Sonne

Unter der Dichte ϱ eines Körpers versteht man den Quotienten aus der Masse m und dem Volumen V:

$\varrho = \frac{m}{V}$

Folglich gilt für die kugelförmige Sonne:

$\varrho = \frac{m}{\frac{4}{3} \cdot \pi \cdot r^3}$

$\varrho = \frac{2,0 \cdot 10^{30}\,\text{kg}}{\frac{4}{3} \cdot \pi \cdot (7,0 \cdot 10^8\,\text{m})^3}$

$\varrho = \frac{2,0 \cdot 10^{30} \cdot 10^3\,\text{g}}{\frac{4}{3} \cdot \pi \cdot 7,0^3 \cdot (10^8)^3\,\text{m}^3}$

$\varrho = \frac{2,0 \cdot 10^{33}\,\text{g}}{\frac{4}{3} \cdot \pi \cdot 7,0^3 \cdot 10^{24} \cdot (100)^3\,\text{cm}^3}$

$\varrho = \frac{2,0 \cdot 10^{33}}{\frac{4}{3} \cdot \pi \cdot 7,0^3 \cdot 10^{24} \cdot 10^6}\,\frac{\text{g}}{\text{cm}^3}$

$\varrho = \frac{2,0}{\frac{4}{3} \cdot \pi \cdot 7,0^3} \cdot 10^{33 - 24 - 6}\,\frac{\text{g}}{\text{cm}^3}$

$\varrho \approx 1,4 \cdot 10^{-3} \cdot 10^3\,\frac{\text{g}}{\text{cm}^3}$

$\varrho \approx 1,4\,\frac{\text{g}}{\text{cm}^3}$

Die mittlere Dichte der Sonne beträgt etwa $1,4\,\frac{\text{g}}{\text{cm}^3}$.

b) Erdmasse

Für die Erdmasse m_E gilt:

$m_E = 3 \cdot 10^{-6} \cdot m$

$m_E = 3 \cdot 10^{-6} \cdot 2,0 \cdot 10^{30}\,\text{kg}$

$m_E = 6 \cdot 10^{24}\,\text{kg}$

Die Erdmasse beträgt etwa $6 \cdot 10^{24}\,\text{kg}$.

4 (3 + 2 + 3 VP)

Die Länge und die Breite einer DIN-A4-Seite kannst du an deinem Heft ausmessen. Beachte, dass nur 5 % von 400 Seiten vollständig mit der Farbe bedruckt werden können.

a) Flächeninhalt einer DIN-A4-Seite

$A_1 = 29,7\,\text{cm} \cdot 21,0\,\text{cm}$

Flächeninhalt der bedruckbaren Fläche

$A_2 = \frac{5}{100} \cdot 400 \cdot A_1$

$A_2 = 12\,474\,\text{cm}^2$

Flächeninhalt der 60 Fotos

$A_3 = 60 \cdot 13\,\text{cm} \cdot 9\,\text{cm}$

$A_3 = 7020\,\text{cm}^2$

Da $A_2 > A_3$ gilt, reicht eine Patrone für den Ausdruck aus.

b) *Die Form der Farbschicht auf dem Papier kann als Quader aufgefasst werden.*
Dicke der Farbschicht
Nach Teilaufgabe a kann eine Fläche mit dem Inhalt A_2 bedruckt werden. Wenn d die durchschnittliche Dicke bezeichnet, dann gilt für das zum Ausdruck erforderliche Tintenvolumen: $V = A_2 \cdot d$

Folglich: $d = \dfrac{V}{A_2}$

$$d = \dfrac{17\,ml}{12\,474\,cm^2}$$
$$d = \dfrac{17\,cm^3}{12\,474\,cm^2}$$
$$d \approx 1{,}36 \cdot 10^{-3}\,cm$$

Die Farbschicht ist etwa $1{,}36 \cdot 10^{-3}\,cm$ dick.

c) Tintenvolumen für ein einziges Foto
$V = A \cdot d$
$V = 13\,cm \cdot 9\,cm \cdot 1{,}36 \cdot 10^{-3}\,cm$
$V \approx 0{,}159\,cm^3$
Tropfenanzahl für ein Foto
Diese Tropfenanzahl ergibt sich, indem man das Volumen der Tinte für ein Foto durch das Volumen eines Tintentröpfchens dividiert.

$$n = \dfrac{V}{10\,pl}$$
$$n = \dfrac{0{,}159\,cm^3}{10 \cdot 10^{-12}\,dm^3}$$
$$n = \dfrac{0{,}159\,cm^3}{10^{-11} \cdot 1000\,cm^3}$$
$$n = \dfrac{0{,}159}{10^{-11} \cdot 10^3}$$
$$n = 0{,}159 \cdot 10^8$$
$$n \approx 1{,}6 \cdot 10^7$$

Für ein Foto braucht man etwa 16 Millionen Tintentröpfchen.

5 (4 VP)
Erinnere dich: ein einziges Gegenbeispiel reicht aus, um eine Vermutung zu widerlegen. Noch so viele Beispiele reichen nicht aus, um eine Vermutung zu beweisen.
Strategie zum Erkennen einer falschen „Regel"
Wähle irgendwelche Zahlen für die vorkommenden Variablen und prüfe damit, ob die „Regel" gilt. Wenn die „Regel" für beliebig gewählte Zahlen nicht gilt, dann muss sie falsch sein!

1. „Regel"
Wähle z. B. $a = 2$, $n = 1$, $m = 2$.
Dann gilt einerseits:
$a^n + a^m = 2^1 + 2^2 = 2 + 4 = 6$
Andererseits:
$a^{n \cdot m} = 2^{1 \cdot 2} = 2^2 = 4$
Diese „Regel" muss also falsch sein.

2. „Regel"
Wähle z. B. $a = 2$, $n = 1$, $m = 2$.
Dann gilt einerseits:
$a^n \cdot a^m = 2^1 \cdot 2^2 = 2 \cdot 4 = 8 = 2^3$
Andererseits:
$a^{n+m} = 2^{1+2} = 2^3$
Diese „Regel" könnte stimmen! Aber Vorsicht: Ein einziges Beispiel reicht nicht zum Beweis einer Regel aus. Weitere Beispiele legen den Verdacht nahe, dass die „Regel" stimmt. Aber noch so viele Beispiele ersetzen keinen Beweis.

Strategie zum Einsehen einer richtigen Regel
Verwende deine Kenntnisse von Definitionen und Lehrsätzen, um einzusehen, warum die Regel stimmt.
a^n bedeutet: Schreibe den Faktor a n-mal nebeneinander,
a^m bedeutet: Schreibe den Faktor a m-mal nebeneinander.
$a^n \cdot a^m$ steht daher als Abkürzung für n + m Faktoren a. Dafür kann man kürzer a^{n+m} schreiben.

Klassenarbeit 3.2

1 (1 + 1 + 1 + 1 VP)

a) $x = \log_5(25)$

$\quad 5^x = 25$

$\quad 5^x = 5^2$

$\quad\quad x = 2$

b) $x = \log_3 \frac{1}{81}$

$\quad 3^x = \frac{1}{81}$

$\quad 3^x = \frac{1}{3^4}$

$\quad 3^x = 3^{-4}$

$\quad\quad x = -4$

c) $x = \log_7(\sqrt[3]{49})$

$\quad 7^x = \sqrt[3]{49}$

$\quad 7^x = \sqrt[3]{7^2}$

$\quad 7^x = 7^{\frac{2}{3}}$

$\quad\quad x = \frac{2}{3}$

d) $x = \log_{10}(0{,}000\,001)$

$\quad 10^x = 0{,}000\,001$

$\quad 10^x = 10^{-6}$

$\quad\quad x = -6$

2 (2 + 2 VP)

a) $\quad 3^{x+1} - 54 = 3^x \qquad |-3^x$

$\quad 3^{x+1} - 3^x - 54 = 0$

$\quad 3 \cdot 3^x - 3^x - 54 = 0 \qquad |+54$

$\quad\quad (3-1) \cdot 3^x = 54$

$\quad\quad\quad 2 \cdot 3^x = 54 \qquad |:2$

$\quad\quad\quad\quad 3^x = 27$

$\quad\quad\quad\quad 3^x = 3^3$

$\quad\quad\quad\quad\quad x = 3$

b) $\quad 3 \cdot 2^x = 5^x$

$\quad\quad 3 = 5^x : 2^x$

$\quad\quad 3 = \left(\frac{5}{2}\right)^x \qquad |\log_{10}$

$\quad \log_{10}(3) = \log_{10}\left(\frac{5}{2}\right)^x$

$\quad \log_{10}(3) = x \cdot \log_{10}\left(\frac{5}{2}\right) \qquad |:\log_{10}\left(\frac{5}{2}\right)$

$\quad\quad x = \log_{10}(3) : \log_{10}\left(\frac{5}{2}\right)$

$\quad\quad x \approx 1{,}1990$

3 (4 VP)

1. Rechnung

Erster Fehler: $(2^3)^2 = 2^{3 \cdot 2}$, nicht 2^{3+2}.

Der Potenzsatz sagt: Eine Potenz wird potenziert, indem man die Exponenten multipliziert.

Zweiter Fehler: $2^5 = 32$, nicht 10.

2^5 bedeutet $2 \cdot 2 \cdot 2 \cdot 2 \cdot 2$ und nicht $2 \cdot 5$.

Folglich: $(2^3)^2 = 2^6$

2. Rechnung

Erster Fehler: $3^4 : 3^{-4} = 3^4 \cdot 3^{+4}$, nicht 3^{4-4}.

Die Schreibweise 3^{-4} bedeutet $\frac{1}{3^4}$. Es ist also durch $\frac{1}{3^4}$ zu dividieren oder mit 3^4 zu multiplizieren.

Zweiter Fehler: $3^0 = 1$, nicht 0.

Für jede reelle Basis a, $a \neq 0$, gilt nach Definition: $a^0 = 1$.

Folglich: $3^4 : 3^{-4} = 3^4 \cdot 3^{+4} = 3^{4+4} = 3^8$

4 (2 + 2 + 2 VP)

a) $\quad 3 < \log_{10}(2008) < 4$ ist wahr.

Es gilt: $\quad \log_{10}(1000) = \log_{10}(10^3) = 3$

$\quad\quad\quad\quad \log_{10}(10\,000) = \log_{10}(10^4) = 4$

2008 liegt zwischen 1000 und 10 000.

Wegen der Monotonie des Logarithmus folgt daraus die Behauptung.

b) $\log_2(7) < \log_3(7)$ ist falsch.

Aus $x = \log_2(7)$ folgt $2^x = 7$.

Aus $x = \log_3(7)$ folgt $3^x = 7$.

Nun sei $f_1(x) = 2^x$, $f_2(x) = 3^x$, $x \in \mathbb{R}$.

An den Schaubildern K_1 und K_2 erkennt man, dass $\log_2(7) > \log_3(7)$ gilt.

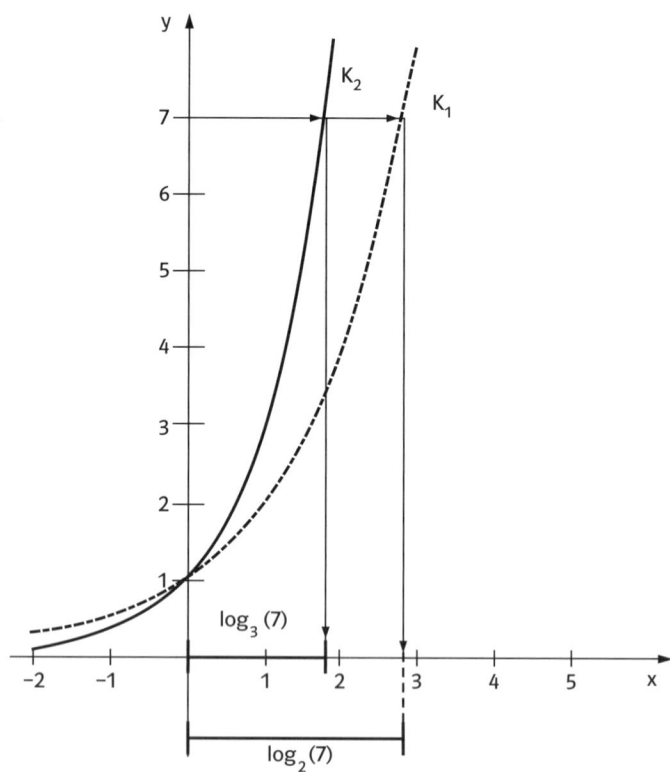

c) $\log_{\frac{1}{5}}(5) = \log_5\left(\frac{1}{5}\right)$ ist wahr.

Aus $x = \log_{\frac{1}{5}}(5)$ folgt $\left(\frac{1}{5}\right)^x = 5$.

Daher: $(5^{-1})^x = 5$

$\quad\quad\quad 5^{-x} = 5^1$

$\quad\quad\quad\quad x = -1$

Aus $y = \log_5\left(\frac{1}{5}\right)$ folgt $5^y = \frac{1}{5}$.

Daher: $\quad 5^y = 5^{-1}$

$\quad\quad\quad\quad y = -1$

Wegen $x = y$ ergibt sich: $\log_{\frac{1}{5}}(5) = \log_5\left(\frac{1}{5}\right)$.

5 (6 VP)

Es gilt allgemein:

Die Zahl $a \cdot 10^n$ hat für $n \in \mathbb{N}$ und

$a \in \{1; 2; 3; 4; 5; 6; 7; 8; 9\}$ im Zehnersystem $n + 1$ Stellen.

Stellenzahl von M_{44}

M_{44} hat genauso viele Stellen wie die um 1 kleinere Zahl $N_{44} = 2^{32\,582\,657}$.

N_{44} wird mithilfe des Logarithmus in der Form $a \cdot 10^n$ geschrieben:

$$N_{44} = 2^{32\,582\,657}$$
$$\log_{10}(N_{44}) = \log_{10}(2^{32\,582\,657})$$
$$\log_{10}(N_{44}) = 32\,582\,657 \cdot \log_{10}(2)$$
$$\log_{10}(N_{44}) = 9\,808\,357{,}095\ldots$$
$$N_{44} = 10^{9\,808\,357{,}095\ldots}$$
$$N_{44} = 10^{0{,}095\ldots} \cdot 10^{9\,808\,357}$$
$$N_{44} = 1{,}24\ldots \cdot 10^{9\,808\,357}$$

N_{44} hat demnach $9\,808\,358$ Stellen.

Stellenzahl von M_{43}

Entsprechend ergibt sich für $N_{43} = 2^{30\,402\,457}$:

$$\log_{10}(N_{43}) = \log_{10}(2^{30\,402\,457})$$
$$\log_{10}(N_{43}) = 30\,402\,457 \cdot \log_{10}(2)$$
$$\log_{10}(N_{43}) = 9\,152\,051{,}499\ldots$$
$$N_{43} = 10^{0{,}499\ldots} \cdot 10^{9\,152\,051}$$
$$N_{43} = 3{,}15\ldots \cdot 10^{9\,152\,051}$$

N_{43} hat somit $9\,152\,052$ Stellen.

Endziffer von M_{44}

Es gilt:
$$2^1 = \underline{2}$$
$$2^2 = \underline{4}$$
$$2^3 = \underline{8}$$
$$2^4 = 1\underline{6}$$
$$2^5 = 3\underline{2}$$
$$2^6 = 6\underline{4}$$
$$2^7 = 12\underline{8}$$
$$2^8 = 25\underline{6}$$
$$\ldots$$

Die Endziffern 2, 4, 8, 6 wiederholen sich in dieser Reihenfolge.

Allgemein gilt für alle $n \in \mathbb{N}$:

2^{4n+1} hat die Endziffer 2

2^{4n+2} hat die Endziffer 4

2^{4n+3} hat die Endziffer 8

2^{4n+4} hat die Endziffer 6

Die Hochzahl $32\,582\,657$ lässt bei Division durch 4 den Rest 1, denn $32\,582\,657 = 4 \cdot 8\,145\,664 + 1$. Daher endet die Zahl $2^{32\,582\,657}$ auf die Ziffer 2 und demzufolge endet die um 1 kleinere Zahl M_{44} auf die Ziffer 1.

Die Behauptungen von Anna und Bernd sind richtig. Die Behauptungen von Christian und Diana sind falsch.

Klassenarbeit 3.3

1 (1,5 + 1,5 + 1,5 + 1,5 VP)

a) $\dfrac{a^3 b^2 c}{a^{-1} b^{-2} c^2} \cdot \dfrac{a b^{-1} c^{-2}}{a^2 b^3 c^{-4}}$

$= \dfrac{a^{3+1} b^{2-1} c^{1-2}}{a^{-1+2} b^{-2+3} c^{2-4}}$

$= \dfrac{a^4 b^1 c^{-1}}{a^1 b^1 c^{-2}}$

$= a^{4-(+1)} b^{1-1} c^{-1-(-2)}$

$= a^3 b^0 c^1$

$= a^3 c$

b) $\dfrac{a^{k+1} \cdot b}{a^2} \cdot \left(\dfrac{1}{ab}\right)^{k+1}$

$= \dfrac{a^{k+1} \cdot b \cdot 1^{k+1}}{a^2 \cdot (ab)^{k+1}}$

$= \dfrac{a^{k+1} \cdot b}{a^2 \cdot a^{k+1} \cdot b^{k+1}}$

$= \dfrac{b}{a^2 b^{k+1}}$

$= a^{-2} b^{1-(k+1)}$

$= a^{-2} b^{-k}$

c) $(4a)^{-k+3} : a^{-k}$

$= 4^{-k+3} \cdot a^{-k+3} \cdot a^{-(-k)}$

$= (2^2)^{-k+3} \cdot a^{-k+3+k}$

$= 2^{-2k+6} \cdot a^3$

d) $\dfrac{(2a+b)^{-3}}{(2a-b)^2} : \dfrac{(2a+b)^4}{(2a-b)^{-3}}$

$= [(2a+b)^{-3} \cdot (2a-b)^{-2}] : [(2a+b)^4 \cdot (2a-b)^{-(-3)}]$

$= (2a+b)^{-3} \cdot (2a-b)^{-2} \cdot (2a+b)^{-4} \cdot (2a-b)^{-3}$

$= (2a+b)^{-3+(-4)} \cdot (2a-b)^{-2+(-3)}$

$= (2a+b)^{-7} \cdot (2a-b)^{-5}$

2 (1 + 1 + 1 + 1 VP)

a) $(\sqrt[6]{a^3} \cdot \sqrt[6]{a^5}) : a^{\frac{2}{3}}$

$= a^{\frac{3}{6}} \cdot a^{\frac{5}{6}} \cdot a^{-\frac{2}{3}}$

$= a^{\frac{3}{6} + \frac{5}{6} - \frac{2}{3}}$

$= a^{\frac{3+5-4}{6}}$

$= a^{\frac{4}{6}}$

$= a^{\frac{2}{3}}$

b) $\sqrt[3]{a^2 \cdot \sqrt[4]{a}}$

$= \left(a^2 \cdot a^{\frac{1}{4}}\right)^{\frac{1}{3}}$

$= \left(a^{2 + \frac{1}{4}}\right)^{\frac{1}{3}}$

$= \left(a^{\frac{9}{4}}\right)^{\frac{1}{3}}$

$= a^{\frac{9 \cdot 1}{4 \cdot 3}}$

$= a^{\frac{3}{4}}$

c) $(\sqrt[3]{a^4} + \sqrt[3]{a^2} + 1) \cdot (\sqrt[3]{a^2} - 1)$

$= \sqrt[3]{a^4} \cdot \sqrt[3]{a^2} - \sqrt[3]{a^4} \cdot 1 + \sqrt[3]{a^2} \cdot \sqrt[3]{a^2} - \sqrt[3]{a^2} \cdot 1 + 1 \cdot \sqrt[3]{a^2} - 1 \cdot 1$

$= \sqrt[3]{a^6} - \sqrt[3]{a^4} + \sqrt[3]{a^4} - \sqrt[3]{a^2} + \sqrt[3]{a^2} - 1$

$= a^2 - 1$

d) $\dfrac{\sqrt[4]{3a^3}:\sqrt{3a}}{\sqrt[3]{a}}$

$=\dfrac{\sqrt[4]{3}\cdot\sqrt[4]{a^3}}{\sqrt[3]{a}\cdot\sqrt{3a}}$

$=\dfrac{3^{\frac{1}{4}}\cdot a^{\frac{3}{4}}}{a^{\frac{1}{3}}\cdot\sqrt{3}\cdot\sqrt{a}}$

$=\dfrac{3^{\frac{1}{4}}\cdot a^{\frac{3}{4}}}{a^{\frac{1}{3}}\cdot 3^{\frac{1}{2}}\cdot a^{\frac{1}{2}}}$

$=3^{\frac{1}{4}-\frac{1}{2}}\cdot a^{\frac{3}{4}-\frac{1}{3}-\frac{1}{2}}$

$=3^{\frac{1}{4}-\frac{1}{2}}\cdot a^{\frac{9-4-6}{12}}$

$=3^{-\frac{1}{4}}\cdot a^{-\frac{1}{12}}$

3 (1 + 1 + 1 + 1 VP)

a) $\log_x(32)=5$

$\quad x^5=32$

$\quad x^5=2^5$

$\quad x=2$

b) $\log_x\!\left(\dfrac{1}{125}\right)=-3$

$\quad x^{-3}=\dfrac{1}{125}$

$\quad x^{-3}=\dfrac{1}{5^3}$

$\quad x^{-3}=5^{-3}$

$\quad x=5$

c) $\log_3(x)=-2$

$\quad x=3^{-2}$

$\quad x=\dfrac{1}{9}$

d) $\log_{10}(\log_{10}(x))=2$

$\quad \log_{10}(x)=10^2$

$\quad \log_{10}(x)=100$

$\quad x=10^{100}$

4 (2 + 2 VP)

a) Bestimmung der Funktionsgleichung

Der Punkt P(0|1) liegt auf dem Graphen. Daher gilt:

$\quad f(0)=1$

$\quad a\cdot b^0=1$

$\quad a\cdot 1=1$

(1) $\quad a=1$

Der Punkt Q(2|4) liegt auf dem Graphen. Daher gilt:

$\quad f(2)=4$

$\quad a\cdot b^2=4$

Mit (1) folgt wegen b > 0:

$\quad 1\cdot b^2=4$

$\quad b_1=2$

Die Gleichung heißt $f(x)=1\cdot 2^x=2^x$, $x\in\mathbb{R}$.

Alternative:

Man weist durch Einsetzen der Koordinaten der Punkte P und Q in die Gleichung f(x) = 2^x nach, dass beide Punkte auf dem Graphen von f liegen.

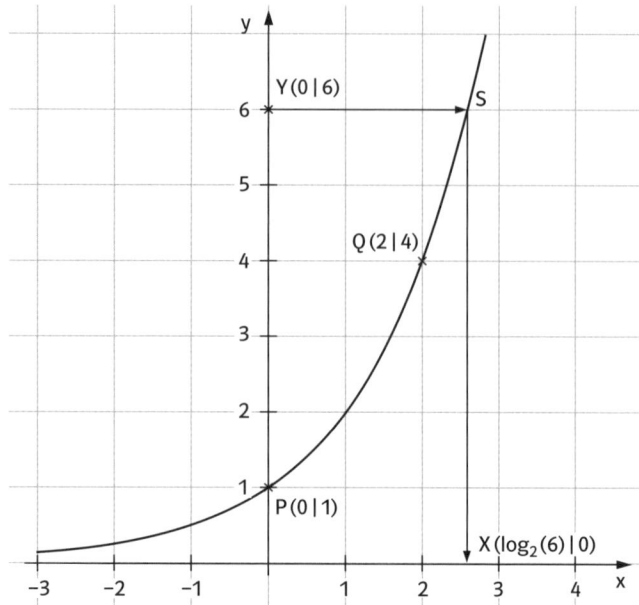

b) Näherungswert für $\log_2(6)$

$x=\log_2(6)$ ist diejenige Zahl, mit der 2 potenziert werden muss, um 6 zu erhalten. Man muss also denjenigen x-Wert suchen, der zum Funktionswert 6 gehört. Dazu zeichnet man die Parallele zur x-Achse durch den Punkt Y(0|6). Diese Parallele schneidet den Graphen K_f in S. Die Parallele zur y-Achse durch S schneidet die x-Achse in X($\log_2(6)$|0).

Die x-Koordinate von X kann näherungsweise abgelesen werden. Es gilt: $\log_2(6)\approx 2{,}6$.

5 (3 + 3 VP)

a) Kochzeit für ein 8°C kaltes Ei

Es gilt mit $T_{Start}=8°C$, $T_{Innen}=82°C$ und d = 48 mm:

$t_1=0{,}0037\dfrac{min}{mm^2}\cdot(48\,mm)^2\cdot\log_{10}\!\left(2\cdot\dfrac{100°C-8°C}{100°C-82°C}\right)$

$t_1=0{,}0037\cdot 48^2\cdot\log_{10}\!\left(2\cdot\dfrac{92}{18}\right)min$

$t_1\approx 8{,}6\,min$

Kochzeit für ein 22°C warmes Ei

Es gilt mit $T_{Start}=22°C$, $T_{Innen}=82°C$ und d = 48 mm:

$t_2=0{,}0037\dfrac{min}{mm^2}\cdot(48\,mm)^2\cdot\log_{10}\!\left(2\cdot\dfrac{100°C-22°C}{100°C-82°C}\right)$

$t_2=0{,}0037\cdot 48^2\cdot\log_{10}\!\left(2\cdot\dfrac{78}{18}\right)min$

$t_2\approx 8{,}0\,min$

Verringerung der Kochzeit

$\dfrac{t_1-t_2}{t_1}=\dfrac{0{,}6\,min}{8{,}6\,min}$

$\dfrac{t_1-t_2}{t_1}\approx 0{,}07$

Die Kochzeit lässt sich um etwa 7% verringern.

b) Funktionsgleichung für weiche Eier

Mit $T_{Start}=20°C$ und $T_{Innen}=62°C$ erhält man:

$t_1(d)=0{,}0037\dfrac{min}{mm^2}\cdot d^2\cdot\log_{10}\!\left(2\cdot\dfrac{100°C-20°C}{100°C-62°C}\right)$

$t_1(d) = 0{,}0037 \frac{\text{min}}{\text{mm}^2} \cdot \log_{10}\left(2 \cdot \frac{80}{38}\right) \cdot d^2$

$t_1(d) = 2{,}31 \cdot 10^{-3} \frac{\text{min}}{\text{mm}^2} \cdot d^2$

Funktionsgleichung für harte Eier

Mit $T_{\text{Start}} = 20°C$ und $T_{\text{Innen}} = 82°C$ erhält man:

$t_2(d) = 0{,}0037 \frac{\text{min}}{\text{mm}^2} \cdot d^2 \cdot \log_{10}\left(2 \cdot \frac{100°C - 20°C}{100°C - 82°C}\right)$

$t_2(d) = 0{,}0037 \frac{\text{min}}{\text{mm}^2} \cdot \log_{10}\left(2 \cdot \frac{80}{18}\right) \cdot d^2$

$t_2 = 3{,}51 \cdot 10^{-3} \frac{\text{min}}{\text{mm}^2} \cdot d^2$

Schaubilder

Mit dem GTR kann man zu beiden Funktionsgleichungen rasch eine Wertetabelle für Eidurchmesser zwischen 40 mm und 56 mm erstellen lassen.

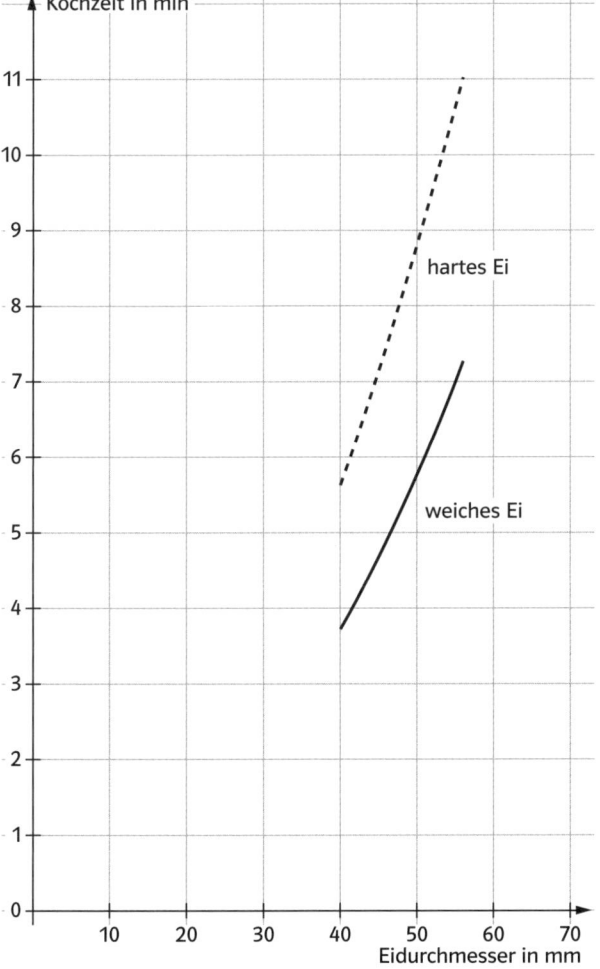

Klassenarbeit 3.4

1 (3 + 2 VP)

a) $5^{2x} - 4 \cdot 5^x + 3 = 0$

  $(5^x)^2 - 4 \cdot 5^x + 3 = 0$

Substitution: $5^x = u$

  $u^2 - 4 \cdot u + 3 = 0$

  $D = (-4)^2 - 4 \cdot 1 \cdot 3$

  $D = 4 > 0$

  $u_{1;2} = \frac{-(-4) \pm \sqrt{4}}{2 \cdot 1}$

  $u_1 = \frac{4 + 2}{2};$ $u_2 = \frac{4 - 2}{2}$

  $u_1 = 3;$ $u_2 = 1$

Resubstitution: $5^{x_1} = 3$ $5^{x_2} = 1$

  $\log_{10}(5^{x_1}) = \log_{10}(3)$ $x_2 = 0$

  $x_1 \cdot \log_{10}(5) = \log_{10}(3)$

  $x_1 = \frac{\log_{10}(3)}{\log_{10}(5)}$

  $x_1 \approx 0{,}683$

b) $\log_{10}(x - 2) + 1 = 0$

  $\log_{10}(x - 2) = -1$

  $x - 2 = 10^{-1}$

  $x = 2 + 10^{-1}$

  $x = 2{,}1$

2 (4 VP)

Funktionsgleichungen

Der Punkt $(1 | 3)$ liegt auf K_1.

  $f_1(1) = 3$

  $a^1 = 3$

  $f_1(x) = 3^x, \ x \in \mathbb{R}.$

Der Punkt $(1 | 2)$ liegt auf K_2.

  $f_2(1) = 2$

  $a^1 = 2$

  $f_2(x) = 2^x, \ x \in \mathbb{R}.$

Der Punkt $(1 | 1{,}5)$ liegt auf K_3.

  $f_3(-1) = 1{,}5$

  $a^1 = 1{,}5$

  $f_3(x) = 1{,}5^x, \ x \in \mathbb{R}.$

Der Punkt $(-1 | 2)$ liegt auf K_4.

  $f_4(-1) = 2$

  $a^{-1} = 2$

  $a = \frac{1}{2}$

  $f_4(x) = (2^{-1})^x = \left(\frac{1}{2}\right)^x, \ x \in \mathbb{R}.$

3 (3 VP)

Bestimmung von $\log_3(8)$

Man muss $x = \log_3(8)$ so schreiben, dass der Zehnerlogarithmus Verwendung findet.

Aus $x = \log_3(8)$ folgt mit der Definition des Logarithmus: $3^x = 8$

Logarithmieren und Anwendung eines Logarithmensatzes ergibt:

$$\log_{10}(3^x) = \log_{10}(8)$$
$$x \cdot \log_{10}(3) = \log_{10}(8)$$
$$x = \frac{\log_{10}(8)}{\log_{10}(3)}$$

Da im Term nur noch Zehnerlogarithmen vorkommen, kann x mit dem Taschenrechner ermittelt werden. Es gilt: $x \approx 1{,}893$.

4 (2 + 3 VP)

a) Zeit für eine Umdrehung des ersten Zahnrads
$$t_1 = 50 \cdot \tfrac{1}{200} \, \text{min}$$
$$t_1 = \tfrac{1}{4} \, \text{min}$$
Zeit für eine Umdrehung des zweiten Zahnrads
$$t_2 = 50 \cdot t_1$$
$$t_2 = 50^2 \cdot \tfrac{1}{200} \, \text{min}$$
$$t_2 = 12{,}5 \, \text{min}$$

b) Zeit für eine Umdrehung des zwölften Zahnrads
Bei jedem weiteren Zahnrad wird die Zeit für eine Umdrehung 50-mal so groß. Daher beträgt die Zeit für eine Umdrehung des zwölften Zahnrads:
$$t_{12} = 50^{12} \cdot \tfrac{1}{200} \, \text{min}$$
$$t_{12} = 1{,}2207\ldots \cdot 10^{18} \, \text{min}$$
$$t_{12} = 2{,}0345\ldots \cdot 10^{16} \, \text{h}$$
$$t_{12} = 8{,}4771\ldots \cdot 10^{14} \, \text{d}$$
$$t_{12} = 2{,}3224\ldots \cdot 10^{12} \, \text{a}$$
Das zwölfte Zahnrad würde tatsächlich, wie behauptet, mehr als 2 Billionen Jahre für eine Umdrehung brauchen.

5 (2 + 2 + 3 VP)

a) Trockenzeit bei 50°C
Es gilt:
$$(^*) \; t = k \cdot \log_{10}\left(\tfrac{u_a}{u_e}\right) \cdot \left(\tfrac{d}{25\,\text{mm}}\right)^{1,25} \cdot \left(\tfrac{65°C}{T}\right) \text{h}$$
Mit $k = 60$, $u_a = 0{,}4$, $u_e = 0{,}1$, $d = 30\,\text{mm}$ und $T = 50°C$ ergibt sich:
$$t_{50} = 60 \cdot \log_{10}\left(\tfrac{0,4}{0,1}\right) \cdot \left(\tfrac{30\,\text{mm}}{25\,\text{mm}}\right)^{1,25} \cdot \left(\tfrac{65°C}{50°C}\right) \text{h}$$
$$t \approx 59 \, \text{h}$$
Die Trocknung dauert etwa 59 Stunden.

Trockenzeit bei 40°C
Mit (*) folgt jetzt
$$t_{40} = 60 \cdot \log_{10}\left(\tfrac{0,4}{0,1}\right) \cdot \left(\tfrac{30\,\text{mm}}{25\,\text{mm}}\right)^{1,25} \cdot \left(\tfrac{65°C}{40°C}\right) \text{h}$$
$$t_{40} \approx 74 \, \text{h}$$
Verlängerung der Trockenzeit
$$p = \frac{t_{40} - t_{50}}{t_{50}}$$
$$p \approx \frac{74\,\text{h} - 59\,\text{h}}{59\,\text{h}}$$
$$p = 0{,}25$$
Die Trockenzeit verlängert sich um etwa 25 %.

Bemerkung
Dies kann man auch fast ohne Rechnung erkennen. In der Formel (*) bleiben alle Daten konstant mit Ausnahme der Temperatur T.
Also gilt: $\quad t_{50} = \text{const.} \cdot \dfrac{1}{50°C}$
$$t_{40} = \text{const.} \cdot \dfrac{1}{40°C}$$
Daher: $\qquad p = \dfrac{t_{40} - t_{50}}{t_{50}}$
$$p = \frac{\frac{1}{40°C} - \frac{1}{50°C}}{\frac{1}{50°C}}$$
$$p = \frac{\frac{1}{40} - \frac{1}{50}}{\frac{1}{50}}$$
$$p = \left(\tfrac{1}{40} - \tfrac{1}{50}\right) \cdot 50$$
$$p = \tfrac{50}{40} - 1$$
$$p = 0{,}25$$

b) Endfeuchte
Mit (*) folgt:
$$t = k \cdot \log_{10}\left(\tfrac{u_a}{u_e}\right) \cdot \left(\tfrac{d}{25\,\text{mm}}\right)^{1,25} \cdot \left(\tfrac{65°C}{T}\right) \text{h}$$
$$\log_{10}\left(\tfrac{u_a}{u_e}\right) = \frac{t}{k \cdot \left(\frac{d}{25\,\text{mm}}\right)^{1,25} \cdot \left(\frac{65°C}{T}\right)\text{h}}$$
$$\log_{10}\left(\tfrac{u_a}{u_e}\right) = \frac{100\,\text{h}}{60 \cdot \left(\frac{50\,\text{mm}}{25\,\text{mm}}\right)^{1,25} \cdot \left(\frac{65°C}{45°C}\right)\text{h}}$$
$$\log_{10}\left(\tfrac{u_a}{u_e}\right) = 0{,}4851\ldots$$
$$\left(\tfrac{u_a}{u_e}\right) = 3{,}0558\ldots$$
$$u_e \approx 0{,}327 \cdot u_a$$
$$u_e \approx 0{,}327 \cdot 50 \%$$
Die Feuchte beträgt etwa 16 %.

c)

Voraussetzungen	Zuordnung	Schaubild					
		1	2	3	4	5	6
1. u_a, u_e, T konstant	$d \to t$		X				
2. u_a, d, T konstant	$u_e \to t$				X		
3. t, d, T konstant	$u_a \to u_e$	X					
4. t, d, u_a konstant	$T \to u_e$						X

Begründungen
In den folgenden Funktionstermen werden alle Konstanten mit k_1, k_2, usw. abgekürzt und gegebenenfalls auch zusammengefasst.
1. Zuordnung: $d \to t$
$$t = k \cdot \log_{10}(k_1) \cdot \left(\tfrac{d}{k_2}\right)^{1,25} \cdot k_3$$
$$t = k_4 \cdot d^{1,25}$$
Der GTR bestätigt, dass lediglich Schaubild 2 zu dieser Funktionsgleichung gehört.

2. Zuordnung: $u_e \rightarrow t$

$t = k \cdot log_{10}\left(\frac{k_1}{u_e}\right) \cdot k_2 \cdot k_3$

$t = k_4 \cdot (log_{10}(k_1) - log_{10}(u_e))$

$t = k_5 - k_4 \cdot log_{10}(u_e)$

Der GTR bestätigt, dass das Schaubild 4 zu dieser Funktionsgleichung gehört.

3. Zuordnung: $u_a \rightarrow u_e$

$k_1 = k \cdot log_{10}\left(\frac{u_a}{u_e}\right) \cdot k_2 \cdot k_3$

$k_4 = log_{10}\left(\frac{u_a}{u_e}\right)$

$10^{k_4} = \frac{u_a}{u_e}$

$u_e = \frac{1}{10^{k_4}} \cdot u_a$

$u_e = k_5 \cdot u_a$

Dies ist die Gleichung einer linearen Funktion. Daher gehört zu dieser Zuordnung das Schaubild 1.

4. Zuordnung: $T \rightarrow u_e$

$k_1 = k \cdot log_{10}\left(\frac{k_2}{u_e}\right) \cdot k_3 \cdot \frac{k_4}{T}$

$k_5 \cdot T = log_{10}\left(\frac{k_2}{u_e}\right)$

$10^{k_5 \cdot T} = \frac{k_2}{u_e}$

$u_e = \frac{k_2}{10^{k_5 \cdot T}}$

$u_e = k_2 \cdot 10^{-k_5 \cdot T}$

$u_e = k_2 \cdot k_6^{-T}$

Lediglich das Schaubild 6 kann zu dieser Zuordnung gehören.

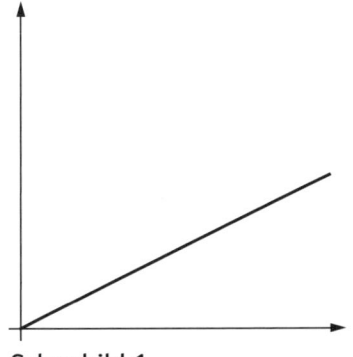

Schaubild 1

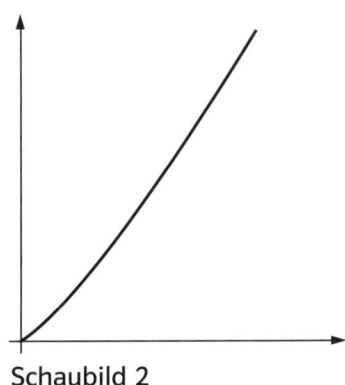

Schaubild 2

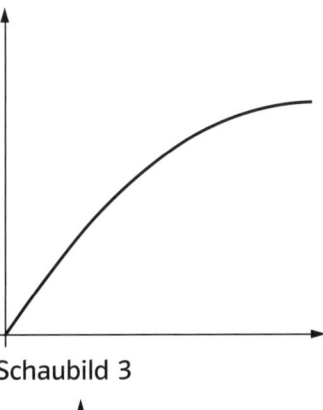

Schaubild 3

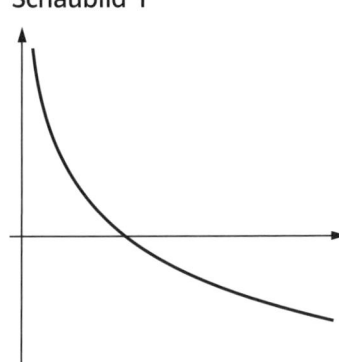

Schaubild 4

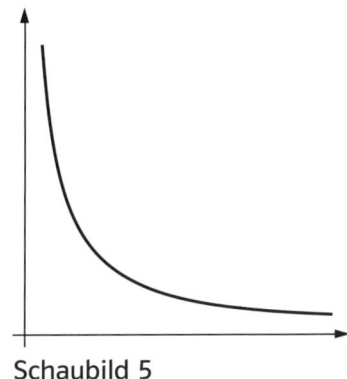

Schaubild 5

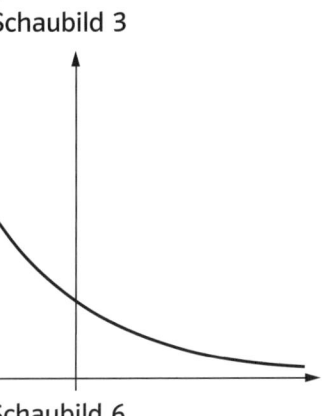

Schaubild 6

Pinboard – Wachstumsvorgänge

Bestand

Definition

Bei Wachstumsvorgängen ändern sich Anzahlen im Laufe der Zeit: Anzahlen von Personen, Anzahlen von Atomen, Maßzahlen von Geldbeträgen, Maßzahlen von Längen, usw. Diese Anzahlen nennt man Bestände.

Zeitschritt
Die von einem Zeitnullpunkt aus verstrichene Zeit wird durch die Anzahl n der vergangenen Zeitschritte gemessen (n* ∈ ℕ).

Anfangsbestand
Der Bestand zum Zeitnullpunkt heißt Anfangsbestand. Er wird mit $B(0)$ bezeichnet.

Momentanbestand
Der Bestand nach n Zeitschritten wird mit $B(n)$ bezeichnet.

Bestandsänderungen

Absolute Änderung
Wenn sich ein Bestand $B(n)$ innerhalb eines Zeitschritts auf den Bestand $B(n+1)$ verändert, so heißt $B(n+1) - B(n)$ die absolute Änderung des Bestands in diesem Zeitschritt. Falls $B(n+1) - B(n) > 0$ gilt, so spricht man von einer Zunahme des Bestands, falls $B(n+1) - B(n) < 0$, von einer Abnahme des Bestands.

Relative (prozentuale) Änderung
Wenn man den Quotienten aus der absoluten Bestandsänderung $B(n+1) - B(n)$ in einem Zeitschritt durch den Bestand $B(n)$ dividiert, dann nennt man des Quotienten

$\frac{B(n+1) - B(n)}{B(n)}$ die relative (prozentuale)

Änderung des Bestands in diesem Zeitschritt.

Beispiele

1. Die Bevölkerung eines Dorfes ist innerhalb eines Jahres von 3120 auf 3237 Einwohner angewachsen.

Anfangsbestand: $B(0) = 3120$
Zeitschritt: 1 Jahr
Bestand nach einem Zeitschritt:
$B(1) = 3237$
Absolute Änderung des Bestands:
$B(1) - B(0) = 3237 - 3120 = 117$
Der Bestand hat zugenommen.
Relative Änderung des Bestands:

$\frac{B(1) - B(0)}{B(0)} = \frac{3237 - 3120}{3120} = \frac{117}{3120} = 0,0375$

Der Bestand hat sich in einem Jahr um 3,75% vergrößert.

2. Ein Computer kostet 999,00 €. Er verliert im ersten Jahr 35 % seines Werts.

Anfangsbestand: $B(0) = 999,00$
Zeitschritt: 1 Jahr
Relative Änderung des Bestands: –0,35
Der Bestand nimmt ab.
Bestand nach einem Jahr:

Aus $\frac{B(1) - B(0)}{B(0)} = -0,35$ folgt mit

$B(0) = 999,00$:
$B(1) = -0,35 \cdot B(0) + B(0) = 0,65 \cdot B(0) = 649,35$

Lineares Wachstum

Definition
Wenn die absolute Änderung $B(n+1) - B(n)$ des Bestands bei jedem Zeitschritt konstant ist, dann spricht man von linearem Wachstum:
$\qquad B(n+1) - B(n) = k,$
k…konstant

Rekursive Beschreibung
Ausgehend vom Anfangsbestand $B(0)$ lässt sich mit
$\qquad B(n+1) = B(n) + k$
der Bestand zu weiteren Zeitpunkten nacheinander berechnen.

Explizite Beschreibung
Es gilt:
$\qquad B(n) = k \cdot n + B(0)$

Beispiel
Eine Zahlenfolge beginnt mit 1; 5; 9; 13; 17; …
Wie heißt das 2008. Glied der Folge?

Lösung
Mit $B(0) = 1$, $B(1) = 5$, $B(2) = 9$, $B(3) = 13$ erkennt man:
$B(1) - B(0) = B(2) - B(1) = B(3) - B(2) = 4$
Die Differenz aufeinanderfolgender Bestände ist konstant. Daher liegt lineares Wachstum mit $B(0) = 1$ und $k = 4$ vor.
Folglich gilt:
$B(n) = 4 \cdot n + 1$
Da das erste Folgeglied die Nummer 0 trägt, hat das 2008. Folgeglied die Nummer 2007.
Somit ergibt sich:
$\qquad B(2007) = 4 \cdot 2007 + 1 = 8029$
Das 2008. Glied der Folge heißt 8029.

Exponentielles Wachstum

Definition
Wenn die absolute Änderung $B(n+1) - B(n)$ des Bestands bei jedem Zeitschritt proportional zum jeweiligen Bestand $B(n)$ ist, dann spricht man von exponentiellem Wachstum:
$B(n+1) - B(n) = k \cdot B(n)$,
k…konstant
Folgerung
Wegen $k = \frac{B(n+1) - B(n)}{B(n)}$ ergibt
sich als gleichwertige Definition:
Wenn die relative (prozentuale) Änderung des Bestands in jedem Zeitschritt konstant ist, dann spricht man von exponentiellem Wachstum.

Rekursive Beschreibung
Aus $k = \frac{B(n+1) - B(n)}{B(n)}$ folgt:
$\qquad B(n+1) = B(n) \cdot (1 + k)$
Ausgehend vom Anfangsbestand $B(0)$ lässt sich damit der Bestand zu weiteren Zeitpunkten nacheinander berechnen.

Explizite Beschreibung
Es gilt:
$\qquad B(n) = B(0) \cdot (1 + k)^n$

Beispiel
Ein Kapital von 25 000,00 € wird mit jährlich 4,5 % verzinst. Die Zinsen werden wieder angelegt und in den Folgejahren mitverzinst.
Wie groß ist das Kapital nach sieben Jahren?

Lösung
Das Anfangskapital wird mit $B(0)$ bezeichnet. Der Kapitalzuwachs (Zins) beträgt in jedem Zeitschritt von einem Jahr 4,5 % vom Kapital zu Jahresbeginn.
Daher gilt:
$\qquad B(1) - B(0) = 0,045 \cdot B(0)$
$\qquad B(2) - B(1) = 0,045 \cdot B(1)$
$\qquad …$
$\qquad B(7) - B(6) = 0,045 \cdot B(6)$
Die absolute Änderung des Bestands je Zeitschritt ist proportional zum jeweiligen Bestand. Daher liegt exponentielles Wachstum mit $k = 0,045$ vor.
Folglich lautet das Wachstumsgesetz:
$\qquad B(n) = B(0) \cdot (1 + k)^n$
Mit den gegebenen Werten folgt daraus:
$\qquad B(n) = 25 000,00 \cdot (1 + 0,045)^n$
$\qquad B(n) = 25 000,00 \cdot 1,045^n$
Für $n = 7$ erhält man:
$\qquad B(7) = 25 000,00 \cdot 1,045^7$
$\qquad B(7) = 34 021,55$
Das Kapital ist nach sieben Jahren auf 34 021,55 € angewachsen.

Eine weitere Art von Wachstum!

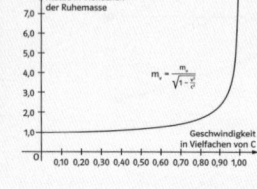

$m_v = \frac{m_0}{\sqrt{1 - \frac{v^2}{c^2}}}$

A. Einstein

Beschränktes Wachstum

Definition

Wenn ein Bestand maximal bis zu einer Schranke S anwachsen kann, dann nennt man die Differenz S − B(n) Sättigungsmanko.

Wenn die absolute Änderung B(n + 1) − B(n) des Bestands bei jedem Zeitschritt proportional zum Sättigungsmanko ist, dann spricht man von beschränktem Wachstum:
B(n + 1) − B(n) = k·(S − B(n)),
k…konstant

Rekursive Beschreibung

Ausgehend vom Anfangsbestand B(0) lässt sich mit
$$B(n + 1) − B(n) = k·(S − B(n))$$
der Bestand zu weiteren Zeitpunkten nacheinander berechnen.

Tipp

Die Einstellung des Folgenmodus erfolgt über die MODE-Taste und den Menüpunkt „Seq". Die Eingabe der Rekursionsformel wird dann nach Drücken der Y=-Taste möglich. Je nach verwendetem Rechnertyp kann es sein, dass man die Rekursionsformel umschreiben muss:
B(n) = B(n − 1) + 0,04839·(3200 − B(n − 1))
TABLE liefert die Wertetabelle.

Beispiel

In einer Kleinstadt von 16 000 Einwohnern wird die Markteinführung eines neuen Produkts getestet. Man geht davon aus, dass etwa 20 % aller Einwohner das Produkt erwerben werden und sich die Anzahl der verkauften Produkte mit einem beschränkten Wachstum beschreiben lässt. Innerhalb des ersten Monats werden 100 Stück dieses Artikels verkauft, innerhalb des zweiten Monats bereits 150 Stück. Wie viele Artikel werden vermutlich nach einem Jahr verkauft sein?

Lösung
Schranke: $S = \frac{20}{100}·16\,000 = 3200$
Anfangsbestand: B(0) = 100
Zeitschritt: 1 Monat
Bestand nach einem Monat: B(1) = 250
Damit ergibt sich:
B(1) = B(0) + k·(3200 − B(0))
$k = \frac{B(1) − B(0)}{3200 − B(0)}$
$k = \frac{250 − 100}{3200 − 100}$
k ≈ 0,04839
Rekursionsformel:
B(n + 1) = B(n) + 0,04839·(3200 − B(n))
Mit dem GTR erhält man: B(12) ≈ 1490
Nach einem Jahr werden etwa 1500 Artikel verkauft sein.

Logistisches Wachstum

Definition

Wenn die absolute Änderung B(n + 1) − B(n) des Bestands bei jedem Zeitschritt proportional zum Produkt aus dem jeweiligen Bestand B(n) und dem Sättigungsmanko S − B(n) ist, dann spricht man von logistischem Wachstum:
B(n + 1) − B(n) = k·B(n)·(S − B(n)), k…konst.

Rekursive Beschreibung

Ausgehend vom Anfangsbestand B(0) lässt sich mit B(n + 1) = B(n) + k·B(n)·(S − B(n)) der Bestand zu weiteren Zeitpunkten berechnen.

Beispiel

Ein bestimmtes Tier hat ein Geburtsgewicht von 20 g, nach einem Monat ist es bereits 50 g schwer. Ausgewachsene Tiere wiegen etwa 500 g. Wann wiegt dieses Tier 450 g?
Lösung
Schranke: S = 500; Anfangsbestand: B(0) = 20
Zeitschritt: 1 Monat
Bestand nach einem Zeitschritt: B(1) = 50
Aus B(1) = B(0) + k·B(0)·(S − B(0)) folgt:
$k = \frac{B(1) − B(0)}{B(0)·(S − B(0))} = \frac{50 − 20}{20·(500 − 20)} = 0,003125$
Mit der Rekursionsformel
B(n + 1) = B(n) + 0,003125·B(n)·(500 − B(n))
und dem GTR folgt: B(4) ≈ 456
Nach vier Monaten wiegt das Tier mehr als 450 g.

Bist du sicher?

1 Die Tabelle zeigt die Entwicklung von Beständen in Abhängigkeit von der Anzahl der Zeitschritte. Liegt lineares, exponentielles oder beschränktes Wachstum vor?

	n	0	1	2	3	4	5	6
a)	B(n)	2	4	8	16	32	64	128
b)	B(n)	2	4	6	8	10	12	14
c)	B(n)	2	2,72	3,41	4,07	4,71	5,32	5,91
d)	B(n)	9	6	4	2,67	1,78	1,19	0,79
e)	B(n)	9	7	5	3	1	−1	−3

2 Ein leerer, quaderförmiger Öltank mit einer Grundfläche von 4 m² fasst 6000 Liter und wird von einem Tankwagen mit 240 Litern je Minute befüllt. Gib eine Formel an, mit der sich das Ölvolumen im Tank in Abhängigkeit von der Füllzeit berechnen lässt. Mit welcher Formel lässt sich die Füllhöhe im Tank in Abhängigkeit von der Füllzeit berechnen?

3 Ein Bestand nimmt mit jedem Zeitschritt um 5 % seines Momentanbestandes zu. Gib das Wachstumsgesetz an. Wann hat sich der Bestand verdoppelt? Wie groß ist die Bestandsänderung zwischen dem sechsten und dem siebten Zeitschritt?

4 Frau Sparer sagt: „Ich bekomme auf mein fest angelegtes Kapital sechs Jahre lang jährlich einen gleichbleibenden Zinssatz. Dann wird sich das Kapital in dieser Zeit um 30 % vergrößert haben. Wie groß war der Jahreszinssatz?

5 a) Eine Bestandsgröße wächst nach folgender Rekursionsformel:
B(n + 1) = B(n) + 0,06·(8000 − B(n)), B(1) = 1000, n ∈ ℕ.
Um welche Wachstumsform handelt es sich? Wie groß ist der Bestand nach zehn Zeitschritten?
b) Ein Bestand vermehrt sich bei beschränktem Wachstum von B(1) = 20 über B(2)=40 mit der Sättigungsgrenze 100. Bestimme B(5).

6 Sibylle hat Sonnenblumensamen gesät und beobachtet deren Wachstum. Bei Beginn der Beobachtung sind die Pflanzen durchschnittlich 0,1 m hoch, nach vier Tagen haben sie eine mittlere Höhe von 0,15 m erreicht. Eine ausgewachsene Sonnenblume dieser Sorte wird etwa 2,0 m hoch.
a) Berechne unter der Annahme logistischen Wachstums die Höhe der Sonnenblumen 40 Tage nach Beobachtungsbeginn.
b) Wann erreichen die Sonnenblumen wohl 90 % der Höhe der ausgewachsenen Blumen?

Lösungen

1 a) exponentielles Wachstum: B(n) = 2·2ⁿ b) lineares Wachstum: B(n) = 2·n + 2 c) beschränktes Wachstum: B(n + 1) = B(n) + 0,04·(20 − B(n)), B(0) = 2
d) exponentielles Wachstum: $B(n) = 9·\left(\frac{2}{3}\right)^n$ e) lineares Wachstum: B(n) = −2·n + 9 **2** V(t) = 240·$\frac{l}{min}$·t, h(t) = 0,6·$\frac{dm}{min}$·t
3 Wachstumsgesetz: B(n) = B(0)·1,05ⁿ; Verdopplungszeit: $n = \frac{log_{10}(2)}{log_{10}(1,05)} ≈ 14,2$, Bestandsänderung: ΔB = B(7) − B(6) = B(0)·(1,05)·1,05⁶ − B(0)·1,05⁶ ≈ 0,067·B(0)
4 Aus B(6) = B(0)·$\left(1 + \frac{p}{100}\right)^6$ = 1,30·B(0) folgt p = 100·($\sqrt[6]{1,3}$ − 1) ≈ 4,47. **5** a) Beschränktes Wachstum, da die Bestandsänderung proportional zum Sättigungsmanko ist. Mit GTR: B(11) ≈ 4230 b) Aus B(2) = B(1) + k·(100 − B(1)) mit B(1) = 0,1 und manko ist. Mit GTR: B(11) ≈ 4230 b) Aus B(2) = B(1) + k·(100 − B(1)) folgt k = 0,25; B(5) ≈ 74,7 **6** Aus B(n + 1) = B(n) + k·B(n)·(2 − B(n)) mit B(1) = 0,1 und B(2) = 0,15 (Zeitschritt 4 Tage) ergibt sich B(16) ≈ 1,6. b) Es gilt: B(11) ≈ 1,8, d.h. etwa 40 Tage nach Beobachtungsbeginn ist eine Höhe von etwa 1,8 m erreicht.

Anfangszeit: _____   → + 45 Minuten   Abgabe: _____

1 (2 + 1 + 1 VP)

Eine Zahlenfolge beginnt mit den Zahlen 2, 5, 8, 11, 14, 17, ...

a) Wie heißt das 1000. Glied der Zahlenfolge?

b) Gib die Nummer des kleinsten Folgegliedes an, das größer als 10^6 ist.

c) Kommt die Zahl 333 333 333 333 in dieser Zahlenfolge vor?

2 (2 + 2 + 2 VP)

In einem Forschungslabor werden Algen gezüchtet. Man weiß, dass sich die Algenmasse unter geeigneten Bedingungen täglich verdoppelt.

a) Gib ein Wachstumsgesetz für die Algenmasse an. Begründe deinen Ansatz.

b) Wie entwickelt sich die Algenmasse von 8 g innerhalb der ersten fünf Tage?

Zu welchem Zeitpunkt nach Beobachtungsbeginn sind etwa 100 g Algen vorhanden?

c) Wie viel Algenmasse könnte man nach dem vierten Tag täglich entnehmen, ohne dass sich der Bestand verringert?

3 (5 + 2 VP)

Bei einem Wachstumsvorgang mit dem Anfangsbestand $B(0) = 100$ weiß man: $B(n + 1) = 0{,}6 \cdot B(n) + 80$.

a) Stelle die Entwicklung des Bestands und die Entwicklung der absoluten Änderung des Bestands in jedem Zeitschritt in einem Koordinatensystem dar ($0 \leq n \leq 6$).

b) Zeige, dass es sich um beschränktes Wachstum handelt.

4 (3 + 2 + 2 VP)

Radioaktiver Schwefel zerfällt mit einer Halbwertszeit von etwa neun Jahren.

a) Stelle das Zerfallsgesetz für einen Anfangsbestand von 1,00 mg radioaktiven Schwefels auf.

Zeichne ein Schaubild, das die Entwicklung der radioaktiven Schwefelmasse in Abhängigkeit von der Zeit beschreibt.

b) Nach welcher Zeit sind 99,9 % der Schwefelatome zerfallen?

c) Welcher Prozentsatz der anfangs vorhandenen radioaktiven Schwefelatome zerfallen im Laufe des vierten Beobachtungsjahres?

Lerntipps

zu Aufgabe 1

a) Beachte, dass die angegebenen Zahlen um 1 kleiner sind als eine durch 3 teilbare Zahl:

$2 = 1 \cdot 3 - 1$, $5 = 2 \cdot 3 - 1$, $8 = 3 \cdot 3 - 1$. usw.

zu Aufgabe 2

a) Woran erkennst du, dass exponentielles Wachstum vorliegt?

c) Der Zuwachs während des vierten Tages kann entnommen werden.

zu Aufgabe 3

a) Erstelle zuerst eine Tabelle. Verwende ein einziges Koordinatensystem mit zwei Hochachsen. Auf der einen Hochachse trägst du den Bestand, auf der anderen die Bestandsänderung auf.

b) Versuche durch algebraische Umformungen auf die Modellgleichung $B(n + 1) = B(n) + k \cdot (S - B(n))$ zu kommen.

zu Aufgabe 4

a) Du kannst als Zeitschritt neun Jahre oder ein Jahr verwenden.

b) Die Bestandsgleichung gibt die Anzahl der noch nicht zerfallenen Atome an.

c) Du musst wissen, wie viele Atome nach dem dritten und wie viele nach dem vierten Jahr noch nicht zerfallen sind.

Anfangszeit: _____   + 45 Minuten →   Abgabe: _____

1 (3 + 3 + 2 VP)
Herr Maier denkt an den Kauf eines Neuwagens. Er beschafft sich folgende Informationen.
Ein fabrikneuer PKW der Marke HORCH 7 kostet 45 000 €. Das Fahrzeug verliert in jeweils zwei Jahren etwa
35 % seines Restwerts. Der Durchschnittsverbrauch an Benzin beträgt 10,8 Liter je 100 km. Ein Liter Benzin
kostet durchschnittlich 1,50 €. Versicherungsbeträge und Steuern belaufen sich jährlich auf etwa 600 €. Für
Inspektion und Wartung müssen durchschnittlich 400 € im Jahr veranschlagt werden.
a) Welchen Zeitwert hat das Fahrzeug nach fünf Jahren?
b) Herr Maier rechnet mit einer durchschnittlichen Fahrleistung von 15 000 km je Jahr. Ermittle den Gesamtaufwand während der ersten fünf Jahre (einschließlich der Wertminderung). Berechne damit die Kosten für
jeden gefahrenen Kilometer.
c) Der Autohändler bietet einen Anschaffungskredit für den Kauf dieses Fahrzeugs an. Bei einer Laufzeit von
60 Monaten beträgt der Zinssatz 0,2 % pro Monat (bezogen auf den anfänglichen Kreditbetrag).
Wie groß muss eine Monatsrate sein, wenn das Fahrzeug nach 60 Monaten vollständig bezahlt sein soll?

2 (3 + 5 VP)
Die Grafik zeigt die Entwicklung der mithilfe von
Photovoltaik-Anlagen gewonnenen Energie in Baden-
Württemberg.
a) Woran erkennt man, dass kein lineares Wachstum
vorliegt?
Zeige, dass die Daten ein exponentielles Wachstum
im angegebenen Zeitraum vermuten lassen.
Welche Energieproduktion wäre damit im Jahr 2008
zu erwarten?
Warum muss auf lange Sicht die Annahme eines exponentiellen Wachstums aufgegeben werden?
b) Fachleute vermuten, dass sich die gewonnene
Energieproduktion bis zu einer Sättigungsgrenze von
10 000 Gigawatt-Stunden steigern lässt. Man nimmt
an, dass die absolute Änderung des Bestands bei
jedem Zeitschritt proportional zum Produkt aus dem
Bestand und dem Sättigungsmanko ist.
Stelle die zugehörige Modellgleichung auf. Prüfe, ob
dieses Modell die in der Grafik angegebenen Werte
liefert.
In welchem Jahr würden wohl 5000 Gigawatt-Stunden produziert?

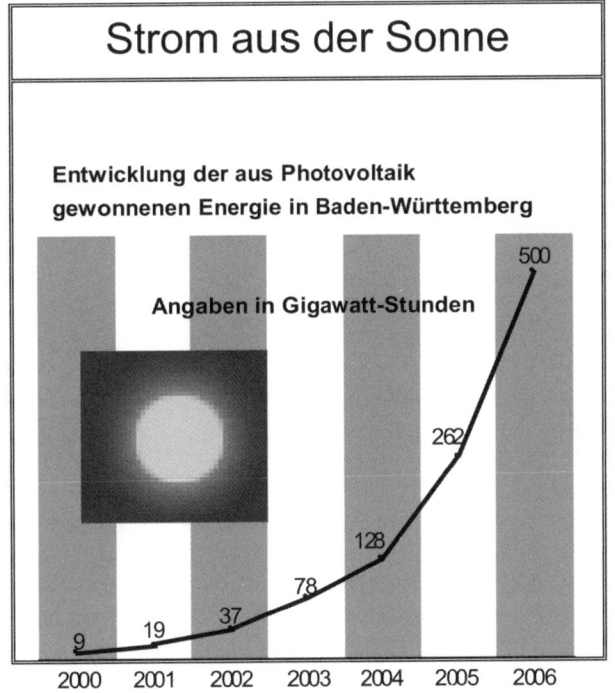

3 (4 + 4 VP)
Die Wertetabelle beschreibt das Wachstum eines Bestandes in Abhängigkeit von der Zeit.

n	0	1	2	3	4	5	6
B(n)	100	130	169	220	286	371	483

a) Prüfe, ob die absolute oder die relative Änderung für jeden Zeitschritt (näherungsweise) konstant ist.
Welche Wachstumsform liegt demnach vor?
Bestimme aus den Daten das Wachstumsgesetz für diesen Bestand.
b) Angenommen, ein Bestand entwickelt sich nach dem Wachstumsgesetz $B(n) = B(0) \cdot 1{,}25^n$, wobei n die
Anzahl der Zeitschritte nach Beobachtungsbeginn bedeutet.
Um wie viel Prozent vergrößert sich der Bestand im Zeitraum von jeweils drei Zeitschritten?
Nach wie vielen Zeitschritten hat sich der Anfangsbestand um etwa 500 % vergrößert?

1 (4 VP)

Ergänze die Tabelle durch geeignete Bestandszahlen B(0), B(1), B(3).

Wachstumsform	B(0)	B(1)	B(3)
Lineares Wachstum		2,0	3,0
Exponentielles Wachstum	3000		5184
Beschränktes Wachstum mit der Schranke 100	20	44	

2 (4 VP)

Eine Schimmelpilzkultur wächst in einer Nährlösung. Die Masse des Pilzes kann in Abhängigkeit von der Zeit nach Beobachtungsbeginn durch die Gleichung $B(n) = 0,05 \cdot 1,12^n$ beschrieben werden. Dabei bedeutet n die Anzahl der Zeitschritte von jeweils einer Stunde, $B(n)$ die Maßzahl der in Gramm gemessenen Pilzmasse.
Welche der folgenden Aussagen sind wahr (w), welche falsch (f)? Kreuze an.

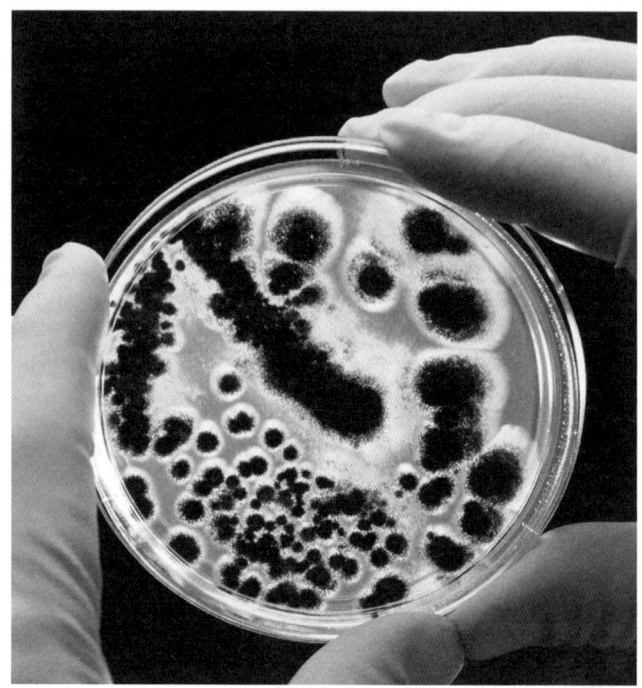

Aussage	w	f
1. Je länger die Beobachtungszeit ist, desto größer ist die Pilzmasse.		
2. In jeder Stunde nimmt die Masse um 1,2 Prozent zu.		
3. Bei Beobachtungsbeginn ist die Pilzmasse 0,05 Gramm.		
4. Nach zwei Stunden ist mehr als doppelt soviel Pilzmasse vorhanden wie nach einer Stunde.		
5. Der Zuwachs der Masse je Stunde beträgt 0,006 Gramm.		
6. Eine Stunde nach Beobachtungsbeginn ist die Pilzmasse 0,056 Gramm.		
7. Die absolute Änderung der Pilzmasse mit der Zeit bleibt immer gleich.		
8. Die prozentuale Änderung der Pilzmasse ist konstant.		

3 (2 + 2 + 2 + 3 VP)

Der Luftdruck auf Meereshöhe beträgt im Durchschnitt $p_0 = 1013$ bar. Dieser Druck heißt Normdruck.
a) Messungen in Bodennähe zeigen, dass der Luftdruck beim Aufsteigen um jeweils 8 m um 1 mbar abnimmt.
Stelle unter dieser Voraussetzung das Gesetz für die Abnahme des Luftdrucks in Bodennähe auf und mache eine Vorhersage für den Luftdruck in 1200 m Höhe über dem Meeresspiegel.
b) Welchen Höhenunterschied haben zwei (nahe beieinanderliegende) Orte, bei denen zur gleichen Zeit die Barometerstände $p_1 = 960$ mbar und $p_2 = 984$ mbar gemessen werden?
c) Woran erkennst du, dass eine Modellierung mit der Annahme von linearem Wachstum nicht zutreffend sein kann?
d) Genauere Messungen auch in größeren Höhen zeigen, dass der Luftdruck in 5,5 km Höhe etwa auf die Hälfte des Normdrucks, in 11,0 km Höhe auf ein Viertel des Normdrucks abgenommen hat.
Stelle aufgrund dieser Angaben das Gesetz für die Abnahme des Luftdrucks auf und mache erneut eine Vorhersage für den Luftdruck in 1200 m Höhe.
In welcher Höhe erwartet man einen Luftdruck von 400 mbar?

4 (1 + 3 + 3 VP)
Die Hersteller von Thermoskannen garantieren für das Warmhaltevermögen ihrer Produkte.
Bei einer Temperatur von 95°C für die eingefüllte Flüssigkeit und einer Raumtemperatur von 20°C garantiert
Hersteller Abele, dass die Flüssigkeit nach einer Stunde noch 90°C heiß ist. Hersteller Behrendt gewährleistet, dass die Flüssigkeit nach acht Stunden noch 65°C warm ist.

Aus dem Physikbuch
Die Temperaturabnahme einer Flüssigkeit je Zeitschritt ist proportional zur Differenz aus der Temperatur der Flüssigkeit und der Raumtemperatur.

a) Welche Wachstumsform für die Temperaturabnahme liegt auf Grund des physikalischen Gesetzes vor?
Begründe deine Antwort.
b) Gib eine rekursive Darstellung für die Flüssigkeitstemperatur in der Thermoskanne des Herstellers Abele
an. Notiere in einer Tabelle den Temperaturverlauf für die ersten acht Stunden und die Temperatur nach
24 Stunden.
c) Vergleiche die beiden Thermoskannen bezüglich der Flüssigkeitstemperaturen nach 24 Stunden.

Lerntipps

Ein Modellierungskreislauf
Wachstumsprobleme sind im Allgemeinen Fragestellungen aus dem Leben. Um sie einer mathematischen Behandlung zugänglich zu machen, müssen sie häufig vereinfacht (idealisiert) werden. Mithilfe
geeigneter Mathematik (Wachstumsgesetze für lineares bzw. exponentielles Wachstum, Rekursionen bei
beschränktem und logistischem Wachstum) lassen sich die mathematischen Probleme lösen. Die mathematische Lösung muss dann allerdings wieder an der Realsituation und der Fragestellung interpretiert
werden. Gegebenenfalls muss man das Modell abändern und den Modellierungskreislauf erneut durchlaufen, um eine bessere Passung an die Wirklichkeit zu erreichen.

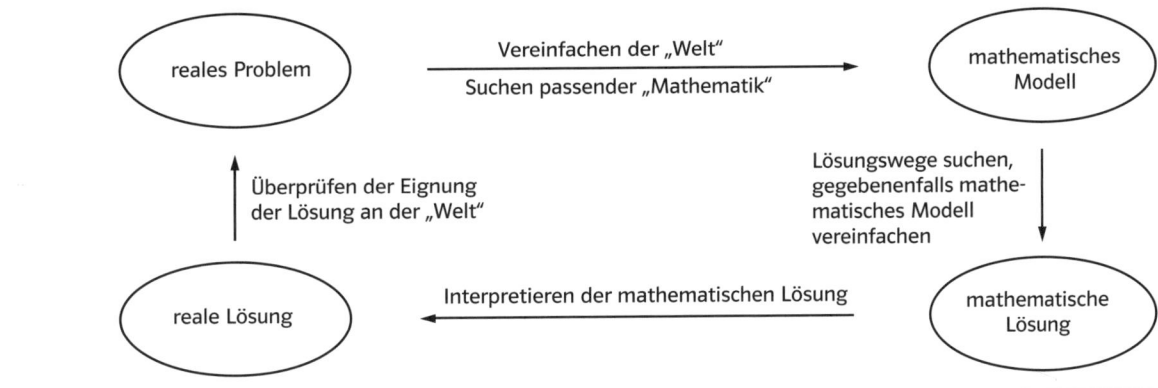

Anfangszeit: _____ + 45 Minuten ⟶ Abgabe: _____

1 (2 + 2 + 3 VP)

Die Tabelle beschreibt Bestandsänderungen (auf null Nachkommastellen gerundet) bei vier verschiedenen Wachstumsvorgängen in Abhängigkeit von der Zeit. Der Anfangsbestand ist in allen Fällen B(0) = 100.

Anzahl der Zeitschritte	1	2	3	4	5
Bestandsänderung 1	4	4	4	4	4
Bestandsänderung 2	−3	−3	−3	−3	−3
Bestandsänderung 3	40	56		110	134
Bestandsänderung 4	−20	−16	−13	−10	−8

a) Gib für den nach der ersten Tabellenzeile wachsenden Bestand eine explizite Beschreibung und für den nach der zweiten Tabellenzeile wachsenden Bestand eine rekursive Beschreibung an.

b) Die Bestandsänderungen der dritten Zeile passen zu einem exponentiellen Wachstum, das sich mit der Gleichung $B(n) = B(0) \cdot (1 + p)^n$ beschreiben lässt.
Bestimme p und ergänze den fehlenden Tabellenwert.

c) Ermittle aus der vierten Tabellenzeile eine rekursive Beschreibung für den Bestand.

2 (3 + 2 VP)

Ein Quadrat mit der Seitenlänge a wird in neun gleich große Quadrate aufgeteilt, von denen das mittlere rot angemalt wird. Jedes der acht nicht angemalten kleinen Quadrate wird nun in neun gleich große Quadrate eingeteilt und wieder wird das jeweils mittlere Quadrat rot angemalt. Dieser Prozess wird weiter fortgesetzt gedacht.

a) Berechne rekursiv die Größe der nicht angemalten Fläche, nachdem sechs Färbevorgänge stattgefunden haben.

b) Kann die nicht angemalte Fläche kleiner werden als $10^{-6} \cdot a^2$?

 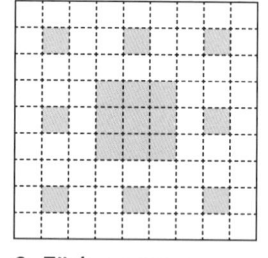 usw.

1. Färbevorgang   2. Färbevorgang

3 (5 VP)

Frau Glück hat 90 000,00 € langfristig auf einem Sparkonto angelegt. Zur Aufbesserung ihrer Rente will Frau Glück jährlich am Jahresanfang 8000,00 € von diesem Konto abheben. Die Bank bietet an, das verbleibende Guthaben mit 5 % jährlich zu verzinsen, sofern keine weiteren Beträge abgehoben werden.
Wie lange reicht das angelegte Kapital zur Aufbesserung der Rente aus, wenn ein Betrag von 50 000,00 € als „Notgroschen" nicht angetastet werden soll?

4 (4 + 3 VP)

Für ein Referat über das Höhenwachstum von Pflanzen untersucht Isabell zwanzig ausgewählte Hopfenpflanzen. Sie protokolliert die durchschnittliche Pflanzenhöhe in Abhängigkeit von der Zeit und erhält folgende Tabelle.

Zeit (in Wochen)	0	1	2	3	4	5	6	7	8	9	10	11	12	16
Höhe (in m)	0,60	0,81	1,08	1,43			2,91	3,50	4,07	4,58	5,00	5,33	5,56	

a) Hopfenpflanzen werden etwa 6 m hoch.
Bestimme unter Verwendung der beiden ersten Tabellenwerte die Modellgleichung (unter der Annahme von logistischem Wachstum). Runde k auf drei
Nachkommastellen.
Berechne damit die Pflanzenhöhe nach vier Wochen, nach fünf Wochen und nach 16 Wochen.
b) Ergänze die Abbildung durch das Schaubild der
Wachstumsgeschwindigkeit in Abhängigkeit von
der Zeit.
Lies ab, wann der Hopfen am schnellsten wächst.

Schaubild

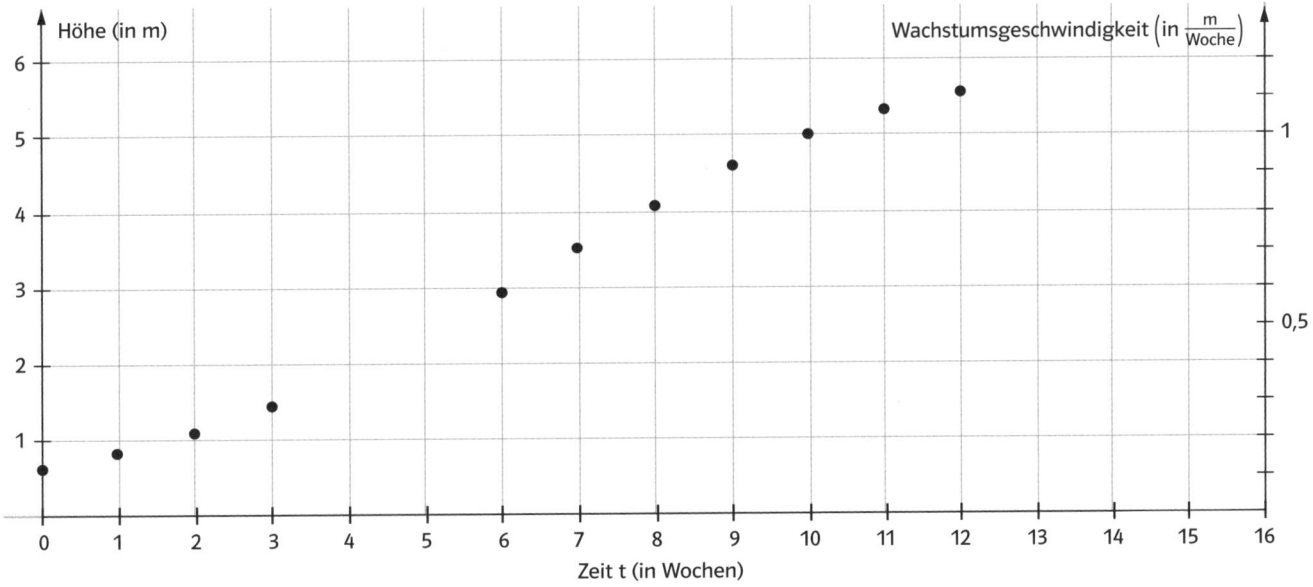

zu Aufgabe 1
Achte darauf, dass in der Tabelle die Bestandsänderungen, nicht die Bestandsanzahlen notiert sind.
Überlege zuerst, wie die verschiedenen Wachstumsarten durch ihre Bestandsänderungen charakterisiert
sind.
zu Aufgabe 3
Überlege zunächst die Bestandsänderung am jeweiligen Jahresende. Sie berechnet sich aus dem Zins und
der Abhebung. Lege eine Tabelle an.
zu Aufgabe 4
Die Modellgleichung lautet: $B(n + 1) = B(n) + k \cdot B(n) \cdot (S - B(n))$

Klassenarbeit 4.1

1 (2 + 1 + 1 VP)

a) *Die absolute Änderung des Bestands ist bei jedem Schritt konstant, nämlich 3. Daher muss es sich um lineares Wachstum handeln. Achte beim Aufstellen der expliziten Darstellung, dass sich für n = 1 auch B(1) = 2, für n = 3 auch B(2) = 5 ergibt. Kontrolliere durch Einsetzen von n, ob sich die richtigen Werte B(n) ergeben.*

Wachstumsgesetz

Bezeichnet man die Folgeglieder nacheinander mit B(1) = 2, B(2) = 5, B(3) = 8, B(4) = 11 usw., so erkennt man, dass die Differenz je zweier aufeinanderfolgender Glieder konstant ist.

Es gilt:

$$B(1) = 2$$
$$B(n + 1) - B(n) = 3, \qquad n \in \mathbb{N}, n \geq 1$$

Damit liegt lineares Wachstum vor.

Die explizite Darstellung lautet daher:

$$B(n) = B(1) + (n - 1) \cdot 3$$
$$B(n) = 2 + (n - 1) \cdot 3$$
$$B(n) = 3 \cdot n - 1 \qquad n \in \mathbb{N}, n \geq 1$$

Damit gilt:

$$B(1000) = 3 \cdot 1000 - 1$$
$$B(1000) = 2999$$

Das 1000. Folgeglied heißt 2999.

b) Bedingung: $B(n) > 10^6$ und n möglichst klein

Daher:

$$3 \cdot n - 1 > 10^6$$
$$3 \cdot n > 1\,000\,001$$
$$n > 333\,333{,}66\ldots$$

Das gesuchte Folgeglied hat die Nummer 333 334.

c) Bedingung: $B(n) = 333\,333\,333\,333$

Daher:

$$3 \cdot n - 1 = 333\,333\,333\,333$$
$$3 \cdot n = 333\,333\,333\,334$$
$$n = 111\,111\,111\,111{,}3\ldots$$

Es ergibt sich keine natürliche Zahl für die Nummer des Folgeglieds.

Die Zahl 333 333 333 333 kommt folglich in der Zahlenfolge nicht vor.

Alternative

Man erkennt, dass 333 333 333 333 sicher eine durch 3 teilbare Zahl ist. Alle Folgeglieder haben die Form 3 · n − 1, lassen also bei Division durch 3 den Rest 2 und sind deshalb nicht durch 3 teilbar.

2 (2 + 2 + 2 VP)

a) Wachstumsgesetz

Nach Aufgabenstellung verdoppelt sich ein gewisser Bestand B(n) nach jedem Tag. Nimmt man nun einen Tag als Zeitschritt an, so gilt: $\frac{B(n + 1)}{B(n)} = 2$

Die prozentuale Änderung des Bestands ist für jeden Zeitschritt konstant, nämlich 100 %. Folglich liegt exponentielles Wachstum vor.

Mit dem Wachstumsfaktor k erhält man die explizite Darstellung: $B(n) = B(0) \cdot k^n, \quad n \in \mathbb{N}$

Hier ergibt sich mit k = 2:

$$B(n) = B(0) \cdot 2^n, \quad n \in \mathbb{N}$$

b) *Du musst häufig Gleichungen der Form $a^x = b$ nach x auflösen. Mit dem Logarithmus geht dies folgendermaßen:*

$$a^x = b$$
$$\log_{10}(a^x) = \log_{10}(b)$$
$$x \cdot \log_{10}(a) = \log_{10}(b)$$
$$x = \frac{\log_{10}(b)}{\log_{10}(a)}$$

Präge dir diese Rechenschritte ein.

Entwicklung der Algenmasse

Der jeweilige Bestand wird in Gramm gemessen. Mit $B(n) = 8 \cdot 2^n$ ergibt sich folgende Tabelle.

n	0	1	2	3	4	5
B(n)	8	16	32	64	128	256

Mit B(n) = 100 gilt:

$$100 = 8 \cdot 2^n$$
$$12{,}5 = 2^n$$
$$\log_{10}(12{,}5) = \log_{10}(2^n)$$
$$\log_{10}(12{,}5) = n \cdot \log_{10}(2)$$
$$n = \frac{\log_{10}(12{,}5)}{\log_{10}(2)}$$
$$n = 3{,}64\ldots$$

Nach etwa 3,6 Tagen ist die Algenmasse 100 g.

Alternative

GTR	
Y=-Taste	Funktionsgleichungen eingeben: $f(x) = 8 \cdot 2^x$ $g(x) = 100$
GRAPH-Taste	Schaubilder werden gezeichnet.
WINDOW-Taste	Anpassen des Zeichenfensters: $x_{min} = 0$, $x_{max} = 5$ $y_{min} = 0$, $y_{max} = 110$
CALC-Taste	Menüpunkt „Intersect" auswählen. Anzeige: „Intersection" x = 3,643852, y = 100

c) Entnahmemenge

Nach dem vierten Tag sind 128 g Algenmasse vorhanden. Wenn dieser Bestand am Ende des vierten Tages immer erreicht werden soll, dann müssen am Ende des dritten Tages 64 g Algenmasse vorhanden sein. Man könnte also am Ende des vierten Tages den Zuwachs im Laufe des vierten Tages, also 64 g Algenmasse entfernen.

3 (5 + 2 VP)

a) Bestandsentwicklung

Mit der Modellgleichung
$$B(n + 1) = 0,6 \cdot B(n) + 80, \quad n \in \mathbb{N}$$
$$B(0) = 100$$
erhält man die Tabellenwerte für den Bestand $B(n)$ und die absolute Änderung $B(n + 1) - B(n)$ für jeden Zeitschritt. Die Werte sind auf null Nachkommastellen gerundet.

n	0	1	2	3	4	5	6
B(n)	100	140	164	178	187	192	195
B(n + 1) – B(n)	–	40	24	14	9	5	3

Schaubild

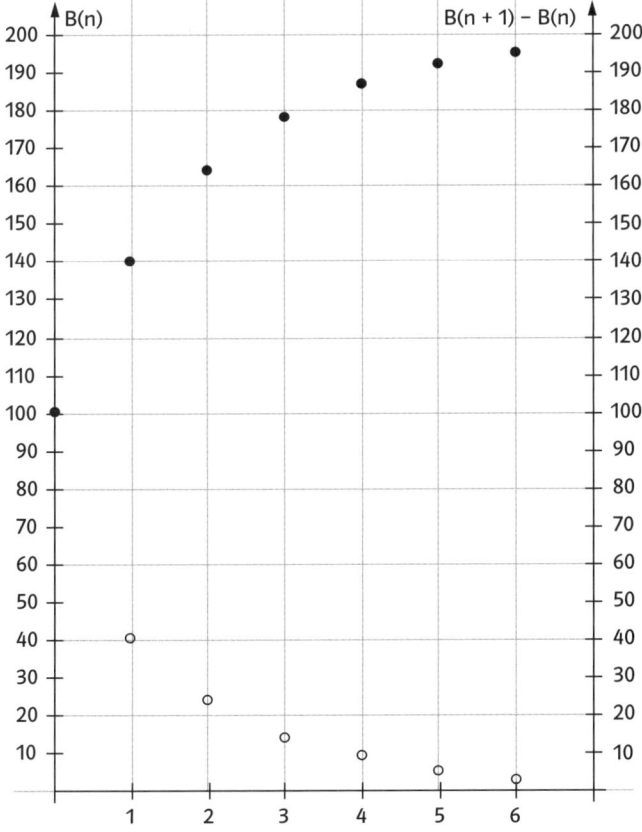

Du kannst eventuell auf der rechten Hochachse eine andere Skalierung wählen.

b) Nachweis für beschränktes Wachstum

Es muss nachgeprüft werden, dass die angegebene Modellgleichung zur üblichen Modellgleichung für das beschränkte Wachstum umgeformt werden kann. Ziel ist daher eine Gleichung der Form
$$B(n + 1) = B(n) + k \cdot (S - B(n)), n \in \mathbb{N}, \text{ mit } B(0) = 100.$$
Dazu wird die rechte Seite der gegebenen Gleichung sukzessive umgeformt.
Es gilt:
$$B(n + 1) = 0,6 \cdot B(n) + 80$$
$$B(n + 1) = B(n) - 0,4 \cdot B(n) + 80$$
$$B(n + 1) = B(n) + 80 - 0,4 \cdot B(n)$$
$$B(n + 1) = B(n) + 0,4 \cdot \left(\frac{80}{0,4} - B(n)\right)$$
$$B(n + 1) = B(n) + 0,4 \cdot (200 - B(n))$$
Diese Gleichung hat die Form
$$B(n + 1) = B(n) + k \cdot (S - B(n)), n \in \mathbb{N}.$$
Man erkennt darüber hinaus, dass die Schranke den Wert $S = 200$ und der Proportionalitätsfaktor den Wert $k = 0,4$ hat.

4 (3 + 2 + 2 VP)

a) *Der Begriff Halbwertszeit besagt, dass nach dieser Zeit die Hälfte der ursprünglichen Substanz zerfallen ist. Die andere Hälfte ist nicht zerfallen. Die prozentuale Änderung des Bestands ist daher in jedem Abschnitt –50 %.*

Zerfallsgesetz

Der Bestand $B(n)$ an radioaktiven Schwefel halbiert sich nach jeweils einem Zeitschritt von neun Tagen.

Somit gilt: $\frac{B(n + 1)}{B(n)} = \frac{1}{2}$

Damit liegt exponentielles Wachstum (Abnahme) vor. Mit dem Wachstumsfaktor $k = \frac{1}{2}$ erhält man:
$$B(n) = B(0) \cdot \left(\frac{1}{2}\right)^n, \quad n \in \mathbb{N}.$$

Die Maßzahl des in Gramm gemessenen Anfangsbestandes beträgt $B(0) = 1,00$.
Daher lautet das Zerfallsgesetz:
$$B(n) = 1,00 \cdot \left(\frac{1}{2}\right)^n, \quad n \in \mathbb{N}.$$

Jeder Zeitschritt ist neun Jahre lang.

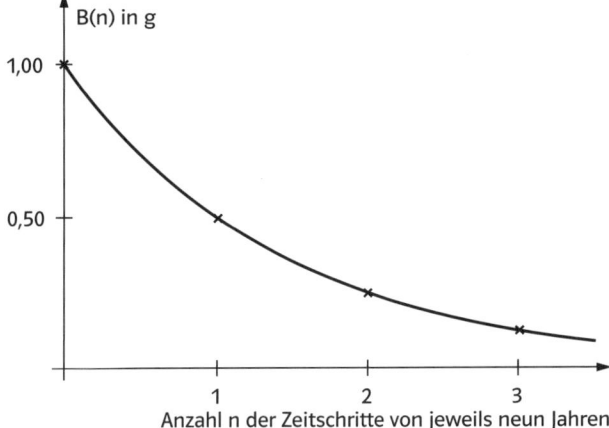

Anzahl n der Zeitschritte von jeweils neun Jahren

b) Zerfallsdauer

Wenn 99,9 % der Schwefelatome zerfallen sind, dann sind noch 0,1 % unzerfallen und es muss für n gelten:

$B(n) = 0,1\% \cdot B(0)$

Folglich:

$$B(0) \cdot \left(\tfrac{1}{2}\right)^n = \tfrac{1}{1000} \cdot B(0)$$

$$\left(\tfrac{1}{2}\right)^n = \tfrac{1}{1000}$$

$$\log_{10}\left(\tfrac{1}{2}\right)^n = \log_{10}\tfrac{1}{1000}$$

$$n \cdot \log_{10}\left(\tfrac{1}{2}\right) = \log_{10}(10^{-3})$$

$$n = \frac{\log_{10}(10^{-3})}{\log_{10}\left(\tfrac{1}{2}\right)}$$

$$n = \frac{-3}{-\log_{10}(2)}$$

$$n = \frac{3}{\log_{10}(2)}$$

$$n = 9,9657\ldots$$

Nach etwa 10 Zeitschritten, das sind etwa 90 Jahre, sind 99,9 % der Schwefelatome zerfallen.

c) Masse des im vierten Jahr zerfallenden Schwefels

Am Ende des dritten Jahres, d.h. für $n = \tfrac{3}{9} = \tfrac{1}{3}$, sind $B\left(\tfrac{1}{3}\right)$ der Schwefelatome unzerfallen,

am Ende des vierten Jahres, d.h. für $n = \tfrac{4}{9}$ sind $B\left(\tfrac{4}{9}\right)$ der Atome unzerfallen.

Im Laufe des vierten Jahres zerfallen daher:

$$\Delta B = B\left(\tfrac{1}{3}\right) - B\left(\tfrac{4}{9}\right)$$

$$\Delta B = B(0) \cdot \left(\tfrac{1}{2}\right)^{\tfrac{1}{3}} - B(0) \cdot \left(\tfrac{1}{2}\right)^{\tfrac{4}{9}}$$

$$\Delta B = 1,00 \cdot \left[\left(\tfrac{1}{2}\right)^{\tfrac{1}{3}} - \left(\tfrac{1}{2}\right)^{\tfrac{4}{9}}\right]$$

$$\Delta B = 0,05883\ldots$$

Prozentsatz des im vierten Jahr zerfallenden Schwefels

Der Grundwert ist $B(0) = 1,00$. Somit ergibt sich:

$$\tfrac{\Delta B}{B(0)} = 0,05883\ldots$$

Im vierten Jahr zerfallen etwa 5,9 % der Schwefelatome.

Alternative

a) Man kann von vorneherein als Zeitschritt jeweils ein Jahr wählen. Dann gilt: $\tfrac{B(n+9)}{B(n)} = \tfrac{1}{2}$

Daher:

$$B(n) = B(0) \cdot k^n$$

$$B(9) = B(0) \cdot k^9$$

$$\tfrac{1}{2} \cdot B(0) = B(0) \cdot k^9$$

$$\tfrac{1}{2} = k^9$$

$$k = \sqrt[9]{\tfrac{1}{2}}$$

$$k = \left(\tfrac{1}{2}\right)^{\tfrac{1}{9}}$$

Das Wachstumsgesetz lautet jetzt:

$$B(n) = B(0) \cdot \left(\tfrac{1}{2}\right)^{\tfrac{1}{9} \cdot n}, \; n \in \mathbb{N}$$

Jeder Zeitschritt ist ein Jahr lang.

b) Aus $B(n) = 0,1\% \cdot B(0)$ *folgt hier:*

$$B(0) \cdot \left(\tfrac{1}{2}\right)^{\tfrac{1}{9} \cdot n} = 0,1\% \cdot B(0)$$

$$\left(\tfrac{1}{2}\right)^{\tfrac{1}{9} \cdot n} = \tfrac{1}{1000}$$

$$\log_{10}\left(\tfrac{1}{2}\right)^{\tfrac{1}{9} \cdot n} = \log_{10}\left(\tfrac{1}{1000}\right)$$

$$\tfrac{1}{9} \cdot n \cdot \log_{10}\left(\tfrac{1}{2}\right) = \log_{10}(10^{-3})$$

$$\tfrac{1}{9} \cdot n \cdot \log_{10}\left(\tfrac{1}{2}\right) = -3$$

$$n = -3 \cdot \frac{9}{\log_{10}\left(\tfrac{1}{2}\right)}$$

$$n = \frac{-27}{-\log_{10}(2)}$$

$$n = 89,692\ldots$$

Nach etwa 90 Zeitschritten, also 90 Jahren, sind 99,9 % der Schwefelatome zerfallen.

c) Hier erhält man mit $B(0) = 1,00$:

$$\Delta B = B(3) - B(4)$$

$$\Delta B = B(0) \cdot \left(\tfrac{1}{2}\right)^{\tfrac{1}{9} \cdot 3} - B(0) \cdot \left(\tfrac{1}{2}\right)^{\tfrac{1}{9} \cdot 4}$$

$$\Delta B = 1,00 \cdot \left(\tfrac{1}{2}\right)^{\tfrac{1}{9} \cdot 3} - \left(\tfrac{1}{2}\right)^{\tfrac{1}{9} \cdot 4}$$

$$\Delta B = 0,05883\ldots$$

Im vierten Jahr zerfallen etwa 5,9 % der Schwefelatome.

Klassenarbeit 4.2

1 (3 + 3 + 2 VP)

a) Wachstumsgesetz

Für jeden Zeitschritt von zwei Jahren beträgt der Wertverlust 35 % des jeweiligen Fahrzeugwertes. Dieser Wertverlust (die absolute Änderung des Bestands) ist also proportional zum jeweiligen Wert (dem Bestand). Folglich liegt exponentielles Wachstum (Abnahme) vor.

Das Gesetz lautet demnach: $B(n) = B(0) \cdot k^n$, $n \in \mathbb{N}$

Dabei bedeutet $B(0)$ den Anschaffungspreis (in Euro gemessen), $B(n)$ den Preis nach n Jahren (in Euro gemessen); k ist der Wachstumsfaktor.

Zeitwert nach fünf Jahren

Es gilt nach Aufgabenstellung:

$B(2) = \frac{65}{100} \cdot B(0)$

Andererseits:

$B(2) = B(0) \cdot k^2$

Vergleich zeigt:

$$B(0) \cdot k^2 = \frac{65}{100} \cdot B(0)$$

$$k^2 = \left(\frac{65}{100}\right)$$

$$k = \left(\frac{65}{100}\right)^{\frac{1}{2}}$$

$$k = \left(\frac{13}{20}\right)^{\frac{1}{2}}$$

Somit: $B(n) = 45\,000 \cdot \left(\frac{13}{20}\right)^{\frac{1}{2} \cdot n}$, $n \in \mathbb{N}$

$B(5) = 45\,000 \cdot \left(\frac{13}{20}\right)^{\frac{1}{2} \cdot 5}$

$B(5) = 15\,328,36\ldots$

Das Fahrzeug hat nach fünf Jahren noch einen Zeitwert von etwa 15 300 €.

b) Wertminderung des Fahrzeugs

$B_1 = B(0) - B(5)$

$B_1 = 45\,000 - 15\,328$

$B_1 = 29\,672$

Versicherungsbeträge und Steuer

$B_2 = 5 \cdot 600$

$B_2 = 3000$

Inspektionen und Wartung

$B_3 = 5 \cdot 400$

$B_3 = 2000$

Benzinkosten

$B_4 = 5 \cdot 150 \cdot 10,8 \cdot 1,50$

$B_4 = 12\,150$

Gesamtaufwand in fünf Jahren

$B = B_1 + B_2 + B_3 + B_4$

$B = 29\,672 + 3000 + 2000 + 12\,150$

$B = 46\,822$

Kosten je gefahrener Kilometer

Da in diesen fünf Jahren 75 000 km gefahren wurden, ergeben sich Kosten von $(46\,822 : 75\,000)$ €. Jeder Kilometer kostet etwa 0,62 €.

c) Gesamte Kreditkosten

$B_1 = 45\,000 \cdot 0,2\,\% \cdot 60$

$B_1 = 5400$

Gesamte Anschaffungskosten

$B_2 = 45\,000 + B_1$

$B_2 = 50\,400$

Monatsrate

$B = 50\,400 : 60$

$B = 840$

Jede Monatsrate beträgt 840 €.

2 (3 + 5 VP)

a) Wachstumsgesetz

Bei linearem Wachstum müsste das Schaubild eine Gerade durch den Ursprung des Koordinatensystems sein. Dies ist hier nicht der Fall.

An der Grafik erkennt man, dass sich zu Beginn des Wachstums bei jedem Zeitschritt von einem Jahr die Anzahl der erzeugten Gigawattstunden näherungsweise verdoppelt. Daher liegt exponentielles Wachstum mit dem Wachstumsfaktor 2 nahe.

Jahr	Energieerzeugung	Theoretischer Wert bei Verdopplung
2000	9	9
2001	19	18
2002	37	36
2003	78	72
2004	128	144
2005	262	288
2006	500	576

Damit würde man im Jahre 2008 nach zwei weiteren Zeitschritten etwa das Vierfache von 576 Gigawatt-Stunden erwarten. Dies sind etwa 2300 Gigawatt-Stunden.

Modellkritik

Bei exponentiellem Wachstum nimmt der Bestand im Laufe der Zeit über alle Grenzen zu. Dies ist weder bei Wachstum in der Natur noch bei der Produktion von irgendwelchen Gegenständen (hier Solarmodulen) wegen der endlichen Ressourcen möglich. Jedes Wachstum gelangt daher an eine Grenze. Exponentielles Wachstum ist auf lange Sicht nicht möglich.

b) Modellierung
Nach der gemachten Annahme ist die absolute Änderung des Bestands bei jedem Zeitschritt proportional zum Produkt aus dem Bestand und dem Sättigungsmanko. Daher wird von logistischem Wachstum ausgegangen.

Modellgleichung
Die rekursive Darstellung lautet:
$B(n + 1) = B(n) + k \cdot B(n) \cdot (S - B(n))$, $n \in \mathbb{N}$
$B(0)$ ist der Anfangsbestand
$B(n)$ ist der Bestand nach n Zeitschritten
S ist die Sättigungsgrenze, jeweils in Gigawatt-Stunden.
Hier gilt mit $B(0) = 9$, $B(1) = 19$, $S = 10\,000$:
$B(1) = B(0) + k \cdot B(0) \cdot (10\,000 - B(0))$
$19 = 9 + k \cdot 9 \cdot (10\,000 - 9)$
$10 = k \cdot 9 \cdot 9991$
$k = \frac{10}{9 \cdot 9991}$
$k \approx 1{,}11 \cdot 10^{-4}$
Die Modellgleichung lautet:
$B(n + 1) = B(n) + 1{,}11 \cdot 10^{-4} \cdot B(n) \cdot (1000 - B(n))$, $n \in \mathbb{N}$
$B(0) = 0$
Jeder Zeitschritt dauert ein Jahr.

Wertetabelle
Eingabe der Rekursionsformel in den GTR:
$u(n) = u(n - 1) + 0{,}00011 \cdot u(n - 1) \cdot (10\,000 - u(n - 1))$
Wahl von $n\,\text{Min} = 0$, $u(n\,\text{Min}) = 9$.
Mit der TABLE-Taste erhält man zu jedem Wert von n den entsprechenden Wert u(n).
In der Wertetabelle sind alle Werte auf null Nachkommastellen gerundet angegeben.

Jahr	Bekannter Wert	Berechneter Wert
2000	9	9
2001	19	19
2002	37	40
2003	78	84
2004	128	178
2005	262	372
2006	500	770
2007		1560
2008		3023
2009		5369

Das Modell liefert in den ersten vier Jahren eine gute Übereinstimmung mit den tatsächlichen Werten. In den Folgejahren ergibt die Modellrechnung allerdings wesentlich zu hohe Werte. Eine bessere Anpassung könnte möglicherweise durch Verwendung der Daten von 2000 und 2004 erreicht werden.

Es ist wohl so, dass erst nach 2009 die Produktion von 5000 Gigawatt-Stunden erreicht wird.

Bemerkung
Mit dem GTR kann man eine bessere Anpassung durch Experimentieren mit anderen Werten von k erreichen.

Jahr	Bekannter Wert	Berechneter Wert k		
		0,00011	0,0001	0,00009
2000	9	9	9	9
2001	19	19	18	17
2002	37	40	36	32
2003	78	84	72	62
2004	128	178	143	117
2005	262	372	284	220
2006	500	770	560	414
2007		1560	1089	772
2008		3023	2059	1413
2009		5369	3694	2505

3 (4 + 4 VP)
a) Absolute Änderung je Zeitschritt
Es gilt:
$B(1) - B(0) = 130 - 100 = 30$
$B(2) - B(1) = 169 - 130 = 39$
$B(3) - B(2) = 220 - 169 = 51$
Daran erkennt man bereits, dass die absoluten Änderungen je Zeitschritt nicht konstant sind. Demzufolge liegt kein lineares Wachstum vor.

Relative Änderung je Zeitschritt
Es gilt:
$\frac{B(1) - B(0)}{B(0)} = \frac{130 - 100}{100} = 0{,}3000$
$\frac{B(2) - B(1)}{B(1)} = \frac{169 - 130}{130} = 0{,}3000$
$\frac{B(3) - B(2)}{B(2)} = \frac{220 - 169}{169} = 0{,}3017\ldots$
$\frac{B(4) - B(3)}{B(3)} = \frac{286 - 220}{220} = 0{,}3000$
$\frac{B(5) - B(4)}{B(4)} = \frac{371 - 286}{286} = 0{,}2972\ldots$
$\frac{B(6) - B(5)}{B(5)} = \frac{483 - 371}{371} = 0{,}3018\ldots$
Die relative Änderung je Zeitschritt ist konstant. Folglich handelt es sich um exponentielles Wachstum.

Wachstumsgesetz
Das Wachstumsgesetz bei exponentiellem Wachstum hat die Form $B(n) = B(0) \cdot k^n$, $n \in \mathbb{N}$.
Mit $B(0) = 100$ und $B(1) = 130$ erhält man:

$B(1) = B(0) \cdot k^1$

$k = \dfrac{B(1)}{B(0)}$

$k = \dfrac{130}{100}$

$k = 1{,}3$

Somit: $B(n) = 100 \cdot 1{,}30^n$, $n \in \mathbb{N}$

b) Bestand nach drei Zeitschritten
Mit dem angenommenen Wachstumsgesetz
$B(n) = B(0) \cdot 1{,}25^n$ erhält man für $n = 3$:

$B(3) = B(0) \cdot 1{,}25^3$

$B(3) \approx B(0) \cdot 1{,}953$

Der Bestand ändert sich in den ersten drei Zeitschritten auf etwa 195,3% des Anfangsbestands (d.h. er vergrößert sich um etwa 95,3% des Anfangsbestands).
Da beim exponentiellen Wachstum die prozentuale Änderung des Bestands in gleichen Zeiträumen immer dieselbe ist, vergrößert sich der Bestand auch in jeweils folgenden drei Zeitschritten immer um etwa 95,3%.

Bemerkung
Allgemein gilt:

$B(n + 3) = B(0) \cdot k^{n+3}$

$B(n + 3) = B(0) \cdot k^n \cdot k^3$

$B(n + 3) = B(n) \cdot k^3$

$B(n + 3) \approx B(n) \cdot 1{,}953$

Anzahl der Zeitschritte
Der Anfangsbestand soll sich um 500% vergrößern, also auf 600% des Anfangsbestands anwachsen.
Für die Anzahl n der Zeitschritte gilt einerseits:

$B(n) = B(0) \cdot 6$

Andererseits:

$B(n) = B(0) \cdot 1{,}2^n$

Somit:

$B(0) \cdot 6 = B(0) \cdot 1{,}25^n$

$6 = 1{,}25^n$

$\log_{10}(6) = \log_{10}(1{,}25^n)$

$\log_{10}(6) = n \cdot \log_{10}(1{,}25)$

$n = \dfrac{\log_{10}(6)}{\log_{10}(1{,}25)}$

$n = 8{,}0296\ldots$

Der Anfangsbestand ist nach etwa acht Zeitschritten um 500% angewachsen.

Klassenarbeit 4.3

1 (4 VP)

Wachstumsform	B(0)	B(1)	B(3)
Lineares Wachstum	**1,5**	2,0	3,0
Exponentielles Wachstum	3000	**3600**	5184
Beschränktes Wachstum	20	44	**≈ 73**

Begründungen
Lineares Wachstum
Es gilt: $B(3) = B(2) + d = B(1) + d + d = B(1) + 2 \cdot d$
Für die absolute Änderung je Zeitschritt folgt daher:

$d = \dfrac{B(3) - B(1)}{2}$

$d = \dfrac{3{,}0 - 2{,}0}{2}$

$d = 0{,}5$

Mit $B(1) = B(0) + d$ *erhält man:*

$B(0) = B(1) - d$

$B(0) = 2{,}0 - 0{,}5$

$B(0) = 1{,}5$

Exponentielles Wachstum
Es gilt: $B(n) = B(0) \cdot k^n$
Mit $n = 3$ *ergibt sich:*

$B(3) = B(0) \cdot k^3$

$k^3 = \dfrac{B(3)}{B(0)}$

$k = \sqrt[3]{\dfrac{B(3)}{B(0)}}$

$k = \sqrt[3]{\dfrac{5184}{3000}}$

$k = 1{,}2$

Somit:

$B(1) = B(0) \cdot 1{,}2^1$

$B(1) = 3000 \cdot 1{,}2$

$B(1) = 3600$

Beschränktes Wachstum mit Schranke 100
Aus $B(1) = B(0) + k \cdot (100 - B(0))$ *folgt:*

$B(1) - B(0) = k \cdot (100 - B(0))$

$k = \dfrac{B(1) - B(0)}{100 - B(0)}$

$k = \dfrac{44 - 20}{100 - 20}$

$k = \dfrac{24}{80}$

$k = 0{,}3$

Daher:

$B(2) = B(1) + 0{,}3 \cdot (100 - B(1))$

$B(2) = 44 + 0{,}3 \cdot (100 - 44)$

$B(2) = 60{,}8$

$B(3) = B(2) + 0{,}3 \cdot (100 - B(2))$

$B(3) = 60{,}8 + 0{,}3 \cdot (100 - 60{,}8)$

$B(3) = 72{,}56$

2 (4 VP)

Aussage	w	f
1. Je länger die Beobachtungszeit ist, desto größer ist die Pilzmasse.	X	
2. In jeder Stunde nimmt die Masse um 1,2 Prozent zu.		X
3. Bei Beobachtungsbeginn ist die Pilzmasse 0,05 Gramm.	X	
4. Nach zwei Stunden ist mehr als doppelt soviel Pilzmasse vorhanden wie nach einer Stunde.		X
5. Der Zuwachs der Masse je Stunde beträgt 0,006 Gramm.		X
6. Eine Stunde nach Beobachtungsbeginn ist die Pilzmasse 0,056 Gramm.	X	
7. Die absolute Änderung der Pilzmasse mit der Zeit bleibt immer gleich.		X
8. Die prozentuale Änderung der Pilzmasse ist konstant.	X	

Begründungen
Es handelt sich um exponentielles Wachstum mit dem Anfangsbestand B(0) = 0,05 und dem Wachstumsfaktor k = 1,12.
1. *Da der Wachstumsfaktor größer als 1 ist, wächst B(n) streng monoton mit der Anzahl n der Zeitschritte.*
   Die Aussage ist wahr.
2. *Wegen B(1) = B(0)·1,12 beträgt die Zunahme 12% je Stunde.*
   Die Aussage ist daher falsch.
3. *Für n = 0 ergibt sich*
   B(0) = 0,05·1,12⁰ = 0,05·1.
   Der Anfangsbestand B(0) ist 0,05.
   Die Aussage ist wahr.
4. *Es gilt: B(2) = B(0)·1,12² = B(0)·1,2544*
   B(1) = B(0)·1,12¹ = B(0)·1,12
   Daher: B(2) < 2·B(1)
   Die Aussage ist falsch.
5. *Der Zuwachs der Masse ist bei exponentiellem Wachstum nicht für jeden Zeitschritt konstant.*
   Die Aussage ist falsch.
6. *Es gilt: B(1) = B(0)·1,12¹ = 0,05·1,12 = 0,056.*
   Die Aussage ist wahr.
7. *Die absolute Änderung des Bestands ist bei exponentiellem Wachstum nicht konstant (vergleiche 4.).*
   Die Aussage ist falsch.
8. *Die prozentuale Änderung der Pilzmasse ist konstant und zwar eine Zunahme um 12% je Stunde (vergleiche 2.).*
   Die Aussage ist wahr.

3 (2 + 2 + 2 + 3 VP)

a) Gesetz für die Luftdruckabnahme
Da der Luftdruck in Bodennähe beim Höhenunterschied von jeweils 8 m um den konstanten Wert 1 mbar abnimmt, liegt lineares Wachstum vor. Das Wachstumsgesetz hat daher folgende Form:

$$p(h) = p(0) - \tfrac{1}{8} \cdot h$$

$$p(h) = 1013 - \tfrac{1}{8} \cdot h$$

h ist die Maßzahl der in Metern gemessenen Höhe, p(h) ist die Maßzahl des in Millibar gemessenen Drucks in der Höhe h Meter.

Luftdruck in 1200 m Höhe
Für h = 1200 folgt:
$$p(1200) = 1013 - \tfrac{1}{8} \cdot 1200$$
$$p(1200) = 1013 - 150$$
$$p(1200) = 863$$
In 1200 m Höhe erwartet man den Luftdruck 863 mbar.

b) Höhenunterschied
Die beiden Orte mögen auf den Höhen h_1 Meter und h_2 Meter liegen. Dann gilt:
$$p(h_1) = 1013 - \tfrac{1}{8} \cdot h_1$$
$$p(h_2) = 1013 - \tfrac{1}{8} \cdot h_2$$
Daraus erhält man:
$$\tfrac{1}{8} \cdot h_1 = 1013 - p(h_1)$$
$$h_1 = 8 \cdot (1013 - p(h_1))$$
$$h_1 = 8 \cdot (1013 - 960)$$
$$h_1 = 424$$
$$\tfrac{1}{8} \cdot h_2 = 1013 - p(h_2)$$
$$h_2 = 8 \cdot (1013 - p(h_2))$$
$$h_2 = 8 \cdot (1013 - 984)$$
$$h_2 = 232$$
Daher:
$$\Delta h = h_1 - h_2$$
$$\Delta h = 424 - 232$$
$$\Delta h = 192$$
Der Höhenunterschied der beiden Orte beträgt 192 m.

c) Modellkritik
Mit dem Gesetz $p(h) = p(0) - \tfrac{1}{8} \cdot h = 1013 - \tfrac{1}{8} \cdot h$ lässt sich berechnen, in welcher Höhe der Luftdruck auf 0 Millibar abgenommen hätte:

$$0 = 1013 - \tfrac{1}{8} \cdot h$$
$$\tfrac{1}{8} \cdot h = 1013$$
$$h = 8104$$

Der Luftdruck wäre beim verwendeten linearen Modell in 8104 m Höhe auf 0 mbar gesunken. Da dies in Wirklichkeit nicht der Fall ist, muss das verwendete

Modell wenigstens einen entscheidenden Fehler für größere Höhen haben. Dieser Fehler kann nur in der Annahme einer linearen Luftdruckabnahme liegen.

Bemerkung
Bei der Annahme einer linearen Abnahme wird davon ausgegangen, dass eine Luftsäule der Höhe 8 m einen Druck von 1 mbar erzeugt, unabhängig davon, in welcher Höhe sich diese Luftsäule befindet.
Der Luftdruck kommt durch das Gewicht der übereinanderliegenden Luftschichten zustande. Die tiefer liegenden Schichten werden durch darüber liegende zusammengepresst. Aus diesem Grund besitzen sie eine größere Luftdichte als weiter oben liegende Schichten. Darum übt eine Luftsäule der Höhe 8 m am Erdboden einen größeren Druck aus als in großer Höhe.

d) Wachstumsgesetz für den Luftdruck
Nach jeweils 5,5 km nimmt der Luftdruck auf die Hälfte des vorherigen Wertes ab. Damit liegt nun eine exponentielle Druckabnahme vor.
Es gilt:

$p(h) = p(0) \cdot \left(\frac{1}{2}\right)^{\frac{1}{5500} \cdot h}$

$p(h) = 1013 \cdot \left(\frac{1}{2}\right)^{\frac{1}{5500} \cdot h}$

h ist die Maßzahl der in Metern gemessenen Höhe, p(h) ist die Maßzahl des in Millibar gemessenen Drucks in der Höhe h Meter.

Luftdruck in 1200 m Höhe
Mit dem angegebenen Gesetz folgt:

$p(1200) = 1013 \cdot \left(\frac{1}{2}\right)^{\frac{1}{5500} \cdot 1200}$

$p(1200) = 870,823\ldots$

Der Luftdruck in 1200 m Höhe beträgt etwa 870 mbar.

Höhe mit dem Luftdruck 400 mbar
Nun gilt für die Maßzahl h dieser Höhe:

$400 = 1013 \cdot \left(\frac{1}{2}\right)^{\frac{1}{5500} \cdot h}$

$\frac{400}{1013} = \left(\frac{1}{2}\right)^{\frac{1}{5500} \cdot h}$

$\log_{10}\left(\frac{400}{1013}\right) = \log_{10}\left(\left(\frac{1}{2}\right)^{\frac{1}{5500} \cdot h}\right)$

$\log_{10}\left(\frac{400}{1013}\right) = \frac{1}{5500} \cdot h \cdot \log_{10}\left(\frac{1}{2}\right)$

$h = \left(5500 \cdot \log_{10}\left(\frac{400}{1013}\right)\right) : \log_{10}\left(\frac{1}{2}\right)$

$h = 7373,092\ldots$

Der Luftdruck hat in etwa 7400 m Höhe auf 400 mbar abgenommen.

4 (1 + 3 + 3 VP)
a) Auf Grund des angegebenen physikalischen Gesetzes gilt: B(n + 1) − B(n) = k · (S − B(n))
Dabei bedeutet n die Anzahl der Zeitschritte (hier: Stunden), B(n) die Maßzahl der in °C gemessenen Temperatur der Flüssigkeit nach n Zeitschritten, S die Maßzahl der Schranke der Temperatur in °C (hier: S = 20). Somit liegt beschränktes Wachstum vor.

b) Rekursionsformel
Für die Thermoskanne des Herstellers Abele gilt bei der Anfangstemperatur 95°C:
B(n + 1) = B(n) + k · (20 − B(n)), n ∈ ℕ
  B(0) = 95
Die Schrittweite ist eine Stunde.
Wegen B(1) = 90 erhält man daraus k:
    B(1) = B(0) + k · (20 − B(0))
  B(1) − B(0) = k · (20 − B(0))
    $k = \frac{B(1) - B(0)}{20 - B(0)}$
    $k = \frac{90 - 95}{20 - 95}$
    $k = \frac{1}{15}$
Somit lautet die Rekursionsformel:
B(n + 1) = B(n) + $\frac{1}{15}$ · (20 − B(0)), n ∈ ℕ
  B(0) = 95
Jeder Zeitschritt entspricht einer Stunde.

Wertetabelle
Mit dem GTR erzeugt man die Wertetabelle bis n = 24. Die Werte sind auf null Nachkommastellen gerundet.

n	0	1	2	3	4	5	6	7	8	24
B(n)	95	90	85	81	77	73	70	66	63	34

c) Rekursionsformel
Für die Thermoskanne des Herstellers Behrendt gilt bei der Anfangstemperatur 95°C:
B(n + 1) = B(n) + k · (20 − B(n)), n ∈ ℕ
  B(0) = 95
Die Schrittweite ist acht Stunden.
Wegen B(1) = 65 erhält man daraus k:
    B(1) = B(0) + k · (20 − B(0))
  B(1) − B(0) = k · (20 − B(0))
    $k = \frac{B(1) - B(0)}{20 - B(0)}$
    $k = \frac{65 - 95}{20 - 95}$
    $k = 0,4$
Somit lautet die Rekursionsformel:
B(n + 1) = B(n) + 0,4 · (20 − B(0)), n ∈ ℕ
  B(0) = 95
Jeder Zeitschritt entspricht acht Stunden.

Wertetabelle

Mit dem GTR erzeugt man die Wertetabelle bis n = 3 (d.h. bis 24 Stunden). Die Werte sind auf null Nachkommastellen gerundet.

n	0	1	2	3
B(n)	95	65	47	36

Die Thermoskanne des Herstellers Behrendt lässt nach 24 Stunden noch eine Flüssigkeitstemperatur von etwa 36°C erwarten, die des Herstellers Abele eine Temperatur von etwa 34°C. Die beiden Thermoskannen sind daher wohl etwa gleichwertig.

Vorgehensweise mit dem GTR
Mit dem GTR lässt sich die Rekursionsformel eingeben und die Liste der Folgeglieder berechnen.

GTR	
$\boxed{\text{MODE}}$-Taste	Menüpunkt Seq Auswahl des Graphikmodus
$\boxed{\text{Y=}}$-Taste	kleinste Folgegliednummer eingeben: nMin = 0 Rekursionsformel eingeben: u(n) = u(n − 1) + (1/15)*(20-u(n − 1)) Startwert 95 festlegen: u(nMin) = 95
$\boxed{\text{TABLE}}$-Taste	Wertetabelle erscheint: | n	u(n)
1	90
2	85,333
3	80,978
4	76,913
5	73,118
6	69,577
7	66,272
8	63,187 | Mit der Cursor-Taste nach unten können weitere Werte abgelesen werden.
$\boxed{\text{WINDOW}}$-Taste	kleinste Folgegliednummer eingeben: nMin = 0 größte Folgegliednummer eingeben: nMax = 8 Zeichenbereich festlegen: x_{min} = 0 x_{max} = 8 y_{min} = 0 y_{max} = 100
$\boxed{\text{GRAPH}}$-Taste	Damit erzeugt man das Schaubild (Punktfolge).

Dabei ist zu beachten:
1. Die Rekursionsformel muss gegebenenfalls umgeschrieben werden.
Aus $B(n + 1) = B(n) + \frac{1}{15} \cdot (20 − B(n))$ mit $B(0) = 95$ wird $B(n) = B(n − 1) + \frac{1}{15} \cdot (20 − B(n − 1))$ mit $B(1) = 95$.
2. Den Folgenamen u erhält man mit der Zweitbelegung der Taste für die Zahl 7.
3. Die Variable n erhält man durch Drücken der Taste $\boxed{\text{x,T,θ,n}}$.
Bei der Lösung von Teilaufgabe c) muss die Rekursionsformel aus Teilaufgabe b) nur an einer Stelle abgeändert werden.

Klassenarbeit 4.4

1 (2 + 2 + 3 VP)
a) Bestandsänderung 1, Explizite Beschreibung
Der Anfangsbestand wächst in jedem Zeitschritt um 4 Einheiten. Daher handelt es sich um lineares Wachstum.
Folglich gilt: $B(n) = 100 + 4 \cdot n$, $n \in \mathbb{N}$.

Bestandsänderung 2, Rekursive Beschreibung
Der Anfangsbestand nimmt in jedem Zeitschritt um 3 Einheiten ab. Daher handelt es sich um lineares Wachstum.
Folglich gilt: $B(n + 1) = B(n) - 3$, $n \in \mathbb{N}$, $B(0) = 100$

b) Bestandsänderung 3, Bestimmung von p
Es wird exponentielles Wachstum vorausgesetzt.
Mit $B(n) = B(0) \cdot (1 + p)^n$ erhält man:
$$B(1) = B(0) \cdot (1 + p)^1$$
$$B(0) + 40 = B(0) \cdot (1 + p)$$
$$140 = 100 \cdot (1 + p)$$
$$1{,}4 = 1 + p$$
$$p = 0{,}4$$
Bestimmung des Tabellenwerts
Mit $B(n) = 100 \cdot 1{,}4^n$, $n \in \mathbb{N}$, erhält man:
$B(3) = 100 \cdot 1{,}4^3$
$B(3) \approx 274$
$B(2) = 100 \cdot 1{,}4^2$
$B(2) = 196$
Für die Bestandsänderung beim dritten Zeitschritt ergibt sich daher:
$\Delta B = B(3) - B(2)$
$\Delta B = 274 - 196$
$\Delta B = 78$

c) Bestandsänderung 4, Rekursive Beschreibung
Bestandsentwicklung

Zeitschritt	0	1	2	3	4	5
Bestand	100	80	64	51	41	33

Man erkennt:
$\frac{B(1)}{B(0)} = \frac{80}{100} = 0{,}8$
$\frac{B(2)}{B(1)} = \frac{64}{80} = 0{,}8$
$\frac{B(3)}{B(2)} = \frac{51}{64} \approx 0{,}7969$
$\frac{B(4)}{B(3)} = \frac{41}{51} \approx 0{,}8039$
$\frac{B(5)}{B(4)} = \frac{33}{41} \approx 0{,}8049$
Der Quotient aufeinanderfolgender Bestände ist (näherungsweise) konstant. Somit liegt exponentielles Wachstum vor. Der Wachstumsfaktor ist $k = 0{,}8$.

Die rekursive Beschreibung lautet:
$B(n + 1) = 0{,}8 \cdot B(n)$, $n \in \mathbb{N}$, $B(0) = 100$

2 (3 + 2 VP)
a) Rekursive Beschreibung
Die anfängliche nicht angemalte Quadratfläche bedeute den Anfangsbestand $B(0) = a^2$.
Beim ersten Färbevorgang wird $\frac{1}{9}$ der Fläche gefärbt. Nicht angemalt sind daher $\frac{8}{9}$ der Quadratfläche. Somit gilt: $B(1) = \frac{8}{9} \cdot B(0)$.
Beim zweiten Färbevorgang werden $\frac{8}{9}$ der bisher nicht angemalten Fläche angemalt (entsprechend den acht kleinen Quadraten). Nicht angemalt sind also: $B(2) = \frac{8}{9} \cdot B(1)$.
Diese Überlegung lässt sich fortführen. Für den n-ten Färbevorgang gilt also:
$B(n) = \frac{8}{9} \cdot B(n - 1)$, $n \in \mathbb{N}$, $n \geq 1$, $B(0) = a^2$

Größe der nicht angemalten Fläche
Mit dieser rekursiven Beschreibung erhält man:
$B(6) = \left(\frac{8}{9}\right) \cdot B(5)$
$B(6) = \left(\frac{8}{9}\right)^2 \cdot B(4)$
$B(6) = \left(\frac{8}{9}\right)^3 \cdot B(3)$
$B(6) = \left(\frac{8}{9}\right)^4 \cdot B(2)$
$B(6) = \left(\frac{8}{9}\right)^5 \cdot B(1)$
$B(6) = \left(\frac{8}{9}\right)^6 \cdot B(0)$
$B(6) = \left(\frac{8}{9}\right)^6 \cdot a^2$ $(\approx 0{,}4933 \cdot a^2)$

b) Bestimmung der Nummer des Färbevorgangs
Es soll gelten: $B(n) < 10^{-6} \cdot a^2$
Folglich:
$$\left(\tfrac{8}{9}\right)^n \cdot a^2 < 10^{-6} \cdot a^2$$
$$\left(\tfrac{8}{9}\right)^n < 10^{-6}$$
$$\log_{10}\left(\tfrac{8}{9}\right)^n < \log_{10}(10^{-6})$$
$$n \cdot \log_{10}\left(\tfrac{8}{9}\right) < -6$$
$$n > \frac{-6}{\log_{10}\left(\tfrac{8}{9}\right)}$$
$$n > 117{,}296\ldots$$
Die nicht angemalte Fläche wird kleiner als $10^{-6} \cdot a^2$, wenn man $n > 117$ wählt.

Zur Erinnerung:
Wenn man beide Seiten einer Ungleichung durch eine negative Zahl dividiert, muss man das Kleinerzeichen durch das Größerzeichen ersetzen (und umgekehrt).
Beispiel: $-2 < -1$ $\quad | :(-2)$
$$1 > \tfrac{1}{2}$$

3 (5 VP)

Bestimmung der jährlichen Änderung

Der jährliche Zuwachs besteht aus dem Zins auf das Kapital zum jeweiligen Jahresende. Dieses Kapital am Ende des n-ten Jahres wird mit B(n) bezeichnet. Der Zuwachs beträgt dann $\frac{5}{100} \cdot B(n)$.

Die jährliche Abnahme am Jahresanfang (also nach der Zinszahlung für das Vorjahr) beträgt konstant 8000,00 €.

Die jährliche Änderung beträgt demzufolge $\frac{5}{100} \cdot B(n)$ – 8000,00 €. Diese Änderung ist nicht konstant. Daher liegt kein lineares Wachstum vor. Die Änderung ist aber auch nicht proportional zum jeweiligen Bestand. Folglich liegt auch kein exponentielles Wachstum vor.

Die Berechnung der Bestandsentwicklung kann also nur rekursiv erfolgen.

Rekursive Beschreibung

Es gilt:

$B(n + 1) = B(n) + \frac{5}{100} \cdot B(n)$ – 8000,00 €,

B(0) = 90 000,00 €

B(n + 1) = 1,05 · B(n) – 8000,00 €,

B(0) = 90 000,00 €

Bestandsentwicklung mit dem GTR

Mit der MODE -Taste stellt man den Menüpunkt „Seq" ein. Drücken der Y= -Taste erlaubt die Eingabe der Rekursionsformel in der Form
u(n) = u(n – 1) · 1,05 – 8000. Der Startwert ist u(nMin) = 90 000. Mit TABLE erhält man die Wertetabelle.

Anzahl der Jahre seit Anlagebeginn	Bestand B(n) nach n Jahren
0	90 000,00 €
1	86 500,00 €
2	82 825,00 €
3	78 966,25 €
4	74 914,56 €
5	70 660,29 €
6	66 193,30 €
7	61 502,97 €
8	56 578,12 €
9	**51 407,02 €**
10	45 977,37 €

Neun Jahre nach Anlagebeginn sind noch 51 407,02 € auf dem Sparkonto. Im folgenden Jahr würde der gewünschte Notgroschen angetastet werden. Somit kann die Rente neun Jahre lang auf die angegebene Weise aufgebessert werden.

4 (4 + 3 VP)

a) Modellierung

Es wird logistisches Wachstum vorausgesetzt. Die Modellgleichung lautet:

B(n + 1) = B(n) + k · B(n) · (S – B(n)), n ∈ ℕ.

Als Zeitschritt wird jeweils eine Woche gewählt. Die Schranke ist S = 6. Die Bestandswerte bedeuten die Maßzahlen der in Metern gemessenen Durchschnittshöhen der Pflanzen. Für die Bestimmung von k werden die beiden ersten Tabellenwerte benutzt:

B(1) = B(0) + k · B(0) · (S – B(0))

0,81 = 0,60 + k · 0,60 · (6 – 0,60)

0,21 = k · 0,6 · 5,4

$\quad$ k = $\frac{0,21}{0,6 \cdot 5,4}$

$\quad$ k = 0,064814...

$\quad$ k ≈ 0,065

Damit ist die Modellgleichung bestimmt:

B(n + 1) = B(n) + 0,065 · B(n) · (6 – B(n)), n ∈ ℕ,

B(0) = 0,60

Berechnung der fehlenden Tabellenwerte mit dem GTR

Mit der MODE -Taste stellt man den Menüpunkt Seq ein. Drücken der Y= -Taste erlaubt die Eingabe der Rekursionsformel in der Form

u(n) = u(n – 1) + 0,065 · u(n – 1) · (6 – u(n – 1)).

Der Startwert ist u(nMin) = 0,6. Mit TABLE erhält man die Wertetabelle und damit auch die fehlenden Werte für n = 4, n = 5 und n = 16.

Zeit (in Wochen)	Höhe (in m)
0	0,60
1	0,81
2	1,08
3	1,43
4	**1,86**
5	**2,36**
6	2,91
7	3,50
8	4,07
9	4,58
10	5,00
11	5,33
12	5,56
16	**5,93**

Nach vier Wochen sind die Pflanzen durchschnittlich 1,86 m hoch, nach fünf Wochen 2,36 m und nach 16 Wochen mit 5,93 m praktisch ausgewachsen.

b) Wachstumsgeschwindigkeit
Die Wachstumsgeschwindigkeit in einem Zeitintervall von einer Woche ist die Bestandsänderung je Woche.
In der ersten Woche ergibt sich:
$B(1) - B(0) = 0{,}81 - 0{,}60$
$B(1) - B(0) = 0{,}21$
Die Wachstumsgeschwindigkeit ist also $0{,}21 \frac{m}{\text{Woche}}$.
Analog erhält man die Wachstumsgeschwindigkeiten in den folgenden Wochen:

Tabelle

Zeit (in Wochen)	0	1	2	3	4	5	6	7	8	9	10	11	12
Höhe (in m)	0,60	0,81	1,08	1,43	**1,86**	**2,36**	2,91	3,50	4,07	4,58	5,00	5,33	**5,56**
Wachstumsgeschwindigkeit $\left(\text{in } \frac{m}{\text{Woche}}\right)$	0,21	0,27	0,35	0,43	0,50	0,55	0,59	0,57	0,51	0,42	0,33	0,23	0,17

Schaubild

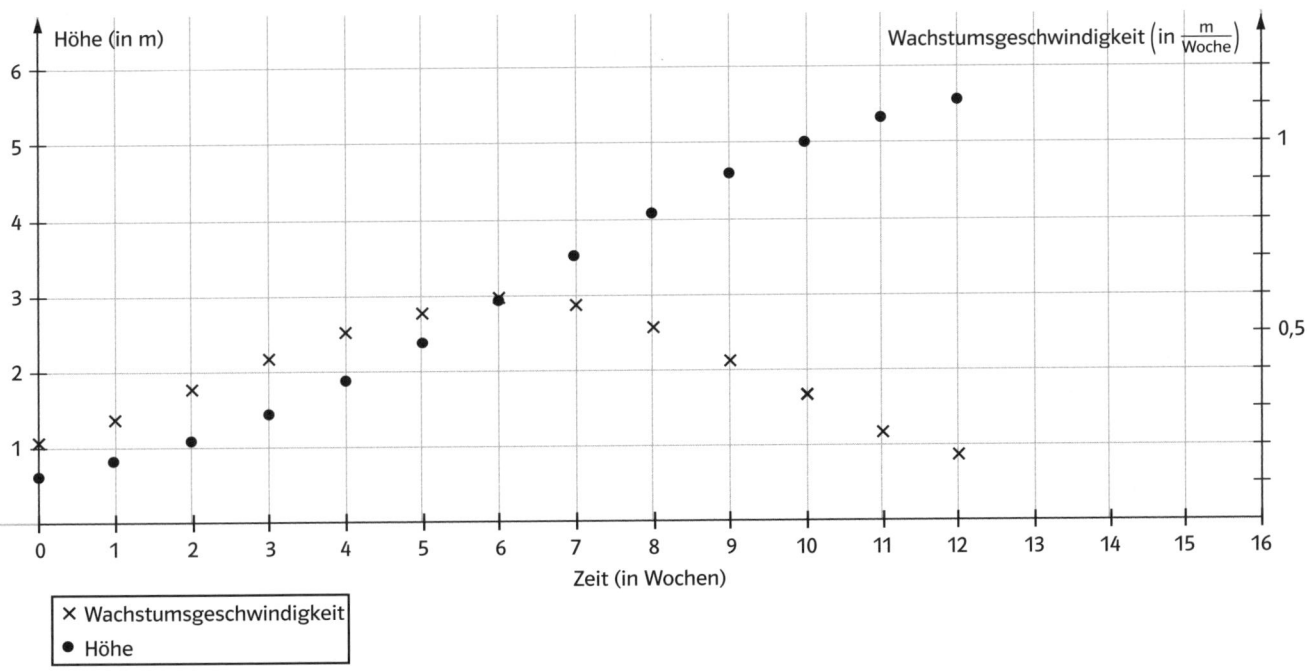

Pinboard – Wahrscheinlichkeit

Ereignisse

Definition	Beispiele
Wenn man die Menge aller möglichen Ergebnisse eines Zufallsexperiments bildet, so heißt diese Menge **Ergebnismenge**. Man bezeichnet sie häufig mit S.	**Würfeln mit einem normalen Spielwürfel** Die Ergebnisse 1; 2; 3; 4; 5; 6 sind möglich. Die Ergebnismenge ist folglich $S = \{1; 2; 3; 4; 5; 6\}$.

Wenn man mögliche Ergebnisse eines Zufallsexperiments zu einer neuen Menge zusammenfasst, dann spricht man von einem **Ereignis**. Ereignisse werden mit Großbuchstaben bezeichnet: A, B, C, ... Ereignisse können in Wortform oder mithilfe von Mengen formuliert werden. Wenn sich bei einem Zufallsexperiment ein Ergebnis aus einem vorher festgelegten Ereignis einstellt, so sagt man, das **Ereignis ist eingetreten**. Anderenfalls sagt man, das Ereignis ist nicht eingetreten.

Die Ergebnismenge selbst wird auch als Ereignis aufgefasst. Man spricht vom **sicheren Ereignis**, da es immer eintritt, gleichgültig wie das Zufallsexperiment ausgeht.

Auch eine Menge, die kein Element enthält oder Elemente enthält, die beim gewählten Zufallsexperiment gar nicht auftreten können, lässt sich als Ereignis auffassen. Man spricht dann vom **unmöglichen Ereignis**, da es nie eintritt, gleichgültig, wie das Zufallsexperiment ausgeht.

Ein Ereignis heißt **Gegenereignis** zu einem Ereignis, wenn es alle Elemente enthält, die nicht zum Ereignis selbst gehören. Das Gegenereignis wird durch einen Querstrich über dem Namen für das Ereignis gekennzeichnet.

Alle Ergebnisse, die in den beiden Ereignissen A **und** B zugleich liegen, bilden das Ereignis A∩B. Die Menge A∩B heißt **Schnittmenge** der Mengen A und B.

Wenn zwei Ereignisse A und B **nicht gleichzeitig** eintreten können (**unvereinbar sind**), so enthält die Schnittmenge kein gemeinsames Element. Es gilt A∩B = { }.

Alle Ergebnisse, die in der Menge A **oder** der Menge B liegen, bilden die Menge A∪B. Die Menge A∪B heißt **Vereinigungsmenge** der Mengen A und B.

Zwei Ereignisse A und B heißen **unabhängig**, wenn gilt:
$p(A\cap B) = p(A)\cdot p(B)$
Anderenfalls heißen A und B abhängig.

Beispiele:

Ereignis A:
Es wird eine ungerade Zahl geworfen.
$A = \{1; 3; 5\}$
Ereignis B:
Es wird 2 oder 4 geworfen.
$B = \{2; 4\}$
Ereignis C:
Es wird eine Zahl größer als 3 geworfen.
$C = \{4; 5; 6\}$
Wird bei einem Wurf die Zahl 4 geworfen, so ist sowohl das Ereignis B als auch das Ereignis C eingetreten, das Ereignis A dagegen nicht.
Ereignis D:
Es wird eine der Zahlen 1, 2, 3, 4, 5 oder 6 geworfen.
$D = \{1; 2; 3; 4; 5; 6\} = S$
D ist ein sicheres Ereignis beim Werfen eines Spielwürfels.

Ereignis E:
Es wird die Zahl 7 geworfen.
$E = \{7\}$
E ein unmögliches Ereignis beim Werfen eines Spielwürfels.

Ereignis F:
Es wird eine Quadratzahl geworfen.
$F = \{1; 4\}$
Gegenereignis $\overline{F}$:
Es wird keine Quadratzahl geworfen.
$\overline{F} = \{2; 3; 4; 5; 6\}$

Wenn $A = \{1; 2; 3; 4\}$ und $B = \{3; 4; 5; 6\}$ gilt, dann folgt: $A\cap B = \{3; 4\}$.

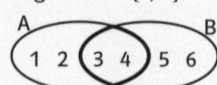

Wenn $A = \{1; 2; 3\}$ und $B = \{4; 5; 6\}$, dann folgt $A\cap B = \{\ \}$, die Ereignisse A und B sind unvereinbar.

Wenn $A = \{1; 2; 3; 4\}$ und $B = \{4; 5; 6\}$ gilt, dann folgt $A\cup B = \{1; 2; 3; 4; 5; 6\}$.

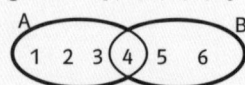

Wenn $A = \{1; 2; 3; 4\}$ und $B = \{3; 4; 5\}$, dann folgt $A\cap B = \{3; 4\}$ und es gilt:
$p(A) = \frac{2}{3}$, $p(B) = \frac{1}{2}$, $p(A\cap B) = \frac{1}{3}$.
A und B sind unabhängig.

Laplace-Experiment

Definition
Wenn bei einem Zufallsexperiment alle Ergebnisse gleich wahrscheinlich sind, dann nennt man dieses Zufallsexperiment ein Laplace-Experiment.

Folgerungen
Wenn bei einem Laplace-Experiment m Ergebnisse möglich sind, dann tritt jedes Ergebnis mit der Wahrscheinlichkeit $\frac{1}{m}$ auf.
Wenn bei einem Laplace-Experiment m Ergebnisse möglich sind und ein zugehöriges Ereignis G genau g Ergebnisse hat, dann tritt dieses Ereignis mit der Wahrscheinlichkeit $p(G) = \frac{g}{m}$ ein.

$$p(G) = \frac{\text{Anzahl der für G „günstigen“ Ergebnisse}}{\text{Anzahl der möglichen Ergebnisse}}$$

Beispiel
Das Werfen einer Münze mit den beiden gleich wahrscheinlichen Ergebnissen „Kopf" oder „Zahl" ist ein Laplace-Experiment.
Es gilt: $p(\text{Kopf}) = p(\text{Zahl}) = \frac{1}{2}$

Gegenbeispiel
Das Werfen eines Reißnagels ist kein Laplace-Experiment, da die beiden möglichen Lagen des Reißnagels nicht gleich wahrscheinlich sind.

Wahrscheinlichkeiten berechnen

Lehrsätze

Sicheres Ereignis
Für jedes sichere Ereignis S gilt: $p(S) = 1$.
Unmögliches Ereignis
Für das unmögliche Ereignis gilt: $p = 0$.
Gegenereignis
Wenn ein Ereignis E mit der Wahrscheinlichkeit $p(E)$ auftritt, dann gilt:
$p(\overline{E}) = 1 - p(E)$.
Additionssatz
Für zwei beliebige Ereignisse A und B gilt:
$p(A\cup B) = p(A) + p(B) - p(A\cap B)$
Spezieller Additionssatz
Für zwei unvereinbare Ereignisse A und B gilt: $p(A\cup B) = p(A) + p(B)$

Beispiel

Würfeln mit einem normalen Spielwürfel
A: Werfen einer Zahl von 1 bis 6 $p(A) = 1$
B: Werfen der Zahl 7 $p(B) = 0$
C: Werfen einer Zahl kleiner als 6
$\overline{C}$: Werfen der Zahl 6
$p(C) = 1 - p(\overline{C}) = 1 - \frac{1}{6} = \frac{5}{6}$
D: Werfen einer Primzahl
E: Werfen einer ungeraden Zahl
$D = \{2; 3; 5\}$, $E = \{1; 3; 5\}$, $D\cap E = \{3; 5\}$
D∪E: Werfen einer Primzahl oder einer ungeraden Zahl
$p(D\cup E) = \frac{1}{2} + \frac{1}{2} - \frac{1}{3} = \frac{2}{3}$

Zufallsvariable – Erwartungswert

Definitionen	Beispiel
Zufallsvariable Unter einer **Zufallsvariablen** versteht man eine Zuordnung, die jedem Ereignis eines Zufallsexperiments eine reelle Zahl als Wahrscheinlichkeit zuordnet. Zufallsvariablen werden häufig mit X bezeichnet. Die Werte der Zufallsvariablen werden dann mit x_1, x_2, x_3, … bezeichnet. **Wahrscheinlichkeitsverteilung** Die zu dieser Zuordnung gehörende Tabelle, die zu jedem der Werte x_1, x_2, x_3, … x_n die entsprechenden Wahrscheinlichkeiten $p(X = x_1)$, $p(X = x_2)$, $p(X = x_3)$, … $p(X = x_n)$ enthält, heißt **Wahrscheinlichkeitsverteilung** der Zufallsvariablen X. **Erwartungswert** Wenn eine Zufallsvariable X die Werte x_1, x_2, x_3, … x_n mit den Wahrscheinlichkeiten $p(X = x_1)$, $p(X = x_2)$, $p(X = x_3)$, … $p(X = x_n)$ annimmt, so heißt die Zahl $E(X) = x_1 \cdot p(X = x_1) + x_2 \cdot p(X = x_2) + … x_n \cdot p(X = x_n)$ der **Erwartungswert** von X.	Ein Spiel wird folgendermaßen festgelegt: Eine Münze mit den Seiten „Kopf" (K) und „Zahl" (Z) wird dreimal geworfen. Für jedes Auftreten von „Kopf" beträgt der Gewinn 1 Punkt. Wie viele Punkte kann ein Spieler auf lange Sicht im Mittel je Spiel erwarten? Die **Zufallsvariable** X bezeichne die Anzahl der Wurfergebnisse „Kopf" je Spiel. Bei drei Würfen je Spiel sind die acht Ereignisse {Z; Z; Z}, {Z; Z; K}, {Z; K; Z}, {Z; K; K}, {K; Z; Z}, {K; Z; K}, {K; K; Z} und {K; K; K} jeweils mit der gleichen Wahrscheinlichkeit $\frac{1}{8}$ zu erwarten.

Wahrscheinlichkeitsverteilung

Ereignis	0-mal K	1-mal K	2-mal K	3-mal K
Gewinn x	0 Punkte	1 Punkt	2 Punkte	3 Punkte
$p(X = x)$	$\frac{1}{8}$	$\frac{3}{8}$	$\frac{3}{8}$	$\frac{1}{8}$

Erwartungswert

$E(X) = \frac{1}{8} \cdot 0 + \frac{3}{8} \cdot 1 + \frac{3}{8} \cdot 2 + \frac{1}{8} \cdot 3 = \frac{3}{2}$

Der Spieler gewinnt im Mittel auf lange Sicht 1,5 Punkte je Spiel.

Wirklich so wahrscheinlich?

Baby, Papa und Opa mit gleichem Geburtstag

Am 6.6. wurde in Israel ein Baby geboren – wie sein Vater und Großvater. Die Zeitung Maariv berichtete über den Drei-Generationen-Geburtstag in der Ortschaft Ajanot. Er sei so wahrscheinlich wie ein doppelter Lottogewinn …

Frankfurter Rundschau, 15.6.2007

Bist du sicher?

1 Ein Glücksrad ist in sechs gleich große Sektoren aufgeteilt, die mit den Zahlen 1, 3, 5, 7, 9, 11 beschriftet sind. Das Glücksrad wird zweimal gedreht und die jeweils erscheinende Zahl notiert. Bestimme die Wahrscheinlichkeiten der folgenden Ereignisse.
a) A: Die Zahl 1 erscheint zweimal.
b) B: Die Zahl 1 erscheint mindestens einmal.
c) C: Beim ersten Drehen erscheint die Zahl 3 und beim zweiten Drehen nicht.
d) D: Beim ersten oder beim zweiten Drehen erscheint die Zahl 5.
e) E: Beim ersten Drehen erscheint mindestens 7 oder beim zweiten Drehen höchstens 3.
f) F: Das Produkt der beiden Zahlen ist eine gerade Zahl.
g) G: Die Summe der beiden Zahlen ist mindestens 18.

2 Aus einer Urne mit roten, grünen und blauen Kugeln wird zufällig eine Kugel gezogen, ihre Farbe notiert und die Kugel dann wieder zurückgelegt. Die Wahrscheinlichkeit für das Ziehen einer roten Kugel ist $\frac{1}{4}$, für das Ziehen einer grünen Kugel $\frac{1}{3}$.
a) Wie groß ist die Wahrscheinlichkeit für das Ziehen einer blauen Kugel?
b) Anton behauptet: „In der Urne sind 60 Kugeln." Hat er Recht?
c) Bernd behauptet: „Es ist wahrscheinlicher, bei zweimaligem Ziehen eine rote und eine grüne Kugel zu ziehen als zwei blaue." Hat er Recht?

3 In der Tabelle ist angegeben, wie viele Jungen bzw. Mädchen einer Schule eine Brille tragen oder nicht.

	Brillenträger	Kein Brillenträger
Junge	125	225
Mädchen	138	232

a) Wie groß ist die Wahrscheinlichkeit, dass die ersten beiden Kinder, die das Schulgebäude verlassen, keine Brille tragen?
b) Wie groß ist die Wahrscheinlichkeit, dass die ersten beiden Kinder Jungen sind, die beide eine Brille tragen?
c) Überprüfe, ob die Merkmale „Geschlecht" und „Brillenträger" unabhängig sind.

4 Von einem gezinkten Würfel weiß man, dass die Augenzahlen 2, 3, 4 und 5 alle mit der gleichen Wahrscheinlichkeit auftreten, die Zahl 1 jedoch im Mittel doppelt so oft, die Zahl 6 halb so oft wie jeder dieser Zahlen auftritt.
Wie groß ist der Erwartungswert für die Augenzahl bei einem Wurf mit diesem Würfel?

Lösungen

1 a) $\frac{1}{36}$ b) $\frac{11}{36}$ c) $\frac{5}{36}$ d) $\frac{11}{36}$ e) $\frac{5}{6}$ f) 0 g) $\frac{1}{6}$ (Von den 36 möglichen Summenbildungen sind 7 + 11, 9 + 9, 9 + 11, 11 + 7, 11 + 9 und 11 + 11 günstig.) **2** a) $\frac{7}{20}$
b) Nein, Anton hat nicht Recht, denn jedes Vielfache von 20 ist ebenfalls möglich. c) $p(r;g) + p(g;r) > p(b;b)$; Bernd hat Recht.
$p(b;b) = \frac{5}{7}$; $p(r;g) + p(g;r) = \frac{49}{400}$ **3** a) $p(\overline{BB}) = \frac{457}{720} \cdot \frac{456}{719} \approx 0,40$ b) $p_1(BB) = \frac{125}{720} \cdot \frac{124}{719} \approx 0,03$ c) Ereignis E: Das ausgewählte Kind ist ein Junge, Ereignis F: Das ausgewählte Kind ist ein Brillenträger;
$p(E) = \frac{350}{720}$, $p(F) = \frac{263}{720}$; $p(E) \cdot p(F) \approx 0,1776$; $p(E \cap F) = \frac{125}{720} \approx 0,1736$, $E \cap F$: Das ausgewählte Kind ist Junge und zugleich Brillenträger; $p(E) \cdot p(F) \neq p(E \cap F)$, daher
sind die Merkmale abhängig. **4** $p(2) = p(3) = p(4) = p(5) = \frac{2}{13}$, $p(1) = \frac{4}{13}$, $p(6) = \frac{1}{13}$; $E(X) = \frac{38}{13} \approx 2,92$

Wahrscheinlichkeit **91**

Anfangszeit: _____ → + 45 Minuten → Abgabe: _____

1 (3 VP)

Aus der Zeitung
Schulwegunfälle bei Radfahrern
Im Landkreis Radstadt fahren täglich etwa
20 000 Schülerinnen und Schüler mit dem
Fahrrad zur Schule. 70 % aller dabei im ver-
gangenen Jahr verunglückten Kinder sind
Jungen. Die Jungen sind also erheblich stärker
gefährdet als die Mädchen.

	verunglückt	nicht verunglückt
Jungen	140	16 200
Mädchen	60	3600

Stimmt die Zeitungsmeldung, dass 70 % aller mit
dem Fahrrad verunglückten Kinder Jungen sind?
Trifft es zu, dass Jungen stärker gefährdet sind als
Mädchen?
Begründe deine Antworten.

2 (4 VP)

Das Glücksrad ist in acht gleich große Sektoren aufgeteilt, die mit
den Ziffern 1 bis 8 beschriftet sind. Das Glücksrad wird zweimal
gedreht.
Berechne die Wahrscheinlichkeiten der folgenden Ereignisse.
A: Man erhält zwei Quadratzahlen.
B: Man erhält zweimal eine ungerade Zahl und keine Quadratzahl.
C: Man erhält zweimal eine gerade Zahl oder eine Quadratzahl.
D: Man erhält zweimal eine Zahl kleiner als 7 und größer als 3.

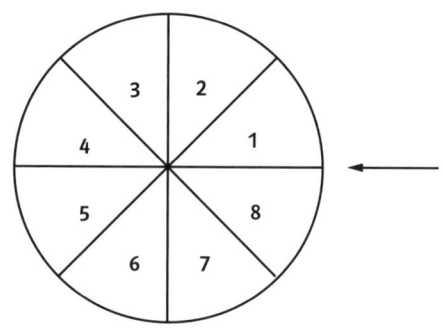

3 (3 + 2 VP)

a) Bei der folgenden Wahrscheinlichkeitsverteilung
der Zufallsvariablen X mit den Werten a soll der Erwartungswert 0,5 sein. Ergänze die Tabelle.

b) Für welche Werte der Zufallsvariablen X mit den
Werten b bei der folgenden Wahrscheinlichkeitsverteilung ergibt sich ein negativer Erwartungswert?

a	−2		1	2	3
$p(X = a)$	$\frac{1}{3}$	$\frac{1}{4}$	$\frac{1}{6}$	$\frac{1}{8}$	

b	4	−1	6	2	
$p(X = b)$	0,1	0,2	0,3	0,2	0,2

4 (3 + 3 VP)

Die Wahrscheinlichkeit für die Geburt eines Mädchens ist etwa genau so groß wie die für die Geburt eines
Jungen, also $p(M) = p(J) = \frac{1}{2}$.
Für eine Familie mit Kindern werden die Ereignisse A und B betrachtet.
A: Die Familie hat höchstens ein Mädchen.
B: Die Familie hat Kinder beiderlei Geschlechts.
a) Zeige, dass in Familien mit zwei Kindern die Ereignisse A und B abhängig sind.
b) Untersuche, ob die Ereignisse A und B in Familien mit drei Kindern abhängig sind.

5 (3 + 3 VP)

Für ein Schulfest werden 1000 Lose vorbereitet, von denen 800 Nieten sind, 198 Lose Kleinpreise und zwei
Lose Hauptpreise gewinnen. Die Lose werden in einer Lostrommel gut gemischt zum Verkauf angeboten.
Daniel kauft als Erster zwei Lose.
a) Zeichne für dieses Zufallsexperiment ein vollständiges Baumdiagramm.
b) Mit welcher Wahrscheinlichkeit hat Daniel zwei Nieten gezogen?
Wie wahrscheinlich ist es, dass er wenigstens einen Kleinpreis, aber keinen Hauptpreis gezogen hat?
Wie groß ist die Wahrscheinlichkeit dafür, keinen Kleinpreis zu gewinnen?

Anfangszeit: _____   + 45 Minuten →   Abgabe: _____

1 (2 + 2 + 2 VP)
In einer Urne sind zwei rote und eine grüne Kugel. Es werden zwei Kugeln entnommen.
a) Berechne die Wahrscheinlichkeiten der folgenden Ereignisse.
A: Die beiden Kugeln haben gleiche Farbe.
B: Die beiden Kugeln haben verschiedene Farben.
b) Kann man durch Hinzufügen entweder einer roten oder einer grünen Kugel erreichen, dass die Ereignisse A und B gleich wahrscheinlich sind?
c) Zeige: Unabhängig davon, wie viele blaue Kugeln man in die Urne zusätzlich hineinlegt, ist die Wahrscheinlichkeit dafür, zwei rote oder zwei grüne Kugeln zu ziehen, halb so groß wie die Wahrscheinlichkeit dafür, eine rote und eine grüne Kugel zu ziehen.

2 (6 VP)
Der Cola-Automat in der Mensa ist defekt. Nach dem Geldeinwurf kommt in 80 % aller Fälle ein Becher, in 30 % aller Fälle kommt ein Becher aber kein Cola, in 5 % aller Fälle kommen weder Becher noch Cola.
Zeichne ein Baumdiagramm.
Berechne die Wahrscheinlichkeiten für die folgenden Ereignisse:
D: Es kommt kein Becher.
E: Es kommt kein Cola.
F: Es kommt kein Becher, aber Cola.
G: Es kommt ein Becher und Cola.

3 (3 + 2 + 2 VP)
Dein Mathematiklehrer bietet dir ein Würfelspiel mit einem fairen Spielwürfel an. Du kannst zwischen drei verschiedenen Gewinnplänen wählen. Du gewinnst oder verlierst den in der Tabelle angegebenen Betrag, wenn du die in der ersten Zeile angegebene Zahl wirfst.

	1	2	3	4	5	6
Gewinnplan 1	Gewinn 10 ct	Gewinn 2 ct	Verlust 3 ct	Verlust 4 ct	Verlust 5 ct	Verlust 6 ct
Gewinnplan 2	Verlust 3 ct	Verlust 3 ct	Gewinn 6 ct	Gewinn 6 ct	Verlust 3 ct	Verlust 3 ct
Gewinnplan 3	Gewinn 12 ct	Verlust 5 ct	Verlust 4 ct	Verlust 4 ct	Verlust 5 ct	Gewinn 12 ct

a) Welchen Gewinnplan wirst du wählen, wenn du auf einen Gewinn bedacht bist?
Wie viel gewinnst du wohl auf lange Sicht im Mittel je Spiel?
b) Wie müsste beim dritten Gewinnplan der Gewinn für das Werfen der „1" verändert werden, damit es für dich und den Mathematiklehrer ein faires Spiel wird?
c) Erstelle nun einen vierten Gewinnplan für ein faires Spiel, bei dem drei Gewinn- und drei Verlustsituationen vorkommen und alle Geldbeträge verschieden sind.

4 (5 VP)
Knobelix und Knobelinchen spielen folgendes Spiel. Jeder erzeugt mit seinem Rechner eine Zufallszahl zwischen 0 und 1. Dann bilden sie die Summe dieser beiden Zahlen x und y und runden diese Summe auf null Nachkommastellen. Knobelix gewinnt, wenn das Ergebnis 0 oder 2 ist. Anderenfalls gewinnt Knobelinchen.
Die Theorie sagt, dass Knobelix mit der Wahrscheinlichkeit $\frac{1}{4}$ gewinnt.
Prüfe dies durch eine Simulation mit 400 Spielen auf deinem Rechner nach.

Anfangszeit: _____ → + 45 Minuten Abgabe: _____

1 (3 + 2 VP)

Ein roter und ein grüner Würfel werden gleichzeitig geworfen. Die dabei auftretenden Augenzahlpaare (r|g) werden durch Punkte im Koordinatensystem markiert. Die Abbildungen beschreiben die Ereignisse A, B und C.

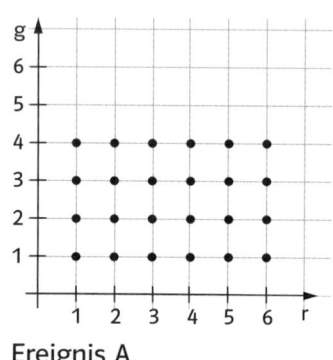
Ereignis A

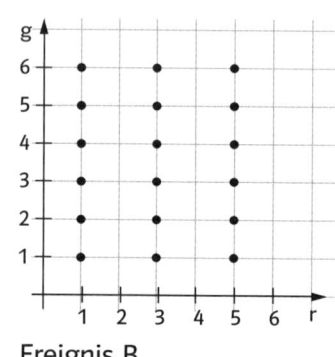
Ereignis B

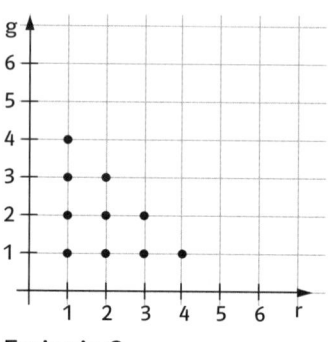
Ereignis C

a) Beschreibe in Worten die Ereignisse A, B und C.
Gib die Wahrscheinlichkeiten $p(A)$, $p(B)$ und $p(C)$ an.
b) Beschreibe in Worten die Ereignisse $A \cap B$ und $A \cap C$.
Sind die Ereignisse A und B bzw. A und C unabhängig?

2 (3 + 3 VP)

a) In einer Urne liegen vier rote und drei grüne Kugeln. Es werden zwei Kugeln nacheinander und ohne Zurücklegen gezogen.
Berechne die Wahrscheinlichkeiten der folgenden Ereignisse.
A: Beide Kugeln sind rot.
B: Die erste Kugel ist rot und die zweite Kugel ist grün.
C: Die zweite Kugel ist rot.
D: Wenigstens eine Kugel ist grün.
b) In einer Urne liegen vier rote und eine unbekannte Anzahl grüne Kugeln.
Es werden zwei Kugeln nacheinander und ohne Zurücklegen gezogen.
Die Wahrscheinlichkeit dafür, dass zuerst eine rote und dann eine grüne Kugel gezogen wird, ist $\frac{5}{18}$.
Wie viele grüne Kugeln sind in der Urne?

3 (3 + 3 + 1 VP)

Ein Würfel wird so lange geworfen, bis die Augensumme mindestens 4 beträgt.
a) Zeichne ein geeignetes Baumdiagramm.
b) Bestimme die Wahrscheinlichkeitsverteilung für die Zufallsvariable „Wurfanzahl X" mit den Werten $x_1 = 1$, $x_2 = 2$, $x_3 = 3$ und $x_4 = 4$.
c) Wie viele Würfe braucht man dazu im Mittel?

4 (6 VP)

Thomas kennt noch keine Möglichkeit, die getönte Fläche „unter" der Parabel mit der Gleichung $f(x) = x^2$ zu berechnen. Er vermutet jedoch, dass die getönte Fläche ein Drittel der Quadratfläche ausmacht.
Überprüfe durch eine Simulation, ob Thomas Recht haben kann.

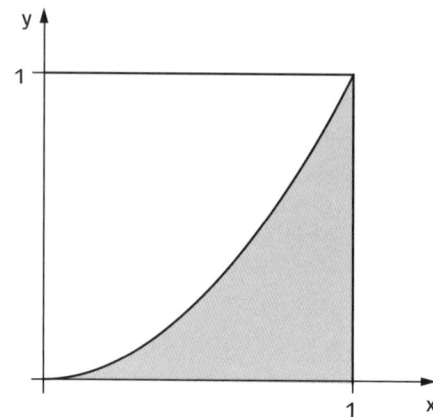

1 (5 VP)
Pia wirft zweimal einen gewöhnlichen Spielwürfel.
Berechne die Wahrscheinlichkeiten der folgenden Ereignisse.
A: Es wird zweimal die „6" geworfen.
B: Es wird keine „6" geworfen.
C: Der erste Wurf ist „1" und das zweite Wurfergebnis ist eine gerade Zahl.
D: Der erste Wurf ist „1" oder der zweite Wurf ist „6".
E: Das erste Wurfergebnis ist eine gerade Zahl oder das zweite Wurfergebnis ist eine gerade Zahl.

2 (4 + 3 VP)
Die Klasse 9a betreibt beim Schulfest einen Glücksspielautomaten mit drei Rädern.

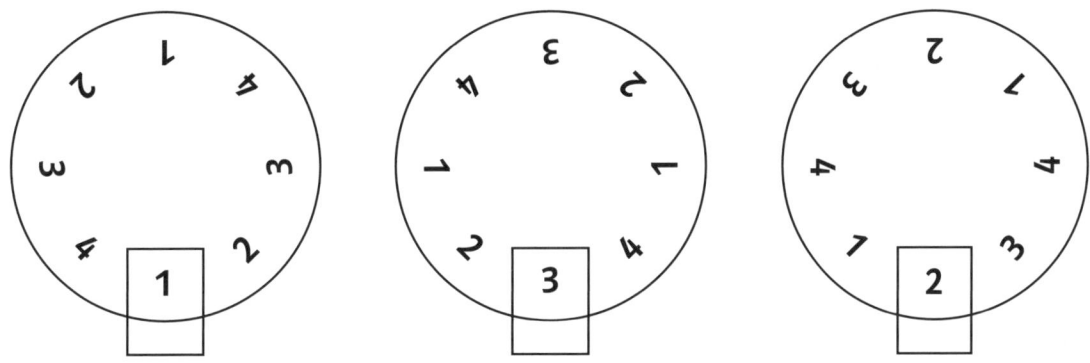

Der Einsatz beträgt je Spiel 1 €. Wenn alle drei Räder die gleiche Zahl anzeigen, dann zahlt der Automat den entsprechenden Betrag als Gewinn an den Spieler aus. Die Anzeige (1; 1; 1) ergibt die Auszahlung 1 €, (2; 2; 2) ergibt Auszahlung 2 €, (3; 3; 3) ergibt Auszahlung 3 €, (4; 4; 4) ergibt Auszahlung 4 €. In allen anderen Fällen gibt es keine Auszahlung für den Spieler.
a) Mit welchem Gewinn kann die Klasse im Mittel rechnen?
b) Der „Chefmathematiker" der Klasse behauptet: „Wenn wir auf dem rechten Glücksrad eine „1" durch eine „4" ersetzen, schmälern wir unseren Gewinn praktisch nicht, obwohl es für einen Spieler wesentlich erfolgversprechender scheint zu gewinnen!"
Beurteile diese Behauptung,

3 (3 + 1 + 2 VP)
Bei einem Geschicklichkeitsspiel gewinnt Alexandra gegen Tobias erfahrungsgemäß mit der Wahrscheinlichkeit p. Beide vereinbaren jetzt folgende Regel für ein solches Spiel mit mehreren Runden:
Wer zwei Runden nacheinander gewonnen hat, der hat das Spiel gewonnen.
a) Weise nach, dass Alexandra mit der Wahrscheinlichkeit $s = 3p^2 - 2p^3$ das Spiel gewinnt.
b) Angenommen, Alexandra und Tobias sind gleich geschickt. Trifft es zu, dass dann jeder der beiden mit der gleichen Wahrscheinlichkeit das Spiel gewinnt?
c) Bei einer großen Zahl von Spielen hat Alexandra in drei Viertel aller Fälle gesiegt. Bestimme damit ihre Gewinnwahrscheinlichkeit p.

4 (6 VP)
Die Anzahl der Lösungen einer quadratischen Gleichung der Form $x^2 + bx + c = 0$ hängt bekanntlich von der Diskriminante $D = b^2 - 4c$ ab. Wenn D > 0, dann gibt es zwei Lösungen, wenn D = 0, dann gibt es eine Lösung und wenn D < 0, dann hat die quadratische Gleichung keine Lösung.
Max Schlaumaier behauptet: „Wenn ich für b und c zufällig Zahlen zwischen 0 und 1 auswähle, dann hat die quadratische Gleichung nur in etwa 8 % aller Fälle zwei Lösungen."
Kann das sein? Führe eine Simulation durch.

Klassenarbeit 5.1

1 (3 VP)
Anteil der Jungen an den Verunglückten
Es sind insgesamt 200 Kinder verunglückt. 140 dieser Kinder sind Jungen. Demnach beträgt ihr Anteil $\frac{140}{200}$ an allen verunglückten Kindern. Dies sind 70 % aller verunglückten Kinder.
Dieser Teil der Zeitungsmeldung trifft zu.

Vergleich der Gefährdung
Insgesamt sind 140 von 16 340 Jungen verunglückt. Dies entspricht einen Anteil von $\frac{140}{16340}$, also etwa 0,86 %. Von 3660 Mädchen sind 60 verunglückt. Dieser Anteil beträgt $\frac{60}{3660}$, also etwa 1,6 %.
Demzufolge sind Mädchen stärker gefährdet als Jungen und nicht umgekehrt. Die Schlussfolgerung der Zeitung ist daher nicht zutreffend.

2 (4 VP)
Die acht Sektoren des Glücksrads sind gleich groß. Daher sind die Wahrscheinlichkeiten für das Auftreten der Ziffern 1 bis 8 bei jedem Drehen gleich:
$p(1) = p(2) = p(3) = p(4) = p(5) = p(6) = p(7) = p(8) = \frac{1}{8}$
Nun wird zweimal gedreht:
Ereignis A
Die Zahlen 1 und 4 sind Quadratzahlen. Bei jeder Drehung gilt mit der Summenregel:
$p(1 \text{ oder } 4) = p(1) + p(4)$
$p(1 \text{ oder } 4) = \frac{1}{8} + \frac{1}{8}$
$p(1 \text{ oder } 4) = \frac{1}{4}$
Mit der Pfadregel folgt:
$p(A) = p(1 \text{ oder } 4) \cdot p(1 \text{ oder } 4)$
$p(A) = \frac{1}{4} \cdot \frac{1}{4}$
$p(A) = \frac{1}{16}$

Ereignis B
Die Zahlen 3, 5 und 7 sind ungerade und keine Quadratzahlen. Bei jeder Drehung gilt:
$p(3 \text{ oder } 5 \text{ oder } 7) = p(3) + p(5) + p(7)$
$p(3 \text{ oder } 5 \text{ oder } 7) = \frac{1}{8} + \frac{1}{8} + \frac{1}{8}$
$p(3 \text{ oder } 5 \text{ oder } 7) = \frac{3}{8}$
Mit der Pfadregel folgt:
$p(B) = p(3 \text{ oder } 5 \text{ oder } 7) \cdot p(3 \text{ oder } 5 \text{ oder } 7)$
$p(B) = \frac{3}{8} \cdot \frac{3}{8}$
$p(B) = \frac{9}{64}$

Ereignis C
Die Zahlen 1, 2, 4, 6 und 8 sind gerade Zahlen oder Quadratzahlen. Bei jeder Drehung gilt:

$p(1 \text{ oder } 2 \text{ oder } 4 \text{ oder } 6 \text{ oder } 8) = p(1) + p(2) + p(4) + p(6) + p(8)$
$p(1 \text{ oder } 2 \text{ oder } 4 \text{ oder } 6 \text{ oder } 8) = \frac{1}{8} + \frac{1}{8} + \frac{1}{8} + \frac{1}{8} + \frac{1}{8}$
$p(1 \text{ oder } 2 \text{ oder } 4 \text{ oder } 6 \text{ oder } 8) = \frac{5}{8}$
Mit der Pfadregel folgt:
$p(C) = p^2(1 \text{ oder } 2 \text{ oder } 4 \text{ oder } 6 \text{ oder } 8)$
$p(C) = \left(\frac{5}{8}\right)^2$
$p(C) = \frac{25}{64}$

Ereignis D
Die Zahlen 4, 5 und 6 sind kleiner als 7 und größer als 3. Bei jeder Drehung gilt:
$p(4 \text{ oder } 5 \text{ oder } 6) = p(4) + p(5) + p(6)$
$p(4 \text{ oder } 5 \text{ oder } 6) = \frac{1}{8} + \frac{1}{8} + \frac{1}{8}$
$p(4 \text{ oder } 5 \text{ oder } 6) = \frac{3}{8}$
Mit der Pfadregel ergibt sich:
$p(D) = p^2(4 \text{ oder } 5 \text{ oder } 6)$
$p(D) = \left(\frac{3}{8}\right)^2$
$p(D) = \frac{9}{64}$

3 (3 + 2 VP)
a) Bestimmung von $p(X = 3)$
Da die Summe aller Wahrscheinlichkeiten bei einer vollständigen Wahrscheinlichkeitsverteilung 1 ergeben muss, folgt:
$p(X = 3) = 1 - \left(\frac{1}{3} + \frac{1}{4} + \frac{1}{6} + \frac{1}{8}\right)$
$p(X = 3) = 1 - \frac{8 + 6 + 4 + 3}{24}$
$p(X = 3) = 1 - \frac{21}{24}$
$p(X = 3) = \frac{1}{8}$

Bestimmung von a_2 mit $p(X = a_2) = \frac{1}{4}$
Dabei bedeutet a_2 der in der Tabelle fehlende zweite Wert der Zufallsvariablen a. Aufgrund der Definition des Erwartungswerts gilt:
$E(X) = a_1 \cdot p(X = a_1) + a_2 \cdot p(X = a_2) + a_3 \cdot p(X = a_3) + a_4 \cdot p(X = a_4) + a_5 \cdot p(X = a_5)$
Mithilfe der Tabelle und dem gegebenen Erwartungswert $E(X) = 0,5$ erhält man daraus:
$0,5 = -2 \cdot \frac{1}{3} + a_2 \cdot \frac{1}{4} + 1 \cdot \frac{1}{6} + 2 \cdot \frac{1}{8} + 3 \cdot \frac{1}{8}$
$0,5 = -\frac{2}{3} + \frac{1}{4}a_2 + \frac{1}{6} + \frac{1}{4} + \frac{3}{8}$
$\frac{1}{4}a_2 = \frac{1}{2} + \frac{2}{3} - \frac{1}{6} - \frac{1}{4} - \frac{3}{8}$
$a_2 = 2 + \frac{8}{3} - \frac{2}{3} - 1 - \frac{3}{2}$
$a_2 = \frac{3}{2}$

b) Bestimmung des Erwartungswerts
Der in der Tabelle fehlende Wert der Zufallsvariablen b wird mit b_5 bezeichnet. Dann gilt:
$E(X) = 4 \cdot 0,1 + (-1) \cdot 0,2 + 6 \cdot 0,3 + 2 \cdot 0,2 + b_5 \cdot 0,2$
$E(X) = 0,4 - 0,2 + 1,8 + 0,4 + 0,2 \cdot b_5$
$E(X) = 2,4 + 0,2 \cdot b_5$

Bestimmung von b_5
Die Bedingung lautet: $E(X) < 0$
Folglich:
$2,4 + 0,2 \cdot b_5 < 0$
$\quad\ 0,2 \cdot b_5 < -2,4$
$\qquad\quad b_5 < -12$
Wenn $b_5 < -12$ gewählt wird, ergibt sich ein negativer Erwartungswert.

4 (3 + 3 VP)
a) Ereignis A
Das Ereignis ist eingetreten, wenn zwei Jungen (JJ) oder zuerst ein Junge und dann ein Mädchen (JM) oder zuerst ein Mädchen und dann ein Junge (MJ) geboren wurden. Dies ist gleichwertig zum Gegenereignis, dass nicht zwei Mädchen (MM) geboren wurden.
Daher gilt:
$p(A) = 1 - p(MM)$
$p(A) = 1 - p(M) \cdot p(M)$
$p(A) = 1 - \left(\frac{1}{2}\right)^2$
$p(A) = \frac{3}{4}$

Ereignis B
Das Ereignis ist eingetreten, wenn entweder zuerst ein Junge und dann ein Mädchen (JM) oder zuerst ein Mädchen und dann ein Junge (MJ) geboren wurden.
Somit folgt:
$p(B) = P(JM) + p(MJ)$
$p(B) = p(J) \cdot p(M) + p(M) \cdot p(J)$
$p(B) = \frac{1}{2} \cdot \frac{1}{2} + \frac{1}{2} \cdot \frac{1}{2}$
$p(B) = \frac{1}{2}$

Abhängigkeit der Ereignisse A und B
Es reicht zu zeigen, dass gilt:
$p(A \cap B) \neq p(A) \cdot p(B)$
Das Ereignis $A \cap B$ ist eingetreten, wenn A und B zugleich eingetreten sind, d. h. ein Junge und ein Mädchen (JM) oder ein Mädchen und ein Junge (MJ) geboren wurden.
$p(A \cap B) = p(B)$
$p(A \cap B) = \frac{1}{2}$

Außerdem gilt:
$p(A) \cdot p(B) = \frac{3}{4} \cdot \frac{1}{2}$
$p(A) \cdot p(B) = \frac{3}{8}$
Somit:
$p(A \cap B) \neq p(A) \cdot p(B)$
Die Ereignisse A und B sind demnach abhängig.

b) Ereignis A
Hier gilt entsprechend:
$p(A) = p(JJJ) + p(JJM) + p(JMJ) + p(MJJ)$
$p(A) = p^3(J) + p^2(J) \cdot p(M) + p(J) \cdot p(M) \cdot p(J)$
$\qquad\quad + p(M) \cdot p^2(J)$
$p(A) = \left(\frac{1}{2}\right)^3 + \left(\frac{1}{2}\right)^2 \cdot \frac{1}{2} + \frac{1}{2} \cdot \frac{1}{2} \cdot \frac{1}{2} + \frac{1}{2} \cdot \left(\frac{1}{2}\right)^2$
$p(A) = \frac{1}{2}$

Ereignis B
$p(B) = p(JJM) + p(JMJ) + p(MJJ) + p(MMJ) + p(MJM)$
$\qquad\quad + p(JMM)$
Das Ereignis ist eingetreten, wenn nicht nur Jungen (JJJ) oder nicht nur Mädchen (MMM) geboren wurden.
Daher:
$p(B) = 1 - p(JJJ) - p(MMM)$
$p(B) = 1 - p^3(J) - p^3(M)$
$p(B) = 1 - \left(\frac{1}{2}\right)^3 - \left(\frac{1}{2}\right)^3$
$p(B) = \frac{3}{4}$

Ereignis $A \cap B$
Das Ereignis ist eingetreten, wenn höchstens ein Mädchen, aber auch Jungen geboren wurden. Daher gilt:
$p(A \cap B) = p(JJM) + p(JMJ) + p(MJJ)$
$p(A \cap B) = p^2(J) \cdot p(M) + p(J) \cdot p(M) \cdot p(J) + p(M) \cdot p^2(J)$
$p(A \cap B) = \left(\frac{1}{2}\right)^2 \cdot \frac{1}{2} + \frac{1}{2} \cdot \frac{1}{2} \cdot \frac{1}{2} + \frac{1}{2} \cdot \left(\frac{1}{2}\right)^2$
$p(A \cap B) = \frac{3}{8}$

Unabhängigkeit der Ereignisse A und B
Es gilt:
$p(A \cap B) = \frac{3}{8}$
$p(A) \cdot p(B) = \frac{1}{2} \cdot \frac{3}{4} = \frac{3}{8}$

Daher:
$p(A \cap B) = p(A) \cdot p(B)$
Die Ereignisse A und B sind demnach unabhängig.

5 (3 + 3 VP)
a) Baumdiagramm
N steht für Niete, K für Kleinpreis und H für Hauptgewinn.

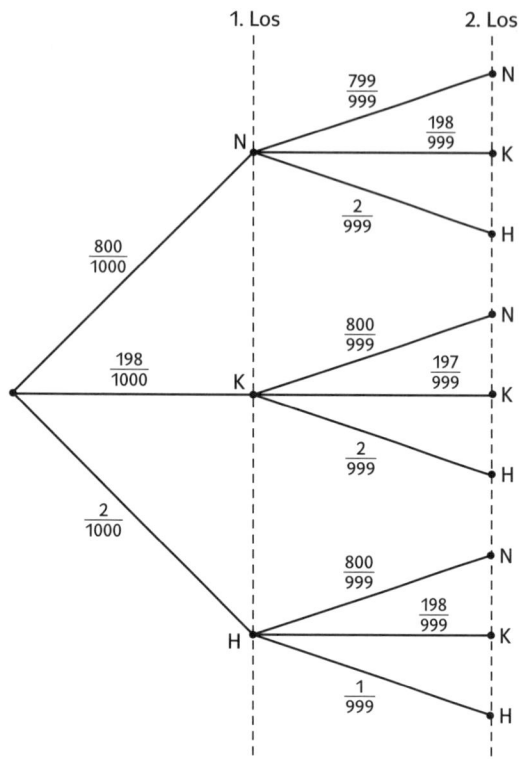

b) Wahrscheinlichkeit für zwei Nieten
Nach der Pfadregel gilt:

$p(NN) = p(N) \cdot p(N)$

$p(NN) = \frac{800}{1000} \cdot \frac{799}{999}$

$p(NN) = \frac{639\,200}{999\,000}$

$p(NN) \approx 0,6398$

Wahrscheinlichkeit für wenigstens einen Kleinpreis, aber keinen Hauptpreis
Mit der Pfadregel und der Summenregel gilt:

$p(NK) + p(KN) + p(KK)$

$= \frac{800}{1000} \cdot \frac{198}{999} + \frac{198}{1000} \cdot \frac{800}{999} + \frac{198}{1000} \cdot \frac{197}{999}$

$= \frac{158\,400 + 158\,400 + 39\,006}{999\,000}$

$\approx 0,3562$

Wahrscheinlichkeit für keinen Kleinpreis
Mit der Pfadregel und der Summenregel gilt:

$p(NN) + p(NH) + p(HN) + p(HH)$

$= \frac{800}{1000} \cdot \frac{799}{999} + \frac{800}{1000} \cdot \frac{2}{999} + \frac{2}{1000} \cdot \frac{800}{999} + \frac{2}{1000} \cdot \frac{1}{999}$

$= \frac{639\,200 + 1600 + 1600 + 2}{999\,000}$

$= \frac{642\,402}{999\,000}$

$\approx 0,6430$

Klassenarbeit 5.2

1 (2 + 2 + 2 VP)
a) Ereignis A
Das Ereignis A ist eingetreten, wenn die beiden Kugeln rot sind oder die beiden Kugeln grün sind. Da beides nicht gleichzeitig möglich ist, gilt mit der Summenregel und der Pfadregel:

$p(A) = p(rr) + p(gg)$

$p(A) = \frac{2}{3} \cdot \frac{1}{2} + \frac{1}{3} \cdot \frac{0}{3}$

$p(A) = \frac{1}{3}$

Ereignis B
Hier gilt entsprechend:

$p(B) = p(rg) + p(gr)$

$p(B) = \frac{2}{3} \cdot \frac{1}{2} + \frac{1}{3} \cdot \frac{1}{1}$

$p(B) = \frac{2}{3}$

Alternative
Das Ereignis B ist das Gegenereignis zu A. Daher kann man auch folgendermaßen rechnen:

$p(B) = 1 - p(A)$

$p(B) = 1 - \frac{1}{3}$

$p(B) = \frac{2}{3}$

Zur Veranschaulichung kann auch ein Baum gezeichnet werden:

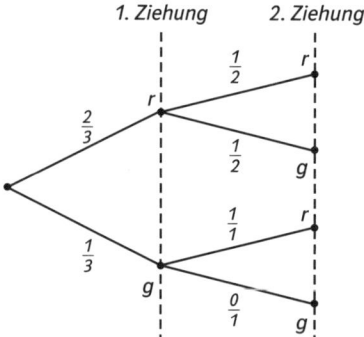

b) Hinzufügen einer roten Kugel
Jetzt sind drei rote und eine grüne Kugel in der Urne. In diesem Fall gilt für die Wahrscheinlichkeit des entsprechenden Ereignisses A:

$p(A) = p(rr) + p(gg)$

$p(A) = \frac{3}{4} \cdot \frac{2}{3} + \frac{1}{4} \cdot \frac{0}{3}$

$p(A) = \frac{1}{2}$

Entsprechend:

$p(B) = p(rg) + p(gr)$

$p(B) = \frac{3}{4} \cdot \frac{1}{3} + \frac{1}{4} \cdot \frac{1}{1}$

$p(B) = \frac{1}{2}$

Wenn man eine rote Kugel hinzufügt, dann sind die entsprechenden Ereignisse A und B gleich wahrscheinlich.

Hinzufügen einer grünen Kugel

Jetzt sind zwei rote und zwei grüne Kugeln in der Urne. Hier gilt:

$p(A) = p(rr) + p(gg)$

$p(A) = \frac{1}{2} \cdot \frac{1}{3} + \frac{1}{2} \cdot \frac{1}{3}$

$p(A) = \frac{1}{3}$

$p(B) = p(rg) + p(gr)$

$p(B) = \frac{1}{2} \cdot \frac{2}{3} + \frac{1}{2} \cdot \frac{2}{3}$

$p(B) = \frac{2}{3}$

Fügt man eine grüne Kugel hinzu, so sind die entsprechenden Ereignisse nicht gleich wahrscheinlich.

c) Hinzufügen von n blauen Kugeln

Nun sind zwei rote, eine grüne und n blaue Kugeln ($n \in \mathbb{N}$) in der Urne. Insgesamt liegen also vor Beginn der Ziehung n + 3 Kugeln in der Urne.

$p(rr) + p(gg) = \frac{2}{n+3} \cdot \frac{1}{n+2} + \frac{1}{n+3} \cdot \frac{0}{n+2}$

$p(rr) + p(gg) = \frac{2}{(n+3) \cdot (n+2)}$

$p(rg) + p(gr) = \frac{2}{n+3} \cdot \frac{1}{n+2} + \frac{1}{n+3} \cdot \frac{2}{n+2}$

$p(rg) + p(gr) = \frac{4}{(n+3) \cdot (n+2)}$

Folglich gilt:

$p(rg) + p(gr) = 2 \cdot (p(rr) + p(gg))$

Dies war behauptet worden.

2 (6 VP)

Baumdiagramm

B bzw. $\overline{B}$ bedeutet: Becher kommt bzw. Becher kommt nicht.

C bzw. $\overline{C}$ bedeutet: Cola kommt bzw. Cola kommt nicht.

Im Baumdiagramm sind die aus der Aufgabenstellung bekannten Wahrscheinlichkeiten eingetragen.

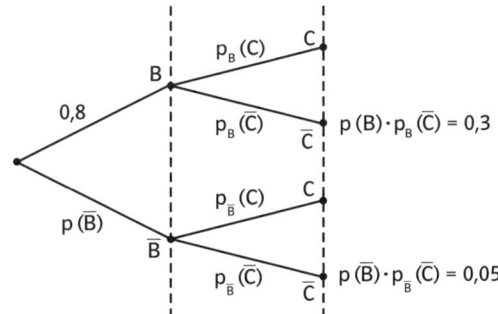

Ereignis D

Die Wahrscheinlichkeit $p(B) = 0,8$ ist bekannt. Da $p(B) + p(\overline{B}) = 1$, erhält man:

$p(\overline{B}) = 1 - p(B)$

$p(\overline{B}) = 1 - 0,8$

$p(\overline{B}) = 0,2$

$p(D) = 0,2$

Mit der Wahrscheinlichkeit 0,2 kommt kein Becher.

Ereignis E

Kein Cola kommt, wenn ein Becher und kein Cola kommt, oder wenn kein Becher und kein Cola kommt. Daher:

$p(E) = p(B) \cdot p_B(\overline{C}) + p(\overline{B}) \cdot p_{\overline{B}}(\overline{C})$

$p(E) = 0,3 + 0,05$

$p(E) = 0,35$

In 35 % aller Fälle kommt kein Cola.

Ereignis F

Es kommt kein Becher, wohl aber Cola.

$p(F) = p(\overline{B}) \cdot p_{\overline{B}}(C)$

$p(F) = 0,2 \cdot p_{\overline{B}}(C)$

$p(F) = 0,2 \cdot (1 - p_{\overline{B}}(\overline{C}))$

Bekannt ist nach Aufgabenstellung:

$p(\overline{B}) \cdot p_{\overline{B}}(\overline{C}) = 0,05$

$0,2 \cdot p_{\overline{B}}(\overline{C}) = 0,05$

$p_{\overline{B}}(\overline{C}) = 0,25$

Folglich:

$p(F) = 0,2 \cdot (1 - 0,25)$

$p(F) = 0,15$

Mit der Wahrscheinlichkeit 0,15 kommt kein Becher, wohl aber Cola.

Ereignis G

Es kommen sowohl ein Becher als auch Cola.

$p(G) = p(B) \cdot p_B(C)$

$p(G) = 0,8 \cdot p_B(C)$

$p(G) = 0,8 \cdot (1 - p_B(\overline{C}))$

Bekannt ist nach Aufgabenstellung:

$p(B) \cdot p_B(\overline{C}) = 0,3$

$0,8 \cdot p_B(\overline{C}) = 0,3$

$p_B(\overline{C}) = \frac{3}{8}$

Folglich:

$p(G) = 0,8 \cdot \left(1 - \frac{3}{8}\right)$

$p(G) = 0,8 \cdot \frac{5}{8}$

$p(G) = \frac{1}{2}$

Mit der Wahrscheinlichkeit $\frac{1}{2}$ erhält man einen Becher mit Cola.

3 (3 + 2 + 2 VP)

Der Spielwürfel ist fair, daher treten die Wurfergebnisse 1, 2, 3, 4, 5 bzw. 6 alle mit der Wahrscheinlichkeit $\frac{1}{6}$ auf.

a) Erwartungswert bei Gewinnplan 1

$E_1(X) = \frac{1}{6} \cdot 10\,ct + \frac{1}{6} \cdot 2\,ct + \frac{1}{6} \cdot (-3\,ct) + \frac{1}{6} \cdot (-4\,ct)$
$\qquad + \frac{1}{6} \cdot (-5\,ct) + \frac{1}{6} \cdot (-6\,ct)$

$E_1(X) = \frac{1}{6} \cdot (10 + 2 - 3 - 4 - 5 - 6)\,ct$

$E_1(X) = -1\,ct$

Erwartungswert bei Gewinnplan 2

$E_2(X) = \frac{1}{6} \cdot (-3\,ct) + \frac{1}{6} \cdot (-3\,ct) + \frac{1}{6} \cdot 6\,ct + \frac{1}{6} \cdot 6\,ct$
$\qquad + \frac{1}{6} \cdot (-3\,ct) + \frac{1}{6} \cdot (-3\,ct)$

$E_2(X) = \frac{1}{6} \cdot (-3 - 3 + 6 + 6 - 3 - 3)\,ct$

$E_2(X) = 0\,ct$

Erwartungswert bei Gewinnplan 3

$E_3(X) = \frac{1}{6} \cdot 12\,ct + \frac{1}{6} \cdot (-5\,ct) + \frac{1}{6} \cdot (-4\,ct) + \frac{1}{6} \cdot (-4\,ct)$
$\qquad + \frac{1}{6} \cdot (-5\,ct) + \frac{1}{6} \cdot 12\,ct$

$E_3(X) = \frac{1}{6} \cdot (12 - 5 - 4 - 4 - 5 + 12)\,ct$

$E_3(X) = 1\,ct$

Der Erwartungswert beim dritten Gewinnplan ist am größten. Er lässt auf lange Sicht einen Gewinn von 1 ct je Spiel für den Spieler erwarten.

b) Neuer Gewinn beim Werfen der „1"

Der neue Gewinn sei g_1 ct. Dann muss gelten:

$E(X) = \frac{1}{6} \cdot g_1\,ct + \frac{1}{6} \cdot (-5\,ct) + \frac{1}{6} \cdot (-4\,ct) + \frac{1}{6} \cdot (-4\,ct)$
$\qquad + \frac{1}{6} \cdot (-5\,ct) + \frac{1}{6} \cdot 12\,ct$

Weil das Spiel fair sein soll, muss $E(X) = 0$ sein.

$0 = \frac{1}{6} \cdot (g_1 - 5 - 4 - 4 - 5 + 12)$

$0 = \frac{1}{6} \cdot (g_1 - 6)$

$g_1 = 6$

Für ein faires Spiel müsste der Gewinn beim Werfen der „1" 6 ct betragen.

c) Gewinnplan für ein faires Spiel
Beispiel

1	2	3	4	5	6
Gewinn 10 ct	Gewinn 20 ct	Gewinn 30 ct	Verlust 5 ct	Verlust 15 ct	Verlust 60 ct

Bemerkung
Hier gibt es beliebig viele Lösungen. Prüfe bei deiner Lösung, ob alle Geldbeträge verschieden sind und ob der Erwartungswert tatsächlich 0 ist.

4 (5 VP)
Lösungsidee

In zwei Listen L1 und L2 werden jeweils 400 Zufallszahlen x und y im Intervall [0; 1] abgelegt. In der Liste L3 wird die Summe x + y dieser Zahlen gespeichert. In der Liste L4 werden die auf null Nachkommastellen gerundeten Werte der Liste L3 gespeichert.
Mit STAT und „SortA" wird die Liste L4 der Größe nach sortiert. Beim spaltenweisen Anzeigen mittels STAT „Edit" kann man durch Scrollen erkennen, wie oft die 0 bzw. die 2 entstanden ist.

GTR	
MATH-Taste	Menüpunkt „PRB" Menüpunkt „rand" Erzeugung einer Liste von 400 Zufallszahlen: rand (400) Speichern der Liste: STO▸ L1 Erzeugung einer Liste von 400 Zufallszahlen: rand (400) Speichern der Liste: STO▸ L2 Speichern der Summenliste: L1 + L2 STO▸ L3
MATH-Taste	Rundung der Einträge in Liste L3 auf null Nachkommastellen: Menüpunkt „NUM" Menüpunkt „round" round (L3, 0) Speichern der Liste : STO▸ L4
STAT-Taste	Sortieren der Liste L4 der Größe nach: Menüpunkt „SortA" SortA (L4)
STAT-Taste	Anzeigen der Listen in Tabellenform: Menüpunkt „Edit" Die Liste L4 beginnt mit Einträgen 0, 0, ... Mit dem Cursor kann man die Listeneinträge nach unten verfolgen. In der Anzeige kann man die aktuelle Nummer des Eintrags und den Listenwert erkennen. Beispielsweise erhält man L4(1) = 0, ... L4(52) = 0, L4(53) = 1, ... L4(347) = 1, L4(347) = 2, ... L4(400) = 2.

Folglich wurde 52-mal die Zahl 0 und 54-mal die Zahl 2 erzeugt. Knobelix hat daher in 106 von 400 Spielen gewonnen. Die Wahrscheinlichkeit für einen Gewinn liegt also wohl etwa bei $\frac{1}{4}$.

Alternative

GTR	
STAT PLOT-Taste	Menüpunkt „Plot1" Menüpunkt „On" Menüpunkt „Type" Säulendiagramm anwählen Menüpunkt „Xlist" L4 eintragen
GRAPH-Taste	Säulendiagramm wird gezeichnet.
TRACE-Taste	Cursor auf die einzelnen Abschnitte bewegen. Die Hochwerte (die absoluten Häufigkeiten) der Ergebnisse 0, 1 und 2 werden angezeigt. Hier: n = 52, n = 294, n = 54

Klassenarbeit 5.3

1 (3 + 2 VP)
a) Beschreibung der Ereignisse
Ereignis A:
Der grüne Würfel zeigt höchstens 4.
Der grüne Würfel zeigt nicht 5 oder 6.
Ereignis B:
Der rote Würfel zeigt eine ungerade Zahl.
Ereignis C:
Die Augensumme für beide Würfel ist höchstens 5.
Wahrscheinlichkeiten
$p(A) = \frac{2}{3}$
$p(B) = \frac{1}{2}$
$p(C) = \frac{10}{36} = \frac{5}{18}$

b) Beschreibung der Ereignisse
Ereignis A ∩ B:
Der grüne Würfel zeigt höchstens 4 und der rote Würfel eine ungerade Zahl.
Ereignis A ∩ C:
Der grüne Würfel zeigt höchstens 4 und die Augensumme beider Würfel ist höchstens 5.
Wahrscheinlichkeiten
$p(A \cap B) = \frac{12}{36} = \frac{1}{3}$

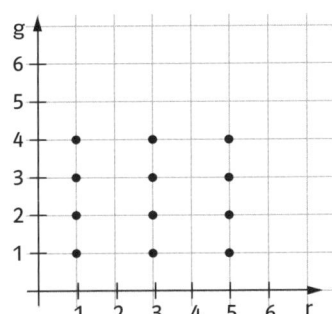

Ereignis A ∩ B

$p(A \cap C) = p(C) = \frac{5}{18}$

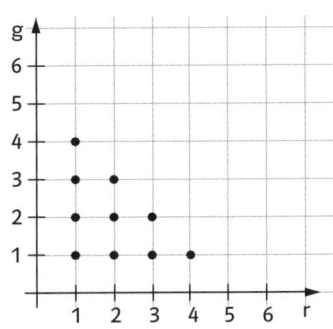

Ereignis A ∩ C

Unabhängigkeit der Ereignisse
Es gilt:
$p(A) \cdot p(B) = \frac{2}{3} \cdot \frac{1}{2} = \frac{1}{3}$
$p(A \cap B) = \frac{1}{3}$
Die Wahrscheinlichkeiten stimmen überein, die Ereignisse A und B sind also unabhängig voneinander.
$p(A) \cdot p(C) = \frac{2}{3} \cdot \frac{5}{18} = \frac{5}{27}$
$p(A \cap C) = \frac{5}{18}$
Da $p(A) \cdot p(C) \neq p(A \cap C)$, sind die Ereignisse A und C abhängig voneinander.

2 (3 + 3 VP)
a) Wahrscheinlichkeiten
$p(A) = p(rr)$
$p(A) = \frac{4}{7} \cdot \frac{3}{6}$
$p(A) = \frac{2}{7}$
$p(B) = p(rg)$
$p(B) = \frac{4}{7} \cdot \frac{3}{6}$
$p(B) = \frac{2}{7}$
$p(C) = p(gr) + p(rr)$
$p(C) = \frac{3}{7} \cdot \frac{4}{6} + \frac{4}{7} \cdot \frac{3}{6}$
$p(C) = \frac{4}{7}$
Das Ereignis D tritt ein, wenn keine der beiden Kugeln rot ist. D ist das Gegenereignis zum Ereignis „Beide Kugeln sind rot".
$p(D) = 1 - p(rr)$
$p(D) = 1 - p(A)$
$p(D) = 1 - \frac{2}{7}$
$p(D) = \frac{5}{7}$
b) Anzahl der grünen Kugeln
Angenommen, in der Urne sind vier rote und g grüne Kugeln. Dann gilt nach Aufgabenstellung:
$p(rg) = \frac{5}{18}$
Andererseits:
$p(rg) = \frac{4}{4+g} \cdot \frac{g}{3+g}$
$p(rg) = \frac{4 \cdot g}{(4+g) \cdot (3+g)}$
Folglich muss g diese Bedingung erfüllen:
$\frac{4 \cdot g}{(4+g) \cdot (3+g)} = \frac{5}{18}$
Daraus erhält man:

$4 \cdot g = \frac{5}{18} \cdot (4+g) \cdot (3+g)$ | · 18
$72g = 5 \cdot (12 + 4g + 3g + g^2)$
$72g = 60 + 35g + 5g^2$
$5g^2 - 37g + 60 = 0$
$D = (-37)^2 - 4 \cdot 5 \cdot 60 = 169$

$g_{1;2} = \frac{-(-37) \pm \sqrt{169}}{2 \cdot 5}$
$g_1 = \frac{37 + 13}{10}$ $\qquad$ $g_2 = \frac{37 - 13}{10}$
$g_1 = 5$ $\qquad\qquad$ $g_2 = 2,4 \notin \mathbb{N}$

In der Urne sind fünf grüne Kugeln.

3 (3 + 3 + 1 VP)

a) Baumdiagramm

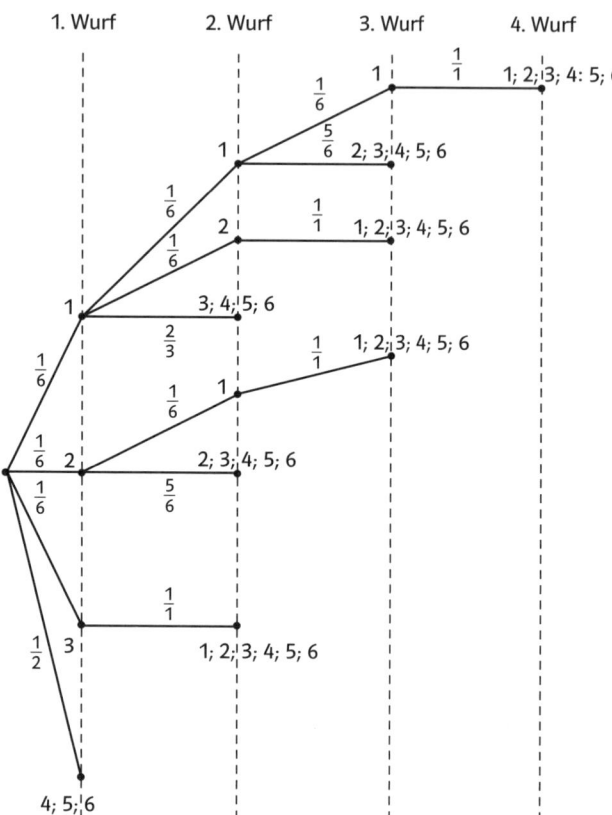

b) Wahrscheinlichkeitsverteilung

Die Zufallsvariable X steht für die Anzahl der Würfe.
Es gilt mit der Summenregel und der Pfadregel:
Ein Wurf ist erforderlich, falls „4" oder „5" oder „6"
als Ergebnis auftritt.

$p(X = 1) = \frac{1}{2}$

Zwei Würfe sind erforderlich, falls beim ersten Wurf
eine „3" und dann eine der Zahlen 1 bis 6 geworfen
wird, oder beim ersten Wurf eine „2" und dann keine „1" geworfen wird, oder beim ersten Wurf eine
„1" und dann eine der Zahlen 3, 4, 5 oder 6 geworfen wird.

$p(X = 2) = \frac{1}{6} \cdot \frac{1}{1} + \frac{1}{6} \cdot \frac{5}{6} + \frac{1}{6} \cdot \frac{2}{3}$

$p(X = 2) = \frac{6}{36} + \frac{5}{36} + \frac{4}{36}$

$p(X = 2) = \frac{5}{12}$

Entsprechend liest man ab:

$p(X = 3) = \frac{1}{6} \cdot \frac{1}{6} \cdot \frac{1}{1} + \frac{1}{6} \cdot \frac{1}{6} \cdot \frac{1}{1} + \frac{1}{6} \cdot \frac{1}{6} \cdot \frac{5}{6}$

$p(X = 3) = \frac{1}{36} + \frac{1}{36} + \frac{5}{216}$

$p(X = 3) = \frac{17}{216}$

$p(X = 4) = \frac{1}{6} \cdot \frac{1}{6} \cdot \frac{1}{6} \cdot \frac{1}{1}$

$p(X = 4) = \frac{1}{216}$

Somit erhält man die Wahrscheinlichkeitsverteilung:

x_i	1	2	3	4
$p(X = x_i)$	$\frac{1}{2}$	$\frac{5}{12}$	$\frac{17}{216}$	$\frac{1}{216}$

c) Erwartungswert für die Anzahl der Würfe

$E(X) = 1 \cdot \frac{1}{2} + 2 \cdot \frac{5}{12} + 3 \cdot \frac{17}{216} + 4 \cdot \frac{1}{216}$

$E(X) = \frac{108}{216} + \frac{180}{216} + \frac{51}{216} + \frac{4}{216}$

$E(X) = \frac{343}{216} \approx 1,59$

Im Mittel werden etwa 1,59 Würfe benötigt.

4 (6 VP)

Lösungsidee

In zwei Listen L1 und L2 werden je 300 Zufallszahlen a und b im Intervall [0; 1] abgelegt. Diese
Paare (a|b) werden als Koordinaten von Zufalls-
punkten im Quadrat aufgefasst. In der Liste L3 werden die Quadrate $y = a^2$ der Zahlen aus L1 abgelegt.
Falls der Listenwert aus L2 kleiner ist als der entsprechende Listenwert aus L3, dann liegt der Punkt
(a|b) unterhalb der Parabel, also in der getönten
Fläche.
Die Liste L4 wird als Differenz L2 − L3 gespeichert.
Sortieren der Liste L4 der Größe nach zeigt dann
zuerst negative Einträge, die also zu Punkten in der
getönten Fläche gehören. Diese werden gezählt.
Ihre absolute Häufigkeit dividiert durch 300 ergibt
einen Näherungswert für das Verhältnis der Flächeninhalte der getönten und der Quadratfläche.

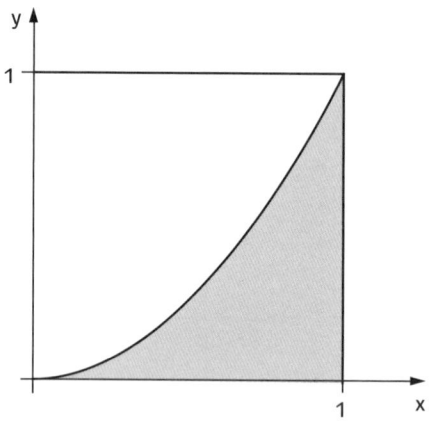

GTR	
MATH-Taste	Menüpunkt „PRB" Menüpunkt „rand" Erzeugung einer Liste von 300 Zufallszahlen: rand (300) Speichern der Liste: STO▸ L1 Erzeugung einer Liste von 300 Zufallszahlen: rand (300) Speichern der Liste: STO▸ L2 Speichern der Liste der Quadrate aus L1: L1·L1 STO▸ L3 Speichern der Differenzen L2 − L3 STO▸ L4

STAT-Taste	Sortieren der Liste L4 der Größe nach: Menüpunkt „SortA" SortA (L4)
STAT-Taste	Anzeigen der Listen in Tabellenform: Menüpunkt „Edit" Die Liste L4 beginnt mit negativen Einträgen. Mit dem Cursor kann man die Listeneinträge nach unten verfolgen. Beispielsweise erhält man L4(1) = −0,7906 L4(2) = −0,783 L4(3) = −0,6684 … L4(102) = −0,0177 L4(103) = +0,0131 …

Folglich liegen 102 der 300 Punkte innerhalb der getönten Fläche. Dies sind etwa ein Drittel aller Punkte.
Die Vermutung von Thomas ist also wohl zutreffend.

Bemerkung
In der Oberstufe wirst du mithilfe der Integralrechnung in der Lage sein, dieses und andere krummlinig begrenzte Flächenstücke zu berechnen.
Dann ergibt sich eine rechnerische Bestätigung der Vermutung von Thomas. Die getönte Fläche hat tatsächlich den Inhalt $\frac{1}{3}$.

Bemerkung
Mithilfe einer Simulation kannst du z. B. auch einen Näherungswert für die Zahl π gewinnen. Man ermittelt dazu das Verhältnis der Flächeninhalte des getönten Viertelkreises und des Quadrats.

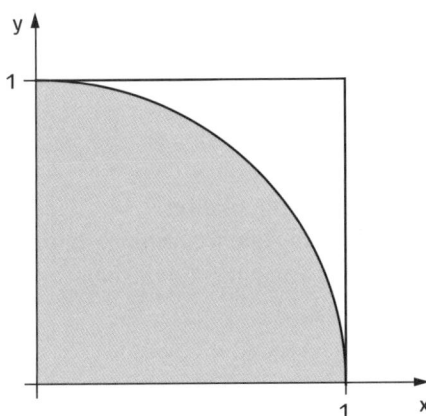

Ein Punkt liegt in der getönten Fläche, wenn für seine Koordinaten gilt: $x^2 + y^2 < 1$.
Da der Viertelkreis den Flächeninhalt $\frac{\pi}{4}$, das Quadrat den Flächeninhalt 1 hat, sollte eine Simulation daher etwa den Wert $\frac{\pi}{4}$ liefern.
Ausprobieren!

Klassenarbeit 5.4

1 (5 VP)
Wahrscheinlichkeiten
$p(A) = p(66)$
$p(A) = \frac{1}{6} \cdot \frac{1}{6}$
$p(A) = \frac{1}{36}$

$p(B) = 1 - p(A)$
$p(B) = 1 - \frac{1}{36}$
$p(B) = \frac{35}{36}$

$p(C) = p(12) + p(14) + p(16)$
$p(C) = \frac{1}{6} \cdot \frac{1}{6} + \frac{1}{6} \cdot \frac{1}{6} + \frac{1}{6} \cdot \frac{1}{6}$
$p(C) = \frac{1}{12}$

$p(D) = p(16) + p(1\overline{6}) + p(\overline{1}6)$
$p(D) = \frac{1}{6} \cdot \frac{1}{6} + \frac{1}{6} \cdot \frac{5}{6} + \frac{5}{6} \cdot \frac{1}{6}$
$p(D) = \frac{1}{36} + \frac{5}{36} + \frac{5}{36}$
$p(D) = \frac{11}{36}$

Veranschaulichung am Baumdiagramm

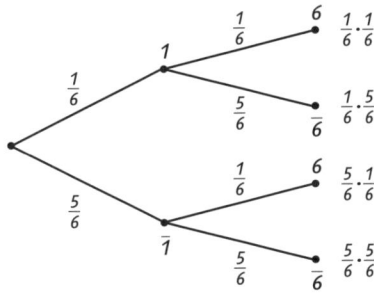

$p(E) = p(gg) + p(g\overline{g}) + p(\overline{g}g)$
$p(E) = \frac{1}{2} \cdot \frac{1}{2} + \frac{1}{2} \cdot \frac{1}{2} + \frac{1}{2} \cdot \frac{1}{2}$
$p(E) = \frac{3}{4}$

Veranschaulichung am Baumdiagramm

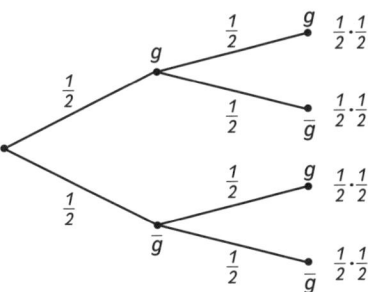

2 (4 + 3 VP)
a) Wahrscheinlichkeit für die Auszahlungen
Als Zufallsvariable X wird der Gewinn des Spielers festgelegt. Dieser Gewinn ergibt sich aus der Auszahlung abzüglich des Einsatzes für ein Spiel.
Da auf jedem Rad jede der Zahlen von 1 bis 4 zweimal vorkommt, ist die Wahrscheinlichkeit für

jede dieser Zahlen an jedem Rad $\frac{1}{4}$. Da die Räder unabhängig voneinander halten, ist die Wahrscheinlichkeit für das dreimalige Auftreten jeder der vier Zahlen $\left(\frac{1}{4}\right)^3$.

Anzeige	Gewinn g des Spielers in €	$p(X = g)$
111	0	$\left(\frac{1}{4}\right)^3$
222	1	$\left(\frac{1}{4}\right)^3$
333	2	$\left(\frac{1}{4}\right)^3$
444	3	$\left(\frac{1}{4}\right)^3$
Sonstiges	−1	$1 - 4 \cdot \left(\frac{1}{4}\right)^3$

Erwartungswert für einen Gewinn

Für den Erwartungswert eines Gewinns des Spielers gilt:

$$E(X) = 0 \cdot \left(\frac{1}{4}\right)^3 + 1 \cdot \left(\frac{1}{4}\right)^3 + 2 \cdot \left(\frac{1}{4}\right)^3 + 3 \cdot \left(\frac{1}{4}\right)^3$$
$$+ (-1) \cdot \left(1 - 4 \cdot \left(\frac{1}{4}\right)^3\right)$$
$$E(X) = \frac{1}{64} + \frac{2}{64} + \frac{3}{64} - \left(1 - \frac{4}{64}\right)$$
$$E(X) = \frac{6}{64} - \frac{60}{64}$$
$$E(X) = -\frac{54}{64}$$
$$E(X) = -\frac{27}{32}$$

Der Spieler verliert im Mittel etwa 0,84 € je Spiel, die Klasse gewinnt also entsprechend diesen Betrag.

b) Veränderung der Aufschrift

Um den Erwartungswert für einen Gewinn des Spielers zu verbessern, sollte man auf dem rechten Glücksrad eine „1" durch eine „4" ersetzen. (Größere Zahlen als 4 sind nicht sinnvoll, da damit kein Gewinn erzielt werden kann, weil ja dann keine drei gleichen Zahlen angezeigt werden können.)

Damit ändert sich die Wahrscheinlichkeit für das Auftreten der „1" beim rechten Rad auf $\frac{1}{8}$ und die Wahrscheinlichkeit für das Auftreten der „4" auf $\frac{3}{8}$.

Jetzt ergibt sich entsprechend wie in Teilaufgabe a):

Anzeige	Gewinn g des Spielers in €	$p(X = g)$
111	0	$\left(\frac{1}{4}\right)^2 \cdot \frac{1}{8}$
222	1	$\left(\frac{1}{4}\right)^3$
333	2	$\left(\frac{1}{4}\right)^3$
444	3	$\left(\frac{1}{4}\right)^2 \cdot \left(\frac{3}{8}\right)$
Sonstiges	−1	$1 - \left(\left(\frac{1}{4}\right)^2 \cdot \frac{1}{8} + \left(\frac{1}{4}\right)^3 + \left(\frac{1}{4}\right)^3 + \left(\frac{1}{4}\right)^2 \cdot \left(\frac{3}{8}\right)\right)$

Erwartungswert für einen Gewinn

Nun gilt für den Erwartungswert eines Gewinns für den Spieler:

$$E(X) = 0 \cdot \left(\frac{1}{4}\right)^2 \cdot \frac{1}{8} + 1 \cdot \left(\frac{1}{4}\right)^3 + 2 \cdot \left(\frac{1}{4}\right)^3 + 3 \cdot \left(\frac{1}{4}\right)^2 \cdot \frac{3}{8}$$
$$+ (-1) \cdot \left(1 - \left(\left(\frac{1}{4}\right)^2 \cdot \frac{1}{8} + \left(\frac{1}{4}\right)^3 + \left(\frac{1}{4}\right)^3 + \left(\frac{1}{4}\right)^2 \cdot \left(\frac{3}{8}\right)\right)\right)$$
$$E(X) = \frac{1}{64} + \frac{2}{64} + \frac{9}{128} - \left(1 - \left(\frac{1}{128} + \frac{1}{64} + \frac{1}{64} + \frac{3}{128}\right)\right)$$
$$E(X) = \frac{15}{128} - \left(1 - \frac{8}{128}\right)$$
$$E(X) = \frac{15}{128} - \frac{120}{128}$$
$$E(X) = -\frac{105}{128}$$

Der Spieler verliert hier im Mittel etwa 0,82 € je Spiel. Der Gewinn der Klasse ändert sich also fast nicht.

3 (3 + 1 + 2 VP)

a) Gewinnwahrscheinlichkeit für Alexandra

Alexandra gewinnt nach zwei Runden, wenn sie beide Runden gewinnt (g). Daher gilt für die Gewinnwahrscheinlichkeit:

$p(gg) = p \cdot p$

Sie gewinnt nach drei Runden, wenn sie nur die erste oder nur die zweite Runde nicht gewinnt ($\bar{g}$) und zwei Runden gewinnt. Für diese Wahrscheinlichkeit erhält man:

$p(\bar{g}gg) + p(g\bar{g}g) = (1 - p) \cdot p \cdot p + p \cdot (1 - p) \cdot p$

Mehr als drei Runden müssen nicht gespielt werden, denn bei drei Runden hat einer der Spieler sicher zweimal gewonnen.

Insgesamt folgt daraus die Wahrscheinlichkeit s, ein Spiel zu gewinnen:

$s = p(gg) + p(\bar{g}gg) + p(g\bar{g}g)$
$s = p^2 + (1 - p) \cdot p^2 + (1 - p) \cdot p^2$
$s = p^2 \cdot (1 + 1 - p + 1 - p)$
$s = p^2 (3 - 2p)$
$s = 3p^2 - 2p^3$

Dies war behauptet worden.

b) Gewinnwahrscheinlichkeiten

Unter der Annahme gleich starker Spieler erhält man $p = \frac{1}{2}$. Daraus folgt die Gewinnwahrscheinlichkeit von Alexandra:

$s = 3 \cdot \left(\frac{1}{2}\right)^2 - 2 \cdot \left(\frac{1}{2}\right)^3$
$s = \frac{3}{4} - \frac{2}{8}$
$s = \frac{1}{2}$

Somit ist die Gewinnwahrscheinlichkeit für Tobias ebenfalls $\frac{1}{2}$.

Die Behauptung ist zutreffend.

c) Bestimmung von p

Die Wahrscheinlichkeit von Alexandra ein Spiel zu gewinnen, ist mit $\frac{3}{4}$ gegeben. Die Bedingung für die Gewinnwahrscheinlichkeit p lautet daher:

$3p^2 - 2p^3 = \frac{3}{4}$

Die Gleichung $2p^3 - 3p^2 + \frac{3}{4} = 0$ kann mit dem GTR näherungsweise gelöst werden.

GTR	
Y=-Taste	Funktionsgleichung eingeben: $f(x) = 2x^3 - 3x^2 + 0{,}75$
WINDOW-Taste	Anpassen des Zeichenfensters: $x_{min} = 0$, $x_{max} = 1$ $y_{min} = 0$, $y_{max} = 1$
CALC-Taste	Menüpunkt „Zero" auswählen linke Grenze „nach Augenmaß" angeben, z. B. $x_1^* = 0{,}5$, rechte Grenze auswählen, z. B. $x_2^* = 0{,}8$ Anzeige: „Zero" $x = 0{,}67364818$, $y = 0$

Die Gewinnwahrscheinlichkeit von Alexandra beträgt etwa 0,67.

4 (6 VP)

Lösungsidee

In zwei Listen L1 und L2 werden je 300 Zufallszahlen b und c im Intervall [0: 1] abgelegt. In der Liste L3 werden mittels L1·L1 – 4·L2 die zugehörigen Diskriminanten $b^2 - 4c$ gespeichert.

Die Liste L3 wird der Größe nach absteigend sortiert. Die positiven Einträge lassen erkennen, dass es in diesen Fällen zwei Lösungen der quadratischen Gleichung gibt.

Die Anzahl der positiven Listenwerte wird festgestellt und durch die Anzahl 300 dividiert. Damit erhält man einen Näherungswert für den Prozentsatz der quadratischen Gleichungen, die zwei Lösungen haben.

GTR	
MATH-Taste	Menüpunkt „PRB" Menüpunkt „rand" Erzeugung einer Liste von 300 Zufallszahlen für b: rand (300) Speichern der Liste: STO▸ L1 Erzeugung einer Liste von 300 Zufallszahlen für c: rand (300) Speichern der Liste: STO▸ L2 Speichern der zugehörigen Diskirminanten: L1·L1 – 4·L2 STO▸ L3

STAT-Taste	Sortieren der Liste L3 der Größe nach absteigend: Menüpunkt „SortD" SortD (L3)
STAT-Taste	Anzeigen der Listen in Tabellenform: Menüpunkt „Edit" Die Liste L3 beginnt mit positiven Einträgen. Mit dem Cursor kann man die Listeneinträge nach unten verfolgen. Beispielsweise erhält man L3(1) = 0,8795 L3(2) = 0,8134 ... L3(26) = 0,00012 L3(27) = –0,0003 L3(28) = –0,0015 ... L3(300) = –3,9036 Folglich ist in 26 von 300 Fällen die Diskriminante positiv und die quadratische Gleichung hat zwei Lösungen. Da $\frac{26}{300} \approx 0{,}0867$, ist die Behauptung wohl zutreffend.

Bemerkung

Man kann das Ergebnis auch veranschaulichen. Jedes Paar (b | c) von Zufallszahlen beschreibt einen Punkt im Quadrat mit der Seitenlänge 1 Längeneinheit.

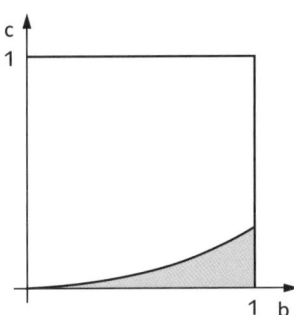

Nun soll $b^2 - 4c > 0$ gelten, also $c < \frac{1}{4}b^2$. Alle Punkte im Innern des Quadrats, die unterhalb der gezeichneten Kurve mit der Gleichung $c = \frac{1}{4}b^2$ liegen, erfüllen diese Bedingung. Die Simulation zeigt, dass die getönte Fläche etwa 8,67% der Quadratfläche ausmacht. Mithilfe der Integralrechnung kann man später nachweisen, dass der Inhalt der getönten Fläche $\frac{1}{12}$ des Inhalts der Quadratfläche beträgt.

Pinboard – Kreise und Körper

Körper

Das Prisma	Beispiele
Lehrsatz Wenn ein Prisma eine Grundfläche vom Flächeninhalt G und die Höhe h hat, dann berechnet man sein Volumen V mit $V = G \cdot h$.	

Der senkrechte Kreiszylinder

Lehrsätze
Wenn ein Zylinder den Grundkreisradius r und die Höhe h hat, dann berechnet man sein Volumen V mit $V = \pi \cdot r^2 \cdot h$.
Der Inhalt M der Mantelfläche des Zylinders wird mit $M = 2 \cdot \pi \cdot r \cdot h$ berechnet.
Der Oberflächeninhalt des Zylinders wird mit $O = 2 \cdot \pi \cdot r^2 + 2 \cdot \pi \cdot r \cdot h = 2 \cdot \pi \cdot r \cdot (r + h)$ berechnet.

Die senkrechte Pyramide

Lehrsatz
Wenn eine Pyramide eine Grundfläche vom Flächeninhalt G und die Höhe h hat, dann berechnet man ihr Volumen V mit $V = \frac{1}{3} \cdot G \cdot h$.

Folgerungen
Wenn die Pyramidengrundfläche ein Quadrat mit der Seitenlänge a ist, dann ergibt sich $V = \frac{1}{3} \cdot a^2 \cdot h$.
Der Mantel der Pyramide besteht dann aus vier kongruenten gleichschenkligen Dreiecken mit der Grundseitenlänge a und der Höhe h_1, die sich mit dem Satz von Pythagoras berechnen lässt:
$h_1^2 = h^2 + \left(\frac{a}{2}\right)^2$.
Für den Inhalt der Mantelfläche ergibt sich damit:
$M = 2 \cdot a \cdot h_1 = 2 \cdot a \cdot \sqrt{\left(\frac{a}{2}\right)^2 + h^2}$.

Der senkrechte Kreiskegel

Lehrsatz
Wenn ein senkrechter Kreiskegel den Grundkreisradius r und die Höhe h hat, dann berechnet man sein Volumen V mit $V = \frac{1}{3} \cdot \pi \cdot r^2 \cdot h$, den Inhalt M seiner Mantelfläche mit $M = \pi \cdot r \cdot s$, wobei s die Länge der Mantellinie ist, und seinen Oberflächeninhalt mit $O = \pi \cdot r^2 + \pi \cdot r \cdot s = \pi \cdot r \cdot (r + s)$.

Die Kugel

Lehrsatz
Wenn eine Kugel den Radius r hat, dann berechnet man ihr Volumen V mit $V = \frac{4}{3} \cdot \pi \cdot r^3$ und den Inhalt O ihrer Oberfläche mit $O = 4 \cdot \pi \cdot r^2$.

Körper überall!
Im Großen ...

... wie im Kleinen!

Pi=3,14159265358979323846264338327950288419716939937510582097494459230781640628620899862803482534211706798214808651328230664709384460955058223172535940812848111745028410271938521105...

Der Kreis

Lehrsätze

Wenn ein Kreis den Radius r hat, dann berechnet man seinen Umfang U mit
$U = 2 \cdot \pi \cdot r$ und seinen Flächeninhalt A mit
$A = \pi \cdot r^2$.
Ein Kreisausschnitt eines Kreises vom Radius r mit einem Mittelpunktswinkel der Weite α hat die Bogenlänge $b = 2 \cdot \pi \cdot r \cdot \frac{\alpha}{360°}$ und den
Flächeninhalt $A = \pi \cdot r^2 \cdot \frac{\alpha}{360°}$.

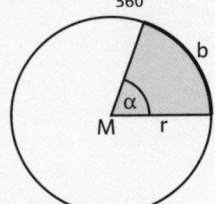

Folgerungen

Aus $U = 2 \cdot \pi \cdot r$ folgt $r = \frac{U}{2 \cdot \pi}$.

Aus $A = \pi \cdot r^2$ folgt $r = \sqrt{\frac{A}{\pi}}$.

Aus $b = 2 \cdot \pi \cdot r \cdot \frac{\alpha}{360°}$ folgt $r = \frac{b}{2 \cdot \pi} \cdot \frac{360°}{\alpha}$ bzw.
$\alpha = \frac{b}{2 \cdot \pi \cdot r} \cdot 360°$.

Aus $A = \pi \cdot r^2 \cdot \frac{\alpha}{360°}$ folgt $r = \sqrt{\frac{A}{\pi} \cdot \frac{360°}{\alpha}}$ bzw.
$\alpha = \frac{A}{\pi \cdot r^2} \cdot 360°$.

Beispiele

Geg.: Kreis mit r = 3,2 cm
Ges.: U, A
Lös.: $U = 2 \cdot \pi \cdot r$
$\quad\quad U = 2 \cdot \pi \cdot 3,2\,cm$
$\quad\quad U = 6,4 \cdot \pi\,cm$
Der Kreisumfang beträgt etwa 20,1 cm.
$\quad\quad A = \pi \cdot r^2$
$\quad\quad A = \pi \cdot (3,2\,cm)^2$
$\quad\quad A = 10,24 \cdot \pi\,cm$
Der Flächeninhalt beträgt etwa 32,2 cm².

Geg.: Kreisausschnitt mit Kreisradius r = 4,5 cm und Mittelpunktswinkel der Weite α = 100°
Ges.: b, A
Lös.: $b = 2 \cdot \pi \cdot r \cdot \frac{\alpha}{360°}$
$\quad\quad b = 2 \cdot \pi \cdot 4,5\,cm \cdot \frac{100°}{360°}$
$\quad\quad b = 2,5 \cdot \pi\,cm$
Die Bogenlänge beträgt etwa 7,9 cm.
$\quad\quad A = \pi \cdot r^2 \cdot \frac{\alpha}{360°}$
$\quad\quad A = \pi \cdot (4,5\,cm)^2 \cdot \frac{100°}{360°}$
$\quad\quad A = 5,625 \cdot \pi\,cm^2$
Der Kreisausschnitt hat etwa den Flächeninhalt 17,7 cm².

Bist du sicher?

1 Der Viertelkreisbogen zerlegt das Quadrat mit der Seitenlänge a in zwei gleich große Teile.
Wie groß ist der Kreisradius?

2 Für eine Terrasse der abgebildeten Form (Ansicht von oben) und Größe wird eine Betonplatte der Dicke 20 cm gegossen.
a) Zeige, dass der Kreisradius 2,9 m beträgt.
b) Wie viel Beton ist erforderlich?

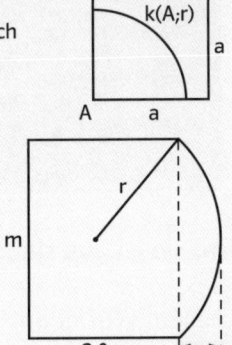

4,0 m
3,0 m
0,8 m

3 Eine Pyramide mit rechteckiger Grundfläche (Seitenlängen 40,0 cm bzw. 30,0 cm) hat zur Pyramidenspitze führende Kanten mit der Länge 60 cm.
a) Wie groß ist das Volumen der Pyramide?
b) Wie groß ist die Mantelfläche?
c) Unter welchem Winkel ist eine Seitenkante zur Grundfläche geneigt?

4 Ein senkrechtes Prisma mit einem regelmäßigen Sechseck als Grundfläche hat nur Kanten der Länge a.
a) Berechne das Volumen des Prismas.
b) Wie groß ist der Oberflächeninhalt des Prismas?

5 Ein oben offener Behälter besteht aus zwei jeweils 0,20 m hohen, aufeinander gesetzten Zylindern mit den Grundkreisradien $r_1 = 0,10\,m$ und $r_2 = 0,05\,m$.
a) Wie groß ist das Behältervolumen?
b) Der Behälter wird innen mit einem Schutzanstrich versehen. Wie groß ist die zu streichende Fläche?

6 Ein Kreisausschnitt mit dem Radius 20 cm und einem Mittelpunktswinkel der Weite 100° wird zu einem Kegelmantel zusammengerollt.
a) Wie groß sind Kegelradius, Kegelhöhe und Kegelvolumen?
b) Unter welchem Winkel sind die Mantellinien gegen die Kegelgrundfläche geneigt?

Lösungen

1 $r = \sqrt{\frac{2}{\pi}} \cdot a \approx 0,798 \cdot a$ Flächeninhalt des Kreisausschnitts: $A_1 = \pi \cdot \frac{\alpha}{360°} \cdot r^2 \approx 6,54\,m^2$; Flächeninhalt des Kreisabschnitts: $A_2 = A_1 - A_{Dreieck} = 6,4\,m^2 - \frac{1}{2} \cdot 4 \cdot 1\,m^2 \approx 2,2\,m^2$; **2 a)** Aus $r^2 = (2m)^2 + (r - 0,8m)^2$ folgt r = 2,9 m. **b)** Mittelpunktswinkel des Kreisausschnitts: $\tan\left(\frac{\alpha}{2}\right) = \frac{2m}{2,1m}$; $\alpha \approx 87,2°$; Flächeninhalt des Kreisausschnitts: $A_3 \approx 3\,m \cdot 4\,m \approx 14,2\,m^2$; Betonvolumen: $V = A_3 \cdot 0,2m \approx 2,8\,m^3$. **3 a)** Diagonalenlänge der Grundfläche: d = 50,0 cm; Pyramidenhöhe: $h = \sqrt{2975}\,cm$; Volumen der Pyramide: $V = \frac{1}{3} \cdot 40\,cm \cdot 30\,cm \cdot \sqrt{2975}\,cm \approx 21,8\,dm^3$. **b)** Höhe der Seitenflächen: $h_1 = \sqrt{3200}\,cm$, $h_2 = \sqrt{3375}\,cm$; Mantelfläche: $M = 40\,dm^2$. **c)** Neigungswinkel: $\sin(\alpha) = \frac{60}{\sqrt{2975}}$; $\alpha \approx 65,4°$. **4 a)** Flächeninhalt der Grundfläche: $A = 6 \cdot A_{Dreieck} = \frac{3}{2}\sqrt{3} \cdot a^2$; Volumen des Prismas: $V = \frac{3}{2}\sqrt{3} \cdot a^3$. **b)** Oberflächeninhalt: $O = 2 \cdot A + 6 \cdot a^2 = 3(\sqrt{3} + 2) \cdot a^2$. **5 a)** Volumen: $V = \pi \cdot h \cdot (r_1^2 + r_2^2) \approx 7,9\,dm^3$ **b)** Wandfläche: $A = 2 \cdot \pi \cdot (r_1 + r_2) \cdot h + 2 \cdot \pi \cdot r_1^2 - \pi \cdot r_2^2 \approx 0,24\,m^2$ **6 a)** Bogenlänge Kreisausschnitt: $b = 2 \cdot \pi \cdot 20\,cm \cdot \frac{100°}{360°}$; Grundkreisradius: $r = 20\,cm \cdot \frac{100°}{360°} \approx 5,6\,cm$; Kegelhöhe: $h = \sqrt{(20\,cm)^2 - r^2} \approx 19,2\,cm$; Kegelvolumen: $V = \frac{1}{3} \cdot \pi \cdot r^2 \cdot h \approx 621\,cm^3$. **b)** Neigungswinkel: $\cos(\alpha) = \frac{r}{20\,cm} = \frac{5}{18}$; $\alpha \approx 73,9°$.

Anfangszeit: _____

+ 45 Minuten →

Abgabe: _____

1 (2 + 2 + 2 VP)
a) Ein Kreis hat den Radius r = 4,0 cm.
Wie groß sind der Umfang und der Flächeninhalt dieses Kreises?
b) Wie muss man den Radius eines Kreises verändern, wenn der Umfang fünfmal so groß werden soll?
c) Wie muss man den Radius eines Kreises verändern, wenn der Flächeninhalt halbiert werden soll?

2 (2 + 3 + 2 VP)
Der zylinderförmige Brunnentrog hat eine Wandstärke von 10 cm, der Boden ist 12 cm dick.
a) Wie viel Liter Wasser fasst der Trog?
b) Was wiegt der Trog, wenn das verwendete Material eine mittlere Dichte von $2,5 \frac{kg}{dm^3}$ hat?
c) Der Trog soll innen vollständig angemalt werden. Wie groß ist die anzumalende Fläche?

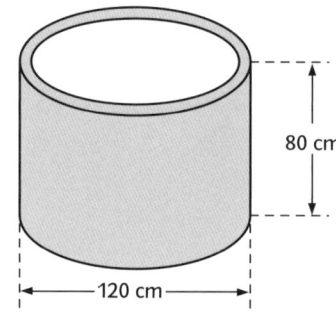

80 cm

120 cm

3 (3 + 2 VP)
In der Nähe des Bahnhofs in Ludwigsburg befindet sich eine reizvolle Brunnenanlage aus drei großen Steinkugeln von verschiedenem Material. Im „Nordpol" der Kugeln tritt Wasser aus, das in allen Richtungen gleichmäßig abfließt.

a) Die größte Kugel hat einen Durchmesser von etwa 2,0 m. Sie ist aus einem einzigen Granitwürfel herausgearbeitet worden.
Wie viel Prozent des Materials mussten mindestens von diesem Würfel entfernt werden?
b) Das Wasser tropft ab einer Höhe von 0,5 m über dem Boden von der Kugel ab.
Wie viel Prozent der Kugeloberfläche sind ständig mit Wasser bedeckt?

Aus der Formelsammlung

Kugelausschnitt (Kugelsektor)

$M = \pi r \varrho$ Kegelmantel
$O = \pi r(2h + \sqrt{h(2r - h)})$
$V = \frac{2}{3}\pi r^2 h$

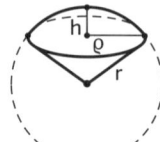

Kugelabschnitt (Kugelsegment)

$M = 2\pi r h$ Kugelkappe
$O = \pi h(4r - h)$
$V = \frac{\pi h^2}{3}(3r - h)$

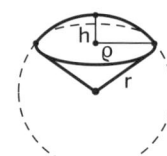

4 (6 VP)

Eine alte Eisenbahnbrücke ist aus mehreren Modulen zusammengesetzt. Eines dieser Module ist in der Abbildung grau getönt.

Welches Volumen hat ein solches Modul?

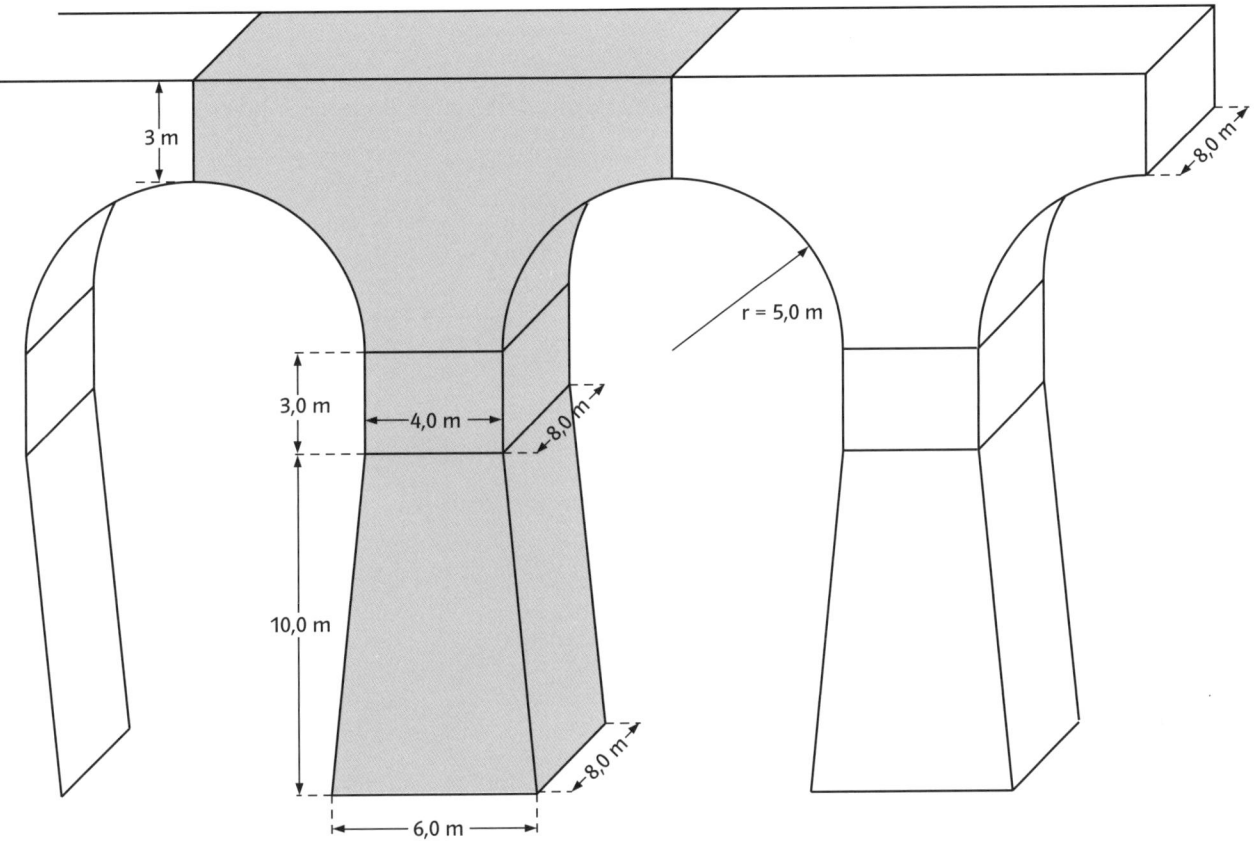

Lerntipps

zu Aufgabe 1

b) Die Überlegungen werden übersichtlich, wenn du mit geeigneten Variablen U_1, r_1, U_2, r_2 arbeitest und die Bedingung $U_2 = 5 \cdot U_1$ verwendest.

zu Aufgabe 2

a) Das eingefüllte Wasser hat die Form eines Zylinders. Achte auf die richtigen Maße.

b) Vergiss nicht, die Bodenfläche des Trogs zu berücksichtigen.

zu Aufgabe 3

a) Das Würfelvolumen ist der Grundwert, die Differenz aus Würfelvolumen und Kugelvolumen der Prozentwert.

b) Berechne die nicht von Wasser bedeckte Fläche. Verwende die richtige Formel!

zu Aufgabe 4

Mache dir klar, dass das Modul ein Prisma ist, dessen Grundfläche die Vorderseite des Körpers ist.

Berechne diese Grundfläche, die aus einfachen Teilflächen zusammengesetzt ist.

Anfangszeit: _____   + 45 Minuten ⟶   Abgabe: _____

1 (1 + 1 + 1 + 1 VP)
Löse die Formeln nach der Variablen a auf.
a) $A = \pi \cdot (a + b) \cdot b$

b) $V = \frac{1}{3} \cdot a^2 \cdot b$

c) $A = 2 \cdot (ab + bc + ac)$

d) $A = a^2 \sqrt{3} + a^2$

2 (1 + 4 + 3 VP)
Eine senkrechte Pyramide hat als Grundfläche ein Rechteck mit den Seitenlängen a = 6,0 cm und b = 4,0 cm. Die Pyramidenhöhe ist h = 8,0 cm.
a) Berechne das Volumen der Pyramide.
b) Wie lang sind die zur Spitze der Pyramide führenden Kanten?
c) Wie groß ist die Mantelfläche der Pyramide?

3 (4 + 3 VP)
Die Abbildung zeigt das Verkehrszeichen „Verbot für Fahrzeuge aller Art" (Zeichen 150) in der Größe 2 mit den in Millimetern angegebenen Maßen. Das Innenfeld und die sogenannte Lichtkante sind weiß, der Rand ist rot gefärbt.
a) Wie viel Prozent der Schildfläche sind rot gefärbt?
b) Wie müsste man den Radius des Innenfeldes wählen, damit es genauso so großen Flächeninhalt hat wie der dann schmaler werdende rote Kreisring?

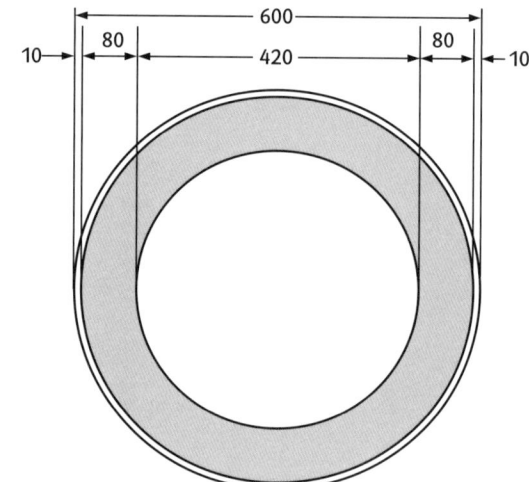

4 (2 + 3 VP)
Die Punkte A(0 | 0), B(u | v) und C(0 | v), u, v ∈ ℝ⁺, legen das Dreieck ABC fest.
a) Die Fläche des Dreiecks ABC rotiert um die y-Achse.
Wie groß ist das Volumen des dabei entstehenden Drehkörpers?
Wie verändert sich dieses Volumen, wenn man die Koordinaten der Punkte A, B und C verdoppelt?
b) Nun rotiert die Fläche des Dreiecks ABC um die x-Achse.
Beschreibe den dabei entstehenden Körper und berechne sein Volumen.

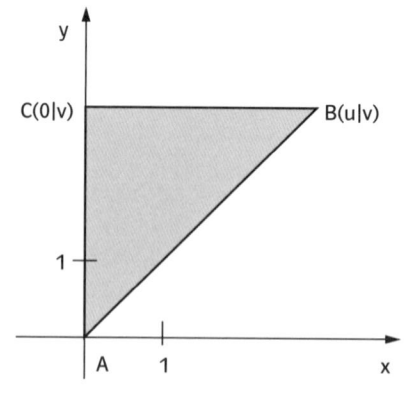

Lerntipps

zu Aufgabe 2
Beachte, dass die Pyramide keine quadratische Grundfläche hat.
zu Aufgabe 3
b) der Radius des Außenkreises des roten Rings bleibt unverändert. Lediglich der Radius des Innenkreises wird vergrößert. Verwende dafür einen neuen Variablennamen.
zu Aufgabe 4
Veranschauliche dir den Sachverhalt, indem du dein Geodreieck langsam rotieren lässt!

Anfangszeit: _____   + 45 Minuten →   Abgabe: _____

1 (2 VP)

Die Gondeln eines Kettenkarussells benötigen bei voller Fahrt mit $50\,\frac{km}{h}$ vier Sekunden für einen Umlauf. Wie groß ist der Radius der Kreisbahn, auf der sich die Gondeln bewegen?

2 (5 VP)

Welche der folgenden Aussagen über Körper sind wahr (w), welche falsch (f)? Kreuze an.

Aussage	w	f
1. Wenn man die Höhe eines Prismas halbiert, dann nimmt das Volumen auf die Hälfte ab.		
2. Das Netz eines senkrechten Prismas besteht immer ausschließlich aus Rechtecken.		
3. Wenn man den Flächeninhalt der Mantelfläche eines senkrechten Kreiszylinders verdoppelt, so entsteht immer ein Zylinder mit doppeltem Volumen.		
4. Wenn man bei einer senkrechten quadratischen Pyramide alle Streckenlängen verdoppelt, nimmt das Volumen um das Siebenfache zu.		
5. Das Verhältnis von Oberflächeninhalt zu Rauminhalt einer jeden Kugel ist konstant.		

3 (5 + 4 VP)

a) Die Abbildung 1 zeigt den Querschnitt des Innenraums eines Behälters, der aus zwei Zylindern zusammengesetzt ist. In jeder Minute strömen $100\,cm^3$ Wasser in den anfangs leeren Behälter.
Zeichne ein Schaubild, das die Füllhöhe h in Abhängigkeit von der Füllzeit t beschreibt.
Lies ab, nach welcher Zeit der Behälter zu 80 % seiner Höhe gefüllt ist.

b) Die Abbildung 2 zeigt für zwei andere Behälter, wie sich die Füllhöhe bei gleichmäßigem Zufluss mit der Füllzeit verändert.
Skizziere je einen möglichen Behälterquerschnitt für Behälter A und Behälter B und begründe kurz deine Wahl.

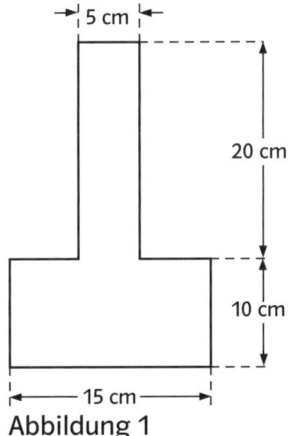

Abbildung 1

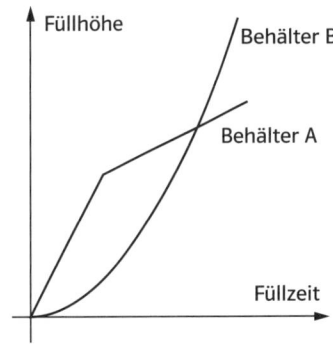

Abbildung 2

4 (4 + 4 VP)

Einem Spitzbogen aus zwei Kreisbögen mit dem Radius R wird ein Kreis mit dem Radius r einbeschrieben (siehe Abbildung).

a) Bestätige durch eine geeignete Rechnung:

$r = \frac{3}{8}R$.

b) Wie groß ist der Flächeninhalt der getönten Fläche in Abhängigkeit von R?

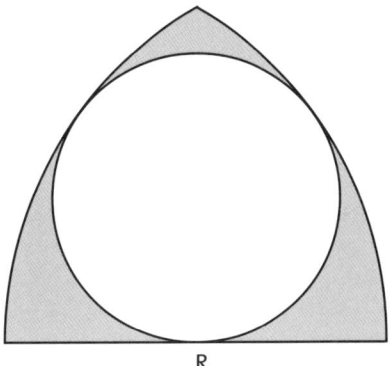

1 (5 VP)
Ein zylinderförmiger Baumstamm schwimmt im Wasser. Der helle Teil liegt unter Wasser, der getönte Teil befindet sich oberhalb der Wasserfläche (siehe Abbildung).
Wie viel Prozent des Holzvolumens liegen unter Wasser?

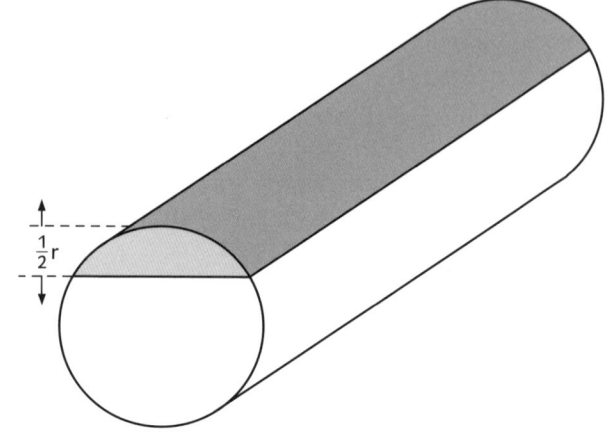

2 (4 VP)
Die Größen r, U und A stehen für den Radius, den Umfang und den Flächeninhalt eines Kreises. Welche der Abbildungen beschreiben den Zusammenhang zwischen den angegebenen Größen qualitativ korrekt?
Kreuze an.

Abbildung	1	2	3	4	5	6	7	8	9
Richtig									
Falsch									

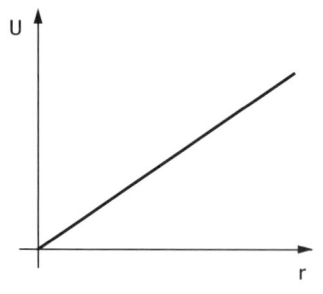

Abbildung 1

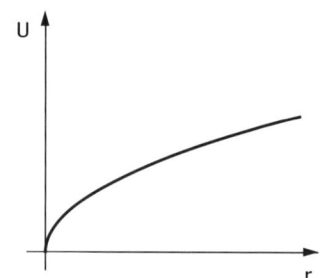

Abbildung 2

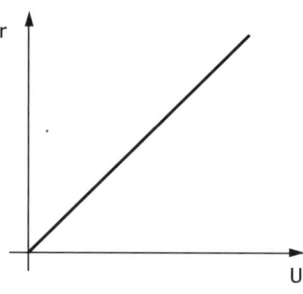

Abbildung 3

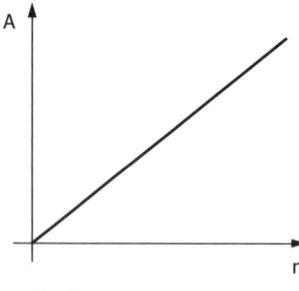

Abbildung 4

Abbildung 5

Abbildung 6

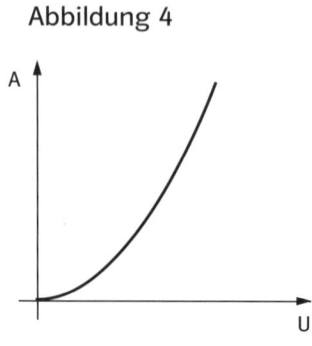

Abbildung 7

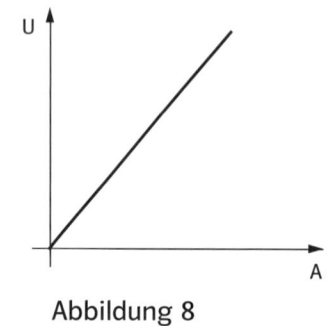

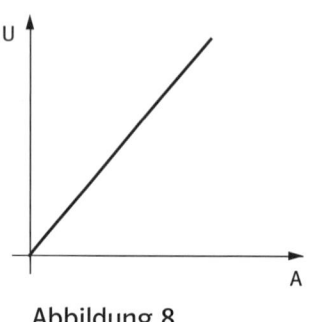

Abbildung 8

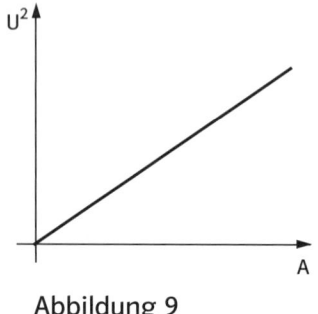

Abbildung 9

3 (2 + 3 VP)

Der Würfel ABCDEFGH hat die Kantenlänge a.

a) Bestimme das Volumen der Pyramide ABDG.
Wie würde sich das Pyramidenvolumen ändern,
wenn die Spitze nicht in G, sondern in Punkt P
läge?

b) Wie groß ist der Abstand des Punktes B von der
Ebene des Dreiecks AGD?

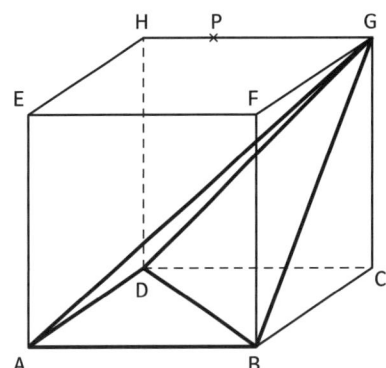

4 (3 + 5 + 2 VP)

Ein Denkmalsockel hat die Form des abgebildeten
Körpers. Die Grund- und die Deckfläche sind Rechtecke und liegen in zueinander parallelen Ebenen.
Zu jeder Seitenkante der Grundfläche gibt es eine
dazu parallele Seitenkante der Deckfläche.

a) Folgende Maße sind bekannt: a = 15 dm,
b = 10 dm, c = 12 dm, d = 6 dm, h = 12 dm.
Zeige, dass der Körper kein Pyramidenstumpf ist.

b) Leite eine Formel für das Volumen des Körpers
in Abhängigkeit von a, b, c, d, h her.

c) Wie kannst du durch Spezialisieren die von dir
hergeleitete Formel überprüfen?

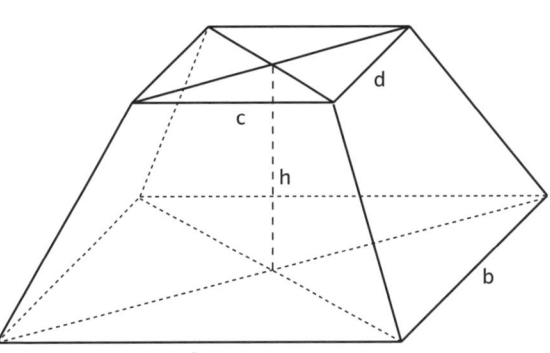

Lerntipps

Vorsicht Falle!

Nicht alles was aussieht wie ein Pyramidenstumpf, ist auch ein solcher, wie du am Beispiel der Aufgabe
4 erleben kannst. Prüfe also bei durch Abbildungen verdeutlichten Fragestellungen nach, ob die oft vor-
schnell angenommenen Eigenschaften der Figur auch tatsächlich zutreffen. Sind gezeichnete Geraden
wirklich parallel? Sind vermeintlich rechte Winkel auch solche? Sind vermeintlich nicht-rechte Winkel in
Wahrheit rechte Winkel? Schneiden sich drei oder mehr Geraden in ein und demselben Punkt?

Zur Berechnung des Volumens kannst du den Körper in geeignete Teilkörper zerlegen (Quader, Prismen,
Pyramiden) und diese getrennt berechnen.
Prüfe die erhaltene Volumenformel für Spezialfälle nach. Für a = c und b = d sollte sich beispielsweise die
Formel für das Volumen des Quaders mit den Kantenlängen a, b und h ergeben.

Klassenarbeit 6.1

1 (2 + 2 + 2 VP)
Gib hier und bei späteren Aufgaben immer zuerst die genauen Ergebnisse an. Runde dann in den Antwortsätzen sinnvoll.

a) Umfang des Kreises
Es gilt:
$$U = 2 \cdot \pi \cdot r$$
$$U = 2 \cdot \pi \cdot 4\,cm$$
$$U = 8\pi\,cm$$
$$U = 25{,}13\ldots cm$$
Der Kreisumfang beträgt etwa 25 cm.

Flächeninhalt des Kreises
Es gilt:
$$A = \pi \cdot r^2$$
$$A = \pi \cdot (4\,cm)^2$$
$$A = 16\pi\,cm^2$$
$$A = 50{,}26\ldots cm^2$$
Der Flächeninhalt beträgt etwa 50 cm².

b) *Rechne mit Variablen, nicht mit konkreten Daten. Du erkennst dabei, dass solche Überlegungen für alle Kreise gelten.*
Berechnung des neuen Radius
Der gegebene Kreis mit dem Radius r_1 hat den Umfang $U_1 = 2\pi r_1$. Der neue Kreis habe den Radius r_2. Er hat also den Umfang $U_2 = 2\pi r_2$.
Bed.: $U_2 = 5 \cdot U_1$
Daher: $2\pi r_2 = 5 \cdot 2\pi r_1$
$$r_2 = 5r_1$$
Der Kreisradius muss fünfmal so groß werden wie der ursprüngliche Radius.

c) Berechnung des neuen Radius
Der gegebene Kreis mit dem Radius r_1 hat den Flächeninhalt $A_1 = \pi r_1^2$. Der neue Kreis habe den Radius r_2. Er hat also den Flächeninhalt $A_2 = \pi r_2^2$.
Bed.: $A_2 = \frac{1}{2} \cdot A_1$
Folglich: $\pi r_2^2 = \frac{1}{2} \cdot \pi r_1^2$
$$r_2^2 = \frac{1}{2}r_1^2$$
$$r_2 = \sqrt{\tfrac{1}{2}} \cdot r_1$$
$$r_2 = \tfrac{1}{2}\sqrt{2} \cdot r_1$$
Der Kreisradius muss $\frac{1}{2}\sqrt{2} \cdot r_1$-mal so groß sein wie der ursprüngliche Radius.

2 (2 + 3 + 2 VP)
Lege in einer Skizze die verwendeten Variablen fest. Notiere alle bekannten Maße. Achte dabei auf Flächen bzw. Körper, zu deren Berechnung du Formeln zur Verfügung hast.

a) Fassungsvermögen des Trogs

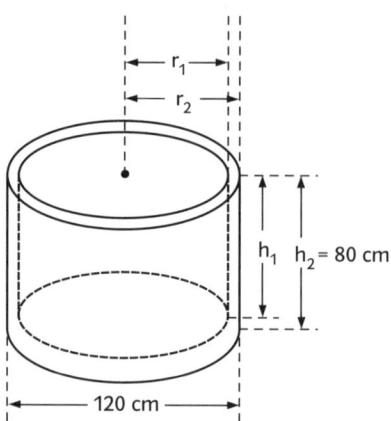

Der mit Wasser gefüllte Teil des Brunnentrogs hat die Form eines Zylinders.
Es gilt:
Zylinderradius: $r_1 = r_2 - 10\,cm = 50\,cm$
Zylinderhöhe: $h_1 = h_2 - 12\,cm = 68\,cm$
Zylindervolumen:
$$V_1 = \pi \cdot r_1^2 \cdot h_1$$
$$V_1 = \pi \cdot (50\,cm)^2 \cdot 68\,cm$$
$$V_1 = 170\,000\,\pi\,cm^3$$
$$V_1 = 170\,\pi\,dm^3$$
$$V_1 = 534{,}07\ldots dm^3$$
Der Trog fasst etwa 534 Liter Wasser.

b) Volumen des Brunnenbehälters
Das Volumen V_B des Behälters lässt sich berechnen, indem man zunächst das Volumen des Zylinders mit dem Radius r_2 und der Höhe h_2 berechnet. Davon wird das in Teilaufgabe a) berechnete Fassungsvermögen subtrahiert.
$$V_B = V_2 - V_1$$
$$V_B = \pi \cdot r_2^2 \cdot h_2 - 170\,\pi\,dm^3$$
$$V_B = \pi \cdot (60\,cm)^2 \cdot 80\,cm - 170\,\pi\,dm^3$$
$$V_B = 288\,000\,\pi\,cm^3 - 170\,\pi\,dm^3$$
$$V_B = 288\,\pi\,dm^3 - 170\,\pi\,dm^3$$
$$V_B = 118\,\pi\,dm^3$$
$$V_B = 370{,}70\ldots dm^3$$
Der Brunnenbehälter hat ein Volumen von etwa 371 dm³.

Masse des Behälters
Es gilt: $\varrho = \frac{m}{V}$
Somit: $m = \varrho \cdot V_B$
$$m = 2{,}5\,\tfrac{kg}{dm^3} \cdot 118\,\pi\,dm^3$$
$$m = 926{,}76\ldots kg$$
Der Brunnentrog hat etwa die Masse 927 kg.

Alternative
Man kann das Volumen des Behälters auch ermitteln, indem man zuerst nur das Wandvolumen für die gesamte Höhe des Trogs ermittelt. Anschließend muss noch der Zylinder berechnet werden, der den eingesetzten Boden bildet.
Dann ergibt sich:
$$V_B = (\pi \cdot r_2^2 \cdot h_2 - \pi \cdot r_1^2 \cdot h_2) + \pi \cdot r_1^2 \cdot (h_2 - h_1)$$
Vereinfachen führt zu:
$$V_B = \pi \cdot r_2^2 \cdot h_2 - \pi \cdot r_1^2 \cdot h_2 + \pi \cdot r_1^2 \cdot h_2 - \pi \cdot r_1^2 \cdot h_1$$
$$V_B = \pi \cdot r_2^2 \cdot h_2 - \pi \cdot r_1^2 \cdot h_1$$
Dies ist genau die in der vorherigen Lösung genannte Gleichung $V_B = V_2 - V_1$.

c) Flächeninhalt der Innenwand
Die Innenwand ist Mantel eines Zylinders mit dem Radius r_1 und der Höhe h_1. Daher gilt für den Flächeninhalt:
$$M_1 = 2\pi \cdot r_1 \cdot h_1$$
$$M_1 = 2\pi \cdot 50\,cm \cdot 68\,cm$$
$$M_1 = 6800\,\pi\,cm^2$$
$$M_1 = 68\,\pi\,dm^2$$
Flächeninhalt des Bodens
Der Boden ist ein Kreis mit dem Radius r_1.
Folglich:
$$A_1 = \pi \cdot r_1^2$$
$$A_1 = \pi \cdot (50\,cm)^2$$
$$A_1 = 2500\,\pi\,cm^2$$
$$A_1 = 25\,\pi\,dm^2$$
Anzumalende Fläche
$$A = M_1 + A_1$$
$$A = 68\,\pi\,dm^2 + 25\,\pi\,dm^2$$
$$A = 93\,\pi\,dm^2$$
$$A = 292{,}16\ldots\,dm^2$$
Insgesamt benötigt man Farbe für eine Fläche von etwa $3\,m^2$.

3 (3 + 2 VP)
a) Materialverlust
Die Kantenlänge a des Granitwürfels muss mindestens so groß sein wie der Durchmesser der Kugel.
Volumen V_1 des Granitwürfels
$$V_1 = a^3$$
$$V_1 = (2\,m)^3$$
$$V_1 = 8\,m^3$$
Volumen V_2 der Kugel
$$V_2 = \tfrac{4}{3}\pi r^3$$
$$V_2 = \tfrac{4}{3}\pi \cdot (1\,m)^3$$
$$V_2 = \tfrac{4}{3}\pi\,m^3$$

Materialverlust
$$V = V_1 - V_2$$
$$V = 8\,m^3 - \tfrac{4}{3}\pi\,m^3$$
$$V = \left(8 - \tfrac{4}{3}\pi\right)m^3$$
Prozentualer Verlust
$$p = \frac{V}{V_1}$$
$$p = \frac{8\,m^3 - \tfrac{4}{3}\pi\,m^3}{8\,m^3}$$
$$p = 0{,}476\ldots$$
Vom Granitwürfel mussten mindestens etwa 47,6 % weggeschlagen werden.

b) Auswahl der Formel
Die nicht von Wasser bedeckte Fläche ist die Mantelfläche eines Kugelabschnitts (Kugelsegments), eine Kugelkappe. Für den Inhalt dieser Fläche gilt gemäß Formelsammlung:
$$M = 2\pi r h$$
Die Höhe h der Kugelkappe ist nach Aufgabenstellung 0,5 m.
Anteil der Mantelfläche an der Kugeloberfläche
$$p = \frac{M}{O}$$
$$p = \frac{2\pi r h}{4\pi r^2}$$
$$p = \frac{h}{2r}$$
$$p = \frac{0{,}5\,m}{2{,}0\,m}$$
$$p = 0{,}25$$
Die nicht von Wasser bedeckte Fläche macht 25 % der Kugeloberfläche aus. Folglich sind 75 % der Kugeloberfläche ständig mit Wasser bedeckt.

Bemerkung
Die Auswahl der richtigen Formel kann manchmal ein Problem sein. Allerdings erkennst du sofort, dass zwei der sechs angegebenen Formeln nicht geeignet sind, da sie zur Berechnung von Volumina verwendet werden. Du willst aber einen Teil der Kugeloberfläche berechnen.
Eine erste Auswahl muss klären, ob ein Kugelausschnitt oder ein Kugelabschnitt gemeint ist. Erinnere dich an die analogen Beziehungen beim Kreis:

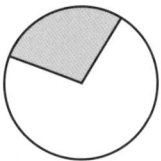

Kreisausschnitt

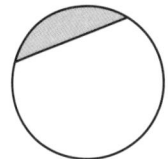

Kreisabschnitt

Damit ist der Kreisabschnitt die richtige Wahl. Jetzt stehen nur noch zwei Formeln zur Wahl:

$M = 2\pi rh$

$O = \pi r(4r - h)$

Stelle dir den Kugelabschnitt wirklich abgeschnitten vor. Seine Oberfläche besteht aus dem gewölbtem Teil der Kugeloberfläche und aus der Fläche des Schnittkreises. Die Schnittkreisfläche spielt bei der Brunnenkugel sicher keine Rolle. Somit ist $M = 2\pi rh$ die hier einzige mögliche Formel.

Du kannst zur Kontrolle $h = r$ wählen. Dann bildet die Kugelkappe eine Halbkugel, deren Oberfläche bekanntlich mit $2\pi r^2$ berechnet wird. Die gewählte Formel liefert ebenfalls diesen Wert.

Eine solche Kontrolle bestärkt das Zutrauen in die Auswahl.

4 (6 VP)

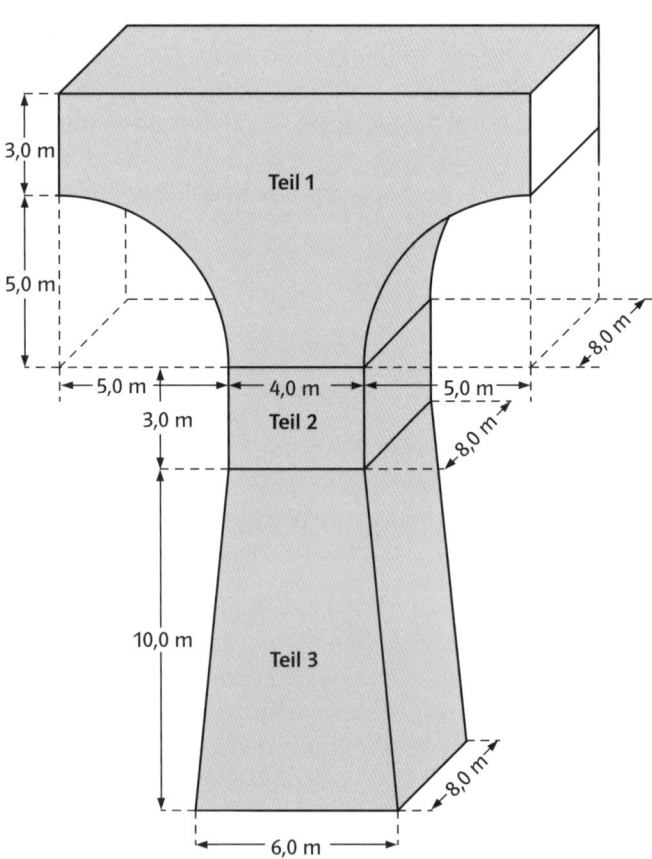

Alle drei Teile des Moduls können als Prismen mit der Höhe 8,0 m aufgefasst werden. Die dem Betrachter zugewandten Flächen sind dann die Grundflächen der Prismen.

Grundfläche von Teil 1

Diese Fläche besteht aus einer Rechtecksfläche der Länge 14,0 m und der Breite 8,0 m, aus der man zwei Viertelkreise mit dem Radius 5,0 m herausgeschnitten hat.

Für den Inhalt dieser Fläche erhält man daher:

$A_1 = 14\,m \cdot 8\,m - \frac{1}{2} \cdot \pi \cdot (5\,m)^2$

$A_1 = 112\,m^2 - 12{,}5\,\pi\,m^2$

$A_1 = (112 - 12{,}5\,\pi)\,m^2$

Grundfläche von Teil 2

Diese Fläche ist ein Rechteck mit der Länge 4,0 m und der Breite 3,0 m.

Für den Flächeninhalt ergibt sich:

$A_2 = 4\,m \cdot 3\,m$

$A_2 = 12\,m^2$

Grundfläche von Teil 3

Die Fläche ist ein Trapez, bei dem die parallelen Seiten die Längen 6,0 m und 4,0 m haben. Die Trapezhöhe ist 10,0 m. Für den Flächeninhalt dieses Trapezes folgt daraus:

$A_3 = \frac{1}{2} \cdot (6\,m + 4\,m) \cdot 10\,m$

$A_3 = 50\,m^2$

Gesamte Prismengrundfläche

Für die Grundfläche des Moduls erhält man:

$A = A_1 + A_2 + A_3$

$A = (112 - 12{,}5\,\pi)\,m^2 + 12\,m^2 + 50\,m^2$

$A = (174 - 12{,}5\,\pi)\,m^2$

Volumen des Moduls

Für das Prisma gilt:

$V = A \cdot h$

$V = (174 - 12{,}5\,\pi)\,m^2 \cdot 8\,m$

$V = (1382 - 100\,\pi)\,m^3$

$V = 1077{,}84\ldots m^3$

Eines der Module hat etwa das Volumen 1100 m³.

Klassenarbeit 6.2

1 (1 + 1 + 1 + 1 VP)

a)
$$A = \pi(a + b)\cdot b \qquad | : (\pi\cdot b)$$
$$\frac{A}{\pi\cdot b} = a + b \qquad | - b$$
$$\frac{A}{\pi\cdot b} - b = a$$
$$a = \frac{A}{\pi\cdot b} - b$$

b)
$$V = \frac{1}{3}\cdot a^2\cdot b \qquad | : b$$
$$\frac{V}{b} = \frac{1}{3}\cdot a^2 \qquad | \cdot 3$$
$$\frac{3\cdot V}{b} = a^2$$
$$a^2 = \frac{3\cdot V}{b}$$
$$a = \sqrt{\frac{3\cdot V}{b}}$$

c)
$$A = 2\cdot(ab + bc + ac) \qquad | : 2$$
$$\frac{A}{2} = ab + bc + ac \qquad | KG$$
$$\frac{A}{2} = ab + ac + bc \qquad | - bc$$
$$\frac{A}{2} - bc = ab + ac \qquad | DG$$
$$\frac{A}{2} - bc = a\cdot(b + c)$$
$$a\cdot(b + c) = \frac{A}{2} - bc \qquad | : (b + c)$$
$$a = \left(\frac{A}{2} - bc\right):(b + c)$$
$$a = \frac{A - 2bc}{2\cdot(b + c)}$$

d)
$$A = a^2\sqrt{3} + a^2 \qquad | DG$$
$$A = a^2\cdot(\sqrt{3} + 1) \qquad | : (\sqrt{3} + 1)$$
$$\frac{A}{\sqrt{3} + 1} = a^2$$
$$a^2 = \frac{A}{\sqrt{3} + 1} \qquad | \text{Rationalmachen des Nenners}$$
$$a^2 = \frac{A\cdot(\sqrt{3} - 1)}{(\sqrt{3} + 1)\cdot(\sqrt{3} - 1)}$$
$$a^2 = \frac{A\cdot(\sqrt{3} - 1)}{(\sqrt{3})^2 - 1^2}$$
$$a^2 = \frac{A(\sqrt{3} - 1)}{2}$$
$$a^2 = \frac{1}{2}(\sqrt{3} - 1)\cdot A$$
$$a = \sqrt{\frac{1}{2}(\sqrt{3} - 1)\cdot A}$$

2 (1 + 4 + 3 VP)

Fertige bei derartigen Fragestellungen eine saubere und vollständig beschriftete Zeichnung an. Markiere bekannte Längen und Winkel, bezeichne Punkte der Figur und benenne gesuchte Längen. Verwende Farben!

a) Pyramidenvolumen
Es gilt:
$$V = \frac{1}{3}\cdot a\cdot b\cdot h$$
Folglich:
$$V = \frac{1}{3}\cdot 6\,cm\cdot 4\,cm\cdot 8\,cm$$
$$V = 64\,cm^3$$

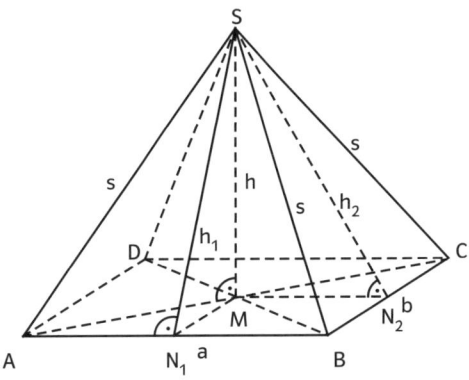

b) Kantenlänge
Alle Kanten AS, BS, CS und DS haben die gleiche Länge s, da es sich um eine senkrechte Pyramide handelt, die Pyramidenspitze S also lotrecht über dem Mittelpunkt M der Grundfläche liegt.
Im rechtwinkligen Dreieck AMS gilt mit dem Satz von Pythagoras:
$$\overline{AS}^2 = \overline{AM}^2 + \overline{MS}^2$$
(1)
$$s^2 = \left(\frac{1}{2}\overline{AC}\right)^2 + h^2$$
Im rechtwinkligen Dreieck ABC gilt mit dem Satz des Pythagoras:
$$\overline{AC}^2 = \overline{AB}^2 + \overline{BC}^2$$
(2)
$$\overline{AC}^2 = a^2 + b^2$$
Einsetzen von (2) in (1):
$$s^2 = \frac{1}{4}\cdot(a^2 + b^2) + h^2$$
$$s = \sqrt{\frac{1}{4}\cdot(a^2 + b^2) + h^2}$$
Somit:
$$s = \sqrt{\frac{1}{4}((6\,cm)^2 + (4\,cm)^2) + (8\,cm)^2}$$
$$s = \sqrt{77}\,cm$$
Die zur Spitze führenden Kanten sind etwa 8,8 cm lang.

c) Mantelfläche
Der Mantel der Pyramide besteht aus zwei Paaren von je zwei kongruenten Dreiecken.
Daher gilt für den Flächeninhalt:
$$M = 2\cdot A_{\triangle ABS} + 2\cdot A_{\triangle BCS}$$
$$M = 2\cdot\frac{1}{2}\cdot\overline{AB}\cdot\overline{N_1 S} + 2\cdot\frac{1}{2}\cdot\overline{BC}\cdot\overline{N_2 S}$$
(1)
$$M = \overline{AB}\cdot\overline{N_1 S} + \overline{BC}\cdot\overline{N_2 S}$$
Im rechtwinkligen Dreieck $N_1 MS$ lässt sich $N_1 S$ mit dem Satz des Pythagoras berechnen:
$$\overline{N_1 S}^2 = \overline{N_1 M}^2 + \overline{MS}^2$$
$$\overline{N_1 S}^2 = \left(\frac{1}{2}b\right)^2 + h^2$$
(2)
$$\overline{N_1 S} = \sqrt{\frac{1}{4}b^2 + h^2}$$
Im rechtwinkligen Dreieck $N_2 MS$ lässt sich $\overline{N_2 S}$ mit dem Satz des Pythagoras berechnen:

$$\overline{N_2S}^2 = \overline{N_2M} + \overline{MS}^2$$

$$\overline{N_2S}^2 = \left(\tfrac{1}{2}a\right)^2 + h^2$$

(3) $\overline{N_2S} = \sqrt{\tfrac{1}{4}a^2 + h^2}$

Einsetzen von (2) und (3) in (1):

$$M = a \cdot \sqrt{\tfrac{1}{4}b^2 + h^2} + b \cdot \sqrt{\tfrac{1}{4}a^2 + h^2}$$

Mit den gegebenen Daten folgt daraus:

$$M = 6\,cm \cdot \sqrt{\tfrac{1}{4} \cdot (4\,cm)^2 + (8\,cm)^2}$$
$$\quad + 4\,cm \cdot \sqrt{\tfrac{1}{4} \cdot (6\,cm)^2 + (8\,cm)^2}$$

$$M = 6\,cm \cdot \sqrt{68\,cm^2} + 4\,cm \cdot \sqrt{73\,cm^2}$$

$$M = (6\sqrt{68} + 4\sqrt{73})\,cm^2$$

Der Pyramidenmantel hat näherungsweise den Flächeninhalt $84\,cm^2$.

3 (4 + 3 VP)

a) Flächeninhalt des Verkehrsschilds

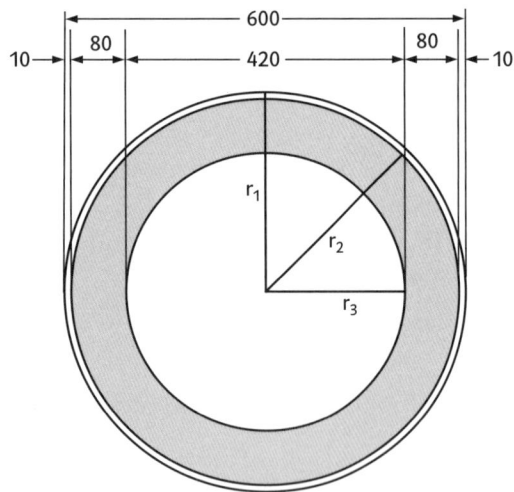

Das Schild ist kreisförmig. Der Kreisradius ist
$r_1 = 300\,mm$.
Somit:
$$A_1 = \pi \cdot r_1^2$$
$$A_1 = \pi \cdot (300\,mm)^2$$
$$A_1 = 90\,000\,\pi\,mm^2$$

Flächeninhalt des roten Kreisrings
Die Ränder des roten Kreisrings sind Kreise mit den
Radien $r_2 = 290\,mm$ und $r_3 = 210\,mm$.
Folglich:
$$A_{Ring} = A_2 - A_3$$
$$A_{Ring} = \pi \cdot r_2^2 - \pi \cdot r_3^2$$
$$A_{Ring} = \pi \cdot (r_2^2 - r_3^2)$$
$$A_{Ring} = \pi \cdot ((290\,mm)^2 - (210\,mm)^2)$$
$$A_{Ring} = 40\,000\,\pi\,mm^2$$

Prozentsatz
$$p = \frac{A_{Ring}}{A_1}$$
$$p = \frac{40\,000\,\pi\,mm^2}{90\,000\,\pi\,mm^2}$$
$$p = \frac{4}{9}$$
$$p = 0{,}444\ldots$$
Etwa 44,4 % der Fläche des Verkehrsschilds sind rot
gefärbt.

b) Radius des Innenfelds
Der Radius des neuen weißen Innenfelds sei r_i. Für
den Flächeninhalt dieses Kreises folgt dann:
$$A_i = \pi \cdot r_i^2$$
Der neue rote Ring wird von zwei Kreisen mit den
Radien r_2 und r_i berandet. Für seinen Flächeninhalt
ergibt sich:
$$A_{Ring} = A_2 - A_i$$
$$A_{Ring} = \pi \cdot r_2^2 - \pi \cdot r_i^2$$
$$A_{Ring} = \pi \cdot (r_2^2 - r_i^2)$$
Bedingung: $A_i = A_{Ring}$
Daraus folgt:
$$\pi r_i^2 = \pi (r_2^2 - r_i^2)$$
$$r_i^2 = r_2^2 - r_i^2$$
$$2r_i^2 = r_2^2$$
$$r_i^2 = \tfrac{1}{2}r_2^2$$
$$r_i = \sqrt{\tfrac{1}{2}} \cdot r_2$$
$$r_i = \tfrac{1}{2}\sqrt{2} \cdot r_2$$
$$r_i = 205{,}06\ldots\,mm$$
Der weiße innere Kreis müsste etwa den Radius
205 mm haben.

Alternative
Wenn der weiße innere Kreis denselben Flächenin-
halt wie der rote Kreisring haben soll, dann muss der
Kreis mit dem Radius r_2 doppelt so großen Inhalt ha-
ben wie der Kreis mit dem Radius r_i:
$$A_2 = 2 \cdot A_i$$
Dies führt sofort auf die Gleichung:
$$\pi r_2^2 = 2 \cdot \pi \cdot r_i^2$$
Daraus ergibt sich wie oben $r_i = \tfrac{1}{2}\sqrt{2} \cdot r_2$.

4 (2 + 3 VP)

a) Form des Drehkörpers

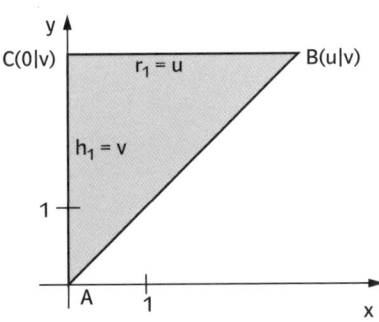

Wenn die Fläche des Dreiecks ABC um die y-Achse rotiert, dann entsteht ein gerader Kreiskegel. Der Radius des Grundkreises ist $r_1 = u$, die Kegelhöhe ist $h_1 = v$.

Volumen des Kegels
Es gilt:
$$V_1 = \frac{1}{3} \cdot \pi \cdot r_1^2 \cdot h_1$$
$$V_1 = \frac{1}{3} \cdot \pi \cdot u^2 \cdot v$$

Volumen des neuen Kegels
Verdoppelung aller Koordinaten führt zum neuen Grundkreisradius $r_2 = 2u$ und der Kegelhöhe $h_2 = 2v$.
Folglich:
$$V_2 = \frac{1}{3} \cdot \pi \cdot r_2^2 \cdot h_2$$
$$V_2 = \frac{1}{3} \cdot \pi \cdot (2u)^2 \cdot (2v)$$
$$V_2 = \frac{1}{3} \cdot \pi \cdot 4u^2 \cdot 2v$$
$$V_2 = 8 \cdot \left(\frac{1}{3} \cdot \pi \cdot u^2 \cdot v \right)$$
$$V_2 = 8 \cdot V_1$$
Das Volumen des Kegels wird achtmal so groß.

b) Form des Drehkörpers

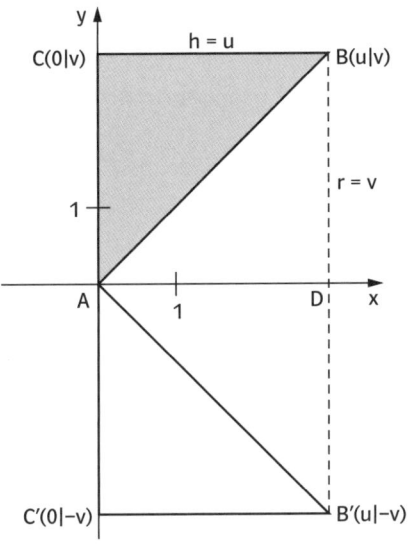

Wenn die Fläche des Rechtecks ADBC um die x-Achse rotiert, erzeugt sie einen Zylinder. Der Zylinder hat den Grundkreisradius $r = v$ und die Höhe $h = u$. Der entstehende Drehkörper ist demzufolge ein Zylinder, aus dem ein Kegel mit gleichem Grundkreisradius und gleicher Höhe entfernt wurde.

Volumen des Drehkörpers
Es gilt:
$$V = V_{Zylinder} - V_{Kegel}$$
$$V = \pi \cdot r^2 \cdot h - \frac{1}{3} \cdot \pi \cdot r^2 \cdot h$$
$$V = \frac{2}{3} \cdot \pi \cdot r^2 \cdot h$$
Hier also:
$$V = \frac{2}{3} \cdot \pi \cdot u \cdot v^2$$

Bemerkung
Das Vorstellen der entstehenden Rotationskörper ist nicht immer einfach, kann aber trainiert werden. Hier findest du drei Beispiele. Die Körper sollen um die x-Achse oder die y-Achse rotieren.
Beschreibe die entstehenden Körper. Erst überlegen, dann weiterlesen!

1. Beispiel   *2. Beispiel*   *3. Beispiel*

 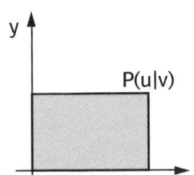 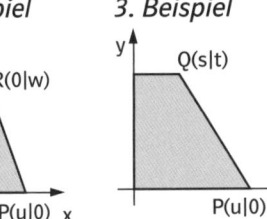

Lösungen

Beispiel	Rotation	
	um x-Achse	*um y-Achse*
1	*Zylinder mit dem Radius v und der Höhe u*	*Zylinder mit dem Radius u und der Höhe v*
2	*Doppelkegel mit dem Grundkreisradius w und der Kegelhöhe u*	*Kegel mit dem Grundkreisradius u und der Höhe w.*
3	*Zylinder mit aufgesetztem Kegel mit dem Grundkreisradius t, der Zylinderhöhe s und der Kegelhöhe u – s.*	*Kegelstumpf mit den Grundkreisradien u und s und der Höhe t.*

Klassenarbeit 6.3

1 (2 VP)
Umfang der Kreisbahn
$U = s = v \cdot t$
$U = 50 \, \frac{km}{h} \cdot 4 \, s$
$U = 50 \cdot \frac{1000 \, m}{3600 \, s} \cdot 4 \, s$
$U = \frac{500}{9} \, m$

Radius der Kreisbahn
$U = 2 \cdot \pi \cdot r$
$r = \frac{U}{2 \cdot \pi}$
$r = \frac{500 \, m}{9 \cdot 2 \cdot \pi}$
$r = 8,84 \dots m$

Die Gondeln bewegen sich auf einer Bahn mit etwa 9 m Radius.

2 (5 VP)

Aussage	w	f
1. Wenn man die Höhe eines Prismas halbiert, dann nimmt das Volumen auf die Hälfte ab.	X	
2. Das Netz eines senkrechten Prismas besteht immer ausschließlich aus Rechtecken.		X
3. Wenn man den Flächeninhalt der Mantelfläche eines senkrechten Kreiszylinders verdoppelt, so entsteht immer ein Zylinder mit doppeltem Volumen.		X
4. Wenn man bei einer senkrechten quadratischen Pyramide alle Streckenlängen verdoppelt, nimmt das Volumen um das Siebenfache zu.	X	
5. Das Verhältnis von Oberflächeninhalt zu Rauminhalt einer jeden Kugel ist konstant.		X

Begründungen
1. Ein Prisma mit der Grundfläche vom Inhalt G und einer Höhe h hat das Volumen V = G · h.
Halbiert man h bei unveränderter Grundfläche G, so wird das Produkt G · h halbiert und damit auch das Volumen.
Die Aussage ist wahr.
2. Es gibt senkrechte Prismen mit z. B. dreieckiger Grundfläche.
Damit enthält das Netz neben Rechtecken auch zwei Dreiecke.
Die Aussage ist falsch.
3. Angenommen, man verdoppelt den Flächeninhalt der Mantelfläche dadurch, dass man den Umfang des Zylindergrundkreises verdoppelt und die Zylinderhöhe beibehält. Dann ist der Radius des Grundkreises doppelt so groß geworden und der Flächeninhalt des Grundkreises viermal so groß. Folglich ist das Zylindervolumen viermal so groß geworden.

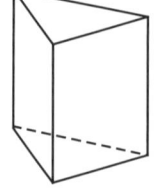

$M = U \cdot h = 2 \pi r \cdot h$
$V = r^2 \pi h$
$M' = (2 \, U) \cdot h = 2 \cdot (2 \pi r) \cdot h$
$M' = 2 \pi (2 \, r) \cdot h$
$V' = (2 \, r)^2 \pi h$
$V' = 4 r^2 \pi h$
$V' = 4 \cdot V$
Die Aussage ist daher falsch.

Bemerkung
Verdoppelt man den Flächeninhalt der Mantelfläche, indem man den Umfang des Grundkreises beibehält, aber die Zylinderhöhe verdoppelt, dann wird das Volumen des Zylinders verdoppelt.

4. Wenn man alle Streckenlängen verdoppelt, so nimmt das Volumen der Pyramide auf das Achtfache zu:
Aus $V = \frac{1}{3} \cdot a^2 \cdot h$ wird:
$V' = \frac{1}{3} \cdot (2 \, a)^2 \cdot (2 \, h)$
$V' = \frac{1}{3} \cdot a^2 \cdot h \cdot 8$
$V' = 8 \cdot V$

Es erfolgt also eine Volumenzunahme um das Siebenfache.
Die Aussage ist also wahr.
5. Der Oberflächeninhalt einer Kugel mit dem Radius r beträgt $O = 4 \pi r^2$, das Kugelvolumen beträgt $V = \frac{4}{3} \pi r^3$.
Daher gilt für das Verhältnis:
$\frac{O}{V} = \frac{4 \pi r^2}{\frac{4}{3} \pi r^3}$
$\frac{O}{V} = \frac{3}{r}$
Dieses Verhältnis hängt von r ab, ist also nicht konstant.
Die Aussage ist falsch.

3 (5 + 4 VP)
a) Abhängigkeit der Füllhöhe von der Füllzeit
Bei jedem geraden Kreiszylinder ist das Volumen bei gegebener Grundfläche G proportional zur Höhe h: $V = G \cdot h$
Das Volumen nimmt in jeder Sekunde um 100 cm³ zu. Daher ist das Volumen auch proportional zur Füllzeit t:
$V = 100 \, \frac{cm^3}{min} \cdot t$
Folglich gilt:
$$G \cdot h = 100 \frac{cm^3}{min} \cdot t$$
(*) $\quad \pi \cdot r^2 \cdot h = \left(100 \frac{cm^3}{min} \cdot t\right)$
$$h = \left(100 \frac{cm^3}{min} \cdot t\right) : (\pi \cdot r^2)$$
Die Füllhöhe bei einem Zylinder ist daher auch proportional zur Füllzeit.

Füllzeit für den unteren Zylinder
Mit h = 10 cm und r = 7,5 cm folgt aus (*):

$\pi \cdot (7,5\,\text{cm})^2 \cdot 10\,\text{cm} = 100\,\frac{\text{cm}^3}{\text{min}} \cdot t$

$t = (\pi \cdot 7,5^2 \cdot 10\,\text{cm}^3) : \left(100\,\frac{\text{cm}^3}{\text{min}}\right)$

$t = 17{,}671\ldots\,\text{min}$

Nach etwa 17,7 min ist der untere Zylinder voll und es beginnt die Füllung des oberen Zylinders.

Füllzeit für den oberen Zylinder
Mit h = 20 cm und r = 2,5 cm folgt aus (*):

$\pi \cdot (2,5\,\text{cm})^2 \cdot 20\,\text{cm} = 100\,\frac{\text{cm}^3}{\text{min}} \cdot t$

$t = (\pi \cdot 2,5^2 \cdot 20\,\text{cm}^3) : \left(100\,\frac{\text{cm}^3}{\text{min}}\right)$

$t = 3{,}92\ldots\,\text{min}$

Nach weiteren 3,9 min ist auch der obere Zylinder gefüllt.

Zeit für 80 % Füllhöhe
Ablesung am Diagramm ergibt: Der Behälter ist nach etwa 20,5 min zu 80 % der Höhe, das sind 24 cm, gefüllt.

b) Behälter A
Der erste Teil der Kurve ist Schaubild einer linearen Funktion. Die Füllhöhe ist daher proportional zur Füllzeit. Der untere Teil des Behälters ist wohl ein Prisma (Quader, Zylinder, dreiseitiges Prisma, …) Der zweite Teil ist ebenfalls Schaubild einer linearen Funktion. Die Geradensteigung ist kleiner als im ersten Teil. D. h.: In gleichen Zeitabschnitten nimmt die Füllhöhe weniger stark zu. Der obere Teil des Behälters ist erneut ein Prisma, aber mit größerem Querschnitt.

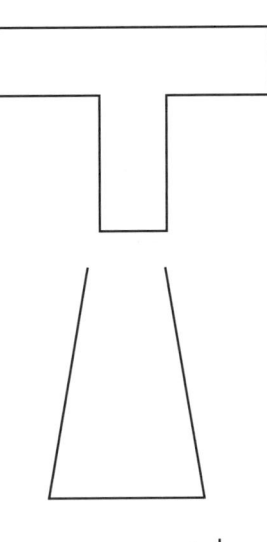

Behälter B
In gleichen Zeitabschnitten nimmt die Füllhöhe immer stärker zu. Der Behälter muss also nach oben hin auf jeden Fall immer enger werden.

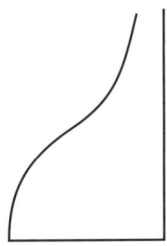

Schaubild

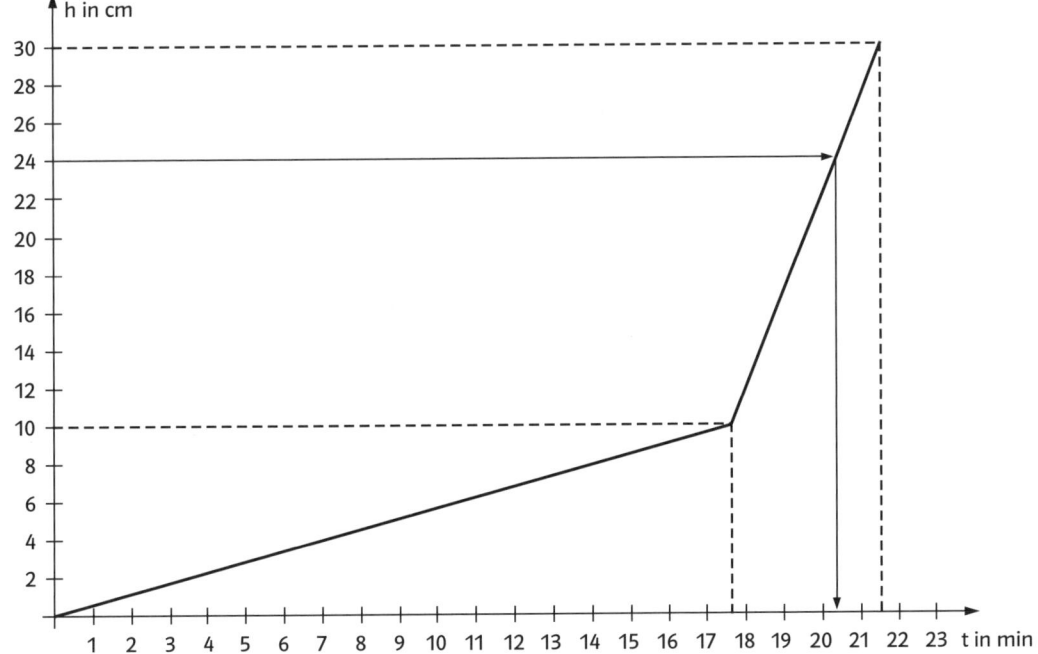

Bemerkungen
Behälter A
Allgemein gilt: Der untere bzw. obere Teil des Behälters ist ein Körper, der auf jeder Höhe eine Querschnittsfläche vom gleichen Inhalt hat. Wenn man erkennt, dass die Steigung der Geraden für den oberen Behälter nur noch ein Viertel der Steigung für den unteren Behälter beträgt, dann weiß man sogar, dass die Querschnittsfläche oben viermal so groß wie unten sein muss.
Beispiele für Behälterformen

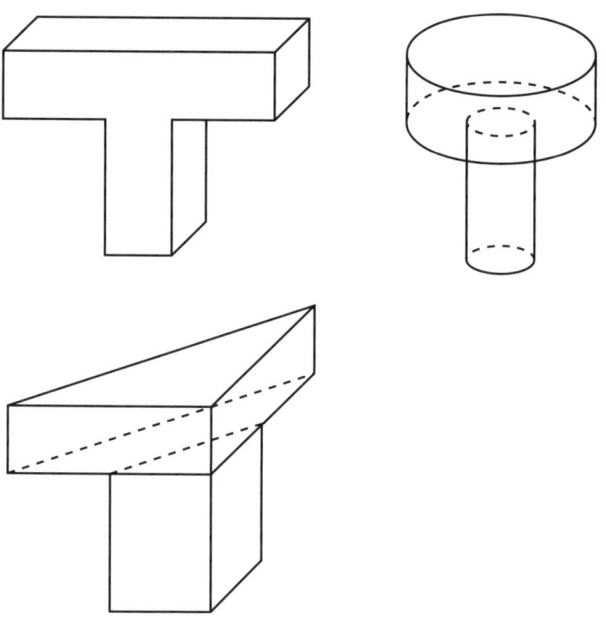

Behälter B
Genaueres über die Form des Querschnitts lässt sich mit den uns bisher bekannten Hilfsmitteln und in Unkenntnis der Kurvengleichung nicht sagen.

4 (4 + 4 VP)
a) Bestimmung des Kreisradius

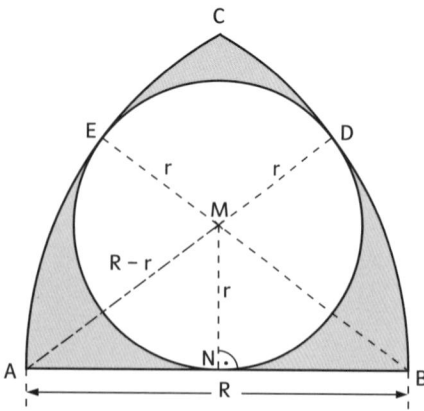

Der einbeschriebene Kreis muss die den Spitzbogen bildenden Kreise berühren. Daher gilt:
$$\overline{AM} = \overline{AD} - \overline{MD}$$
$$\overline{AM} = R - r$$

Da er auch die Strecke AB berührt, hat das Lot von seinem Mittelpunkt M auf AB die Länge r:
$$\overline{MN} = r$$
Im rechtwinkligen Dreieck ANM gilt mit dem Satz von Pythagoras:
$$\overline{AM}^2 = \overline{AN}^2 + \overline{MN}^2$$
$$(R - r)^2 = \left(\tfrac{R}{2}\right)^2 + r^2$$
$$R^2 - 2Rr + r^2 = \tfrac{1}{4}R^2 + r^2$$
$$\tfrac{3}{4}R^2 - 2Rr = 0$$
$$R\left(\tfrac{3}{8}R - r\right) = 0 \qquad |\, : R,\ R \neq 0$$
$$\tfrac{3}{8}R - r = 0$$
$$r = \tfrac{3}{8}R$$
Dies war zu zeigen.

b) Inhalt der schraffierten Fläche

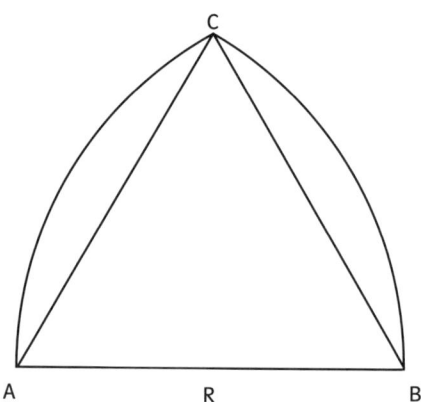

Aus dem Spitzbogendreieck wird der Kreis mit dem Radius r entfernt. Den Inhalt A_1 der Spitzbogendreiecks erhält man folgendermaßen: Man überlagert zwei Sechstelkreisausschnitte und nimmt dann das doppelt gezählte gleichseitige Dreieck ABC einmal weg. Deshalb gilt:
$$A_1 = 2 \cdot \tfrac{1}{6} \cdot \pi \cdot R^2 - A_{\triangle ABC}$$
$$A_1 = \tfrac{1}{3} \cdot \pi \cdot R^2 - \tfrac{1}{4} \cdot R^2 \sqrt{3}$$
$$A_1 = \left(\tfrac{1}{3} \cdot \pi - \tfrac{1}{4}\sqrt{3}\right) \cdot R^2$$

Für den Inhalt der schraffierten Fläche folgt dann:
$$A = A_1 - \pi \cdot r^2$$
$$A = \left(\tfrac{1}{3} \cdot \pi - \tfrac{1}{4}\sqrt{3}\right) \cdot R^2 - \pi \cdot \left(\tfrac{3}{8}R\right)^2$$
$$A = \left(\tfrac{1}{3} \cdot \pi - \tfrac{1}{4}\sqrt{3} - \tfrac{9}{64} \cdot \pi\right) \cdot R^2$$
$$A = \left(\tfrac{64 - 27}{192} \cdot \pi - \tfrac{1}{4}\sqrt{3}\right) \cdot R^2$$
$$A = \left(\tfrac{37}{192} \cdot \pi - \tfrac{1}{4}\sqrt{3}\right) \cdot R^2$$

Näherungsweise hat diese Fläche den Inhalt $0{,}17 \cdot R^2$.

Klassenarbeit 6.4

1 (5 VP)
Bestimmung von α

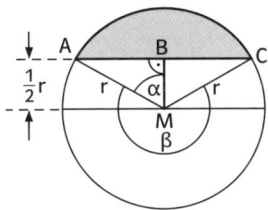

Im Dreieck AMB gilt:

$\cos(\alpha) = \frac{\overline{MB}}{\overline{AM}}$

$\cos(\alpha) = \frac{r}{2} : r$

$\cos(\alpha) = \frac{1}{2}$

$\quad \alpha = 60°$

Damit hat der Winkel $\sphericalangle$ CMA die Weite $2\alpha = 120°$.

Flächeninhalt des Kreisausschnitts AMC
Der Kreisausschnitt AMC ist ein Drittelkreis mit dem Radius r. Sein Flächeninhalt beträgt daher ein Drittel des Kreisflächeninhalts:
$A_1 = \frac{1}{3} \cdot \pi \cdot r^2$

Flächeninhalt der getönten Fläche
Die getönte Fläche ist ein Kreisabschnitt. Sie entsteht aus dem Kreisausschnitt AMC durch Wegnehmen der Dreiecksfläche des Dreiecks AMC. Somit gilt:

$A_2 = A_1 - 2 \cdot A_{\triangle AMB}$

$A_2 = A_1 - 2 \cdot \frac{1}{2} \cdot \overline{MB} \cdot \overline{AB}$

$A_2 = A_1 - \overline{MB} \cdot \overline{AB}$

$A_2 = A_1 - \frac{1}{2} r \cdot \overline{AB}$

Im Dreieck AMB gilt:

$\sin(\alpha) = \frac{\overline{AB}}{\overline{AM}}$

$\sin(\alpha) = \frac{\overline{AB}}{r}$

$\overline{AB} = r \cdot \sin(\alpha)$

Folglich erhält man für den Inhalt der getönten Fläche:

$A_2 = A_1 - \frac{1}{2} \cdot r \cdot r \cdot \sin(\alpha)$

$A_2 = \frac{1}{3} \cdot \pi \cdot r^2 - \frac{1}{2} r^2 \cdot \sin(60°)$

$A_2 = \frac{1}{3} \cdot \pi \cdot r^2 - \frac{1}{2} r^2 \cdot \frac{1}{2}\sqrt{3}$

$A_2 = \left(\frac{1}{3} \cdot \pi - \frac{1}{4}\sqrt{3}\right) \cdot r^2$

Flächeninhalt der nicht getönten Fläche
Die nicht getönte Fläche ergibt sich aus der vollen Kreisfläche durch Entfernen der getönten Fläche. Folglich gilt:

$A_3 = \pi \cdot r^2 - A_2$

$A_3 = \pi \cdot r^2 - \left(\frac{1}{3} \cdot \pi - \frac{1}{4}\sqrt{3}\right) \cdot r^2$

$A_3 = \left(\frac{2}{3} \cdot \pi + \frac{1}{4}\sqrt{3}\right) \cdot r^2$

Volumen des Baumstamms
Der Baumstamm ist ein Zylinder mit dem Radius r und der Länge h. Daher gilt:
$V_1 = \pi \cdot r^2 \cdot h$

Volumen des unter Wasser liegenden Teils
Dieser Körper ist ein Prisma mit dem Grundflächeninhalt A_3 und der Höhe h. Für sein Volumen gilt:
$V_2 = A_3 \cdot h$

Prozentsatz
Es gilt:

$p = \frac{V_2}{V_1}$

$p = \frac{\left(\frac{2}{3} \cdot \pi + \frac{1}{4}\sqrt{3}\right) \cdot r^2 \cdot h}{\pi \cdot r^2 \cdot h}$

$p = \frac{\frac{2}{3}\pi + \frac{1}{4}\sqrt{3}}{\pi}$

$p = 0,8044\ldots$

Etwa 80% des Baumstamms liegen unter Wasser.

Bemerkung
Wenn man erkennt, dass das Dreieck AMB als halbes gleichseitiges Dreieck mit der Seitenlänge r aufgefasst werden kann, dann ist ohne weitere Rechnung klar, dass $\overline{AB} = \frac{1}{2}\sqrt{3} \cdot r$ gilt (Höhe im gleichseitigen Dreieck).

2 (4 VP)

Abbildung	1	2	3	4	5	6	7	8	9
Richtig	X		X		X		X		X
Falsch		X		X		X		X	

Begründungen
Es gilt:
(1) $U = 2 \cdot \pi \cdot r$
(2) $A = \pi \cdot r^2$
Daraus folgt:

(3) $r = \frac{1}{2 \cdot \pi} \cdot U$ *(aus (1))*

(4) $A = \pi \cdot \left(\frac{1}{2\pi} \cdot U\right)^2$ *(aus (2) und (3))*

$\quad A = \frac{1}{4 \cdot \pi} \cdot U^2$

(5) $U^2 = 4 \cdot \pi \cdot A$ *(aus (4))*

(6) $U = \sqrt{4 \cdot \pi \cdot A}$ *(aus (5))*

Abbildungen 1 und 2
U hängt nach (1) linear von r ab. Daher ist Abbildung 1 richtig und somit Abbildung 2 falsch.

Abbildung 3
Wegen (3) hängt auch r linear von U ab. Daher ist
Abbildung 3 richtig.
Abbildungen 4, 5, 6
Wegen (2) hängt A von r² ab, Das Schaubild ist da-
her keine Gerade sondern eine Parabel. Abbildung 4
ist also falsch, Abbildung 5 ist richtig, Abbildung 6
falsch.
Abbildung 7
Wegen (4) hängt A von U² ab. Das Schaubild muss
eine Parabel sein. Die Abbildung ist also richtig.
Abbildung 8
Wegen (6) ist U abhängig von √A. Dies ist keine line-
are Abhängigkeit. Die Abbildung ist daher falsch.
Abbildung 9
Wegen (5) hängt U² linear von A ab, Das Schaubild
ist daher eine Gerade und die Abbildung ist richtig.

3 (2 + 3 VP)
a) Pyramidengrundfläche

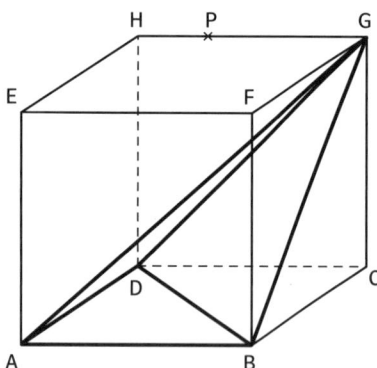

Die Grundfläche ABD ist halb so groß wie die Fläche des Quadrats ABCD.
Somit gilt:
$A_{\triangle ABD} = \frac{1}{2}a^2$

Pyramidenhöhe
Der Abstand der Pyramidenspitze G von der Grund-
fläche ABD ist genau so lang wie die Würfelkante
GC. Die Pyramide hat somit die Höhe h = a.

Pyramidenvolumen
$V = \frac{1}{3} \cdot A_{\triangle ABD} \cdot h$
$V = \frac{1}{3} \cdot \frac{1}{2}a^2 \cdot a$
$V = \frac{1}{6} \cdot a^3$

Veränderte Lage der Spitze
Würde die Pyramidenspitze in P liegen, dann wären
weder die Größe der Grundfläche noch die Pyramidenhöhe verändert. Folglich würde sich das Pyramidenvolumen nicht ändern.

b) Interpretation des Abstands
Man kann den Abstand d des Punktes B von der
Ebene des Dreiecks AGD auch als Pyramidenhöhe
auffassen, die zur Pyramidengrundfläche AGD gehört! Da man das Pyramidenvolumen auch mit
$V = \frac{1}{3} \cdot A_{\triangle AGD} \cdot d$ berechnen kann, der Flächeninhalt
$A_{\triangle AGD}$ bestimmt werden kann und man V aus Teil-
aufgabe a) kennt, lässt sich d ausrechnen.

Flächeninhalt von Dreieck AGD
Das Dreieck ist bei D rechtwinklig. Daher gilt:
$A_{\triangle AGD} = \frac{1}{2} \cdot \overline{AD} \cdot \overline{DG}$
DG ist eine Quadratdiagonale und hat die Länge
$a \cdot \sqrt{2}$.
Folglich:
$A_{\triangle AGD} = \frac{1}{2} \cdot a \cdot a \cdot \sqrt{2}$
$A_{\triangle AGD} = \frac{1}{2}\sqrt{2} \cdot a^2$

Abstand d
Somit ergibt sich:
$V = \frac{1}{3} A_{\triangle AGD} \cdot d$
$d = \frac{3 \cdot V}{A_{\triangle AGD}}$
$d = \frac{3 \cdot \frac{1}{6} \cdot a^3}{\frac{1}{2}\sqrt{2} \cdot a^2}$
$d = \frac{a}{\sqrt{2}}$
$d = \frac{1}{2}\sqrt{2} \cdot a$

4 (3 + 5 + 2 VP)

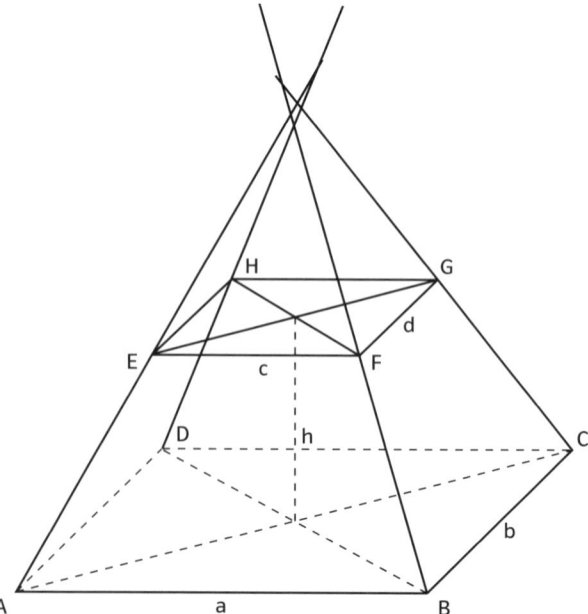

Wenn der Körper ein Pyramidenstumpf wäre, dann
müssten sich die Verlängerungen der Kanten AE,
BF und CG in der Spitze S der ursprünglichen Py-

ramide treffen. Damit könnte S als Streckzentrum einer (räumlichen) zentrischen Streckung aufgefasst werden, die EF auf AB und FG auf BC abbildet. Da aber $\overline{AB}$ = a = 15 dm und $\overline{EC}$ = c = 12 dm sind, wäre der Streckfaktor k = $\frac{12}{15}$ = $\frac{4}{5}$. Andererseits erhielte man mit $\overline{BC}$ = b = 10 dm und $\overline{FG}$ = d = 6 dm den Streckfaktor k = $\frac{3}{5}$. Dies kann nicht sein. Der Körper ist daher kein Pyramidenstumpf.

Alternative
Wenn der Körper ein Pyramidenstumpf wäre, dann müssten sich die Verlängerungen der Kanten AE, BF und CG in der Spitze S der ursprünglichen Pyramide treffen. Dann müsste wegen der parallelen Strecken AB und EF bzw. BC und FG nach dem zweiten Strahlensatz von S aus gelten:
(1) $\overline{SE} : \overline{EF} = \overline{SA} : \overline{AB}$
(2) $\overline{SF} : \overline{FG} = \overline{SB} : \overline{BC}$
Da die Pyramidenkanten SA, SB und SC gleich lang wären, etwa s, und ebenso die Strecken SE, SF und SG gleich lang wären, etwa t, würde folgen:
(1)   t : c = s : a
(2)   t : d = s : b
Aus (1) und (2) erhielte man:
(1')   t : s = c : a
(2')   t : s = d : b
Somit müsste c : a = d : b gelten.
Wegen c : a = 12 dm : 15 dm = 4 : 5 und
d : b = 6 dm : 10 dm = 3 : 5, ist diese Beziehung nicht erfüllt. Der Körper ist daher kein Pyramidenstumpf.

b)

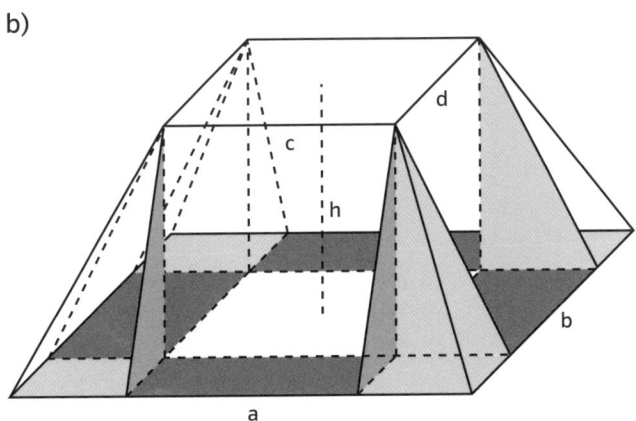

Der Körper wird aus verschiedenen Teilkörpern aufgebaut.

Innenliegender Quader
Für sein Volumen gilt: $V_1 = c \cdot d \cdot h$

Linkes und rechtes Prisma
Rechts und links liegen Prismen mit je einem rechtwinkligen Dreieck als Grundfläche. Diese Grundfläche hat den Flächeninhalt $A_2 = \frac{1}{2} \cdot \frac{1}{2} \cdot (a - c) \cdot h$.

Die Prismenhöhe ist d. Somit:
$$V_2 = 2 \cdot \frac{1}{4} \cdot (a - c) \cdot d \cdot h$$
$$V_2 = \frac{1}{2} \cdot (a - c) \cdot d \cdot h$$

Vorderes und hinteres Prisma
Diese Prismen haben ebenfalls je ein rechtwinkliges Dreieck als Grundfläche. Diese Grundfläche hat den Flächeninhalt $A_3 = \frac{1}{2} \cdot \frac{1}{2} \cdot (b - d) \cdot h$. Die Prismenhöhe ist c. Folglich:
$$V_3 = 2 \cdot \frac{1}{4} \cdot (b - d) \cdot c \cdot h$$
$$V_3 = \frac{1}{2} \cdot (b - d) \cdot c \cdot h$$

Vier Pyramiden an den Ecken
Die vier Pyramiden an den Ecken haben als Grundfläche je ein Rechteck mit den Seitenlängen $\frac{1}{2} \cdot (a - c)$ und $\frac{1}{2} \cdot (b - d)$. Die Pyramidenhöhe ist h. Das gesamte Volumen der vier Pyramiden ergibt sich daher wie folgt:
$$V_4 = 4 \cdot \frac{1}{3} \cdot \frac{1}{2} \cdot (a - c) \cdot \frac{1}{2} \cdot (b - d) \cdot h$$
$$V_4 = \frac{1}{3} \cdot (a - c) \cdot (b - d) \cdot h$$

Volumen des Denkmalsockels
$$V = V_1 + V_2 + V_3 + V_4$$
$$V = c \cdot d \cdot h + \frac{1}{2} \cdot (a - c) \cdot d \cdot h + \frac{1}{2} \cdot (b - d) \cdot c \cdot h$$
$$\qquad + \frac{1}{3} \cdot (a - c) \cdot (b - d) \cdot h$$
$$V = h \cdot \left(cd + \frac{1}{2} ad - \frac{1}{2} cd + \frac{1}{2} bc - \frac{1}{2} cd + \frac{1}{3} ab - \frac{1}{3} ad \right.$$
$$\qquad \left. - \frac{1}{3} bc + \frac{1}{3} cd \right)$$
$$V = h \cdot \left(\frac{1}{3} ab + \frac{1}{6} ad + \frac{1}{6} bc + \frac{1}{3} cd \right)$$
$$V = \frac{1}{6} \cdot h \cdot (2ab + ad + bc + 2cd)$$

c) Spezialisierung
Wenn der Körper ein Quader wäre, dann würde a = c und b = d gelten. In diesem Fall liefert die Formel das richtige Ergebnis:
$$V = \frac{1}{6} \cdot h \cdot (2ab + ad + bc + 2cd)$$
$$V = \frac{1}{6} \cdot h \cdot 6 \cdot ab$$
$$V = abh$$
Wäre der Körper eine Pyramide, dann würde c = d = 0 gelten. In diesem Fall liefert die Formel ebenfalls das richtige Ergebnis:
$$V = \frac{1}{6} \cdot h \cdot (2ab + 0 + 0 + 0)$$
$$V = \frac{1}{3} abh$$

Bemerkung
Weitere Spezialisierungen ergeben sich für d = 0 (Walmdach) bzw. für d = 0 und c = a (Satteldach).
Für ganz Mutige:
Der Oberflächeninhalt dieses Denkmalsockels lässt sich berechnen mit der Formel
$$O = ab + cd + (b + d)\sqrt{h^2 + \left(\frac{a + c}{2}\right)^2} + (a + c)\sqrt{h^2 + \left(\frac{b - d}{2}\right)^2}$$

Vorbemerkung
zu den Jahrgangsarbeiten

Eine Jahrgangsarbeit enthält Aufgaben zu den verschiedenen Themenbereichen, die du in diesem Schuljahr kennen gelernt hast. Damit erhältst du die Möglichkeit zu überprüfen, wie gut du den Stoff verstanden hast. Die Arbeitszeit beträgt 45 Minuten. Trage deine Lösungswege und Ergebnisse auf den Aufgabenblättern ein.
Zur Korrektur verwendest du die ausführlichen Lösungen. Beachte die Verrechnungspunktezahlen zu jeder Teilaufgabe. Mit der Umrechnungstabelle auf Seite 10 kannst du dir eine Note geben und damit deinen Leistungsstand einschätzen.

1 (1 + 1 + 1 + 1 VP)
Vereinfache die Rechenausdrücke soweit wie möglich.

a) $\left(2^6 \cdot \left(\frac{1}{2}\right)^{-4}\right) : 4^5$

c) $\sqrt[3]{5} \cdot \sqrt[3]{25} \cdot \sqrt[3]{3} - 4 \cdot \sqrt[5]{3}$

b) $(-3^2)^3 : 3$

d) $(\log_{10}(0{,}001))^2$

2 (1 + 2 VP)
Bestimme x.

a) $\log_2(x) = -2$

b) $5^x - 7 \cdot 5^{x-2} = 90$

3 (1 + 2 VP)

Info
Lichtgeschwindigkeit
$c = 3{,}0 \cdot 10^5 \frac{km}{s}$
Masse der Sonne
$m = 2{,}0 \cdot 10^{30}\,kg$

Die Galaxie Messier 104 ist eines der massereichsten Objekte im Galaxienhaufen Virgo. Ihre Masse beträgt etwa 800 Milliarden Sonnenmassen. Der Abstand zur Erde ist etwa 28 Millionen Lichtjahre. Ihr Durchmesser beträgt 50 000 Lichtjahre.

a) Wie groß ist die Masse der Galaxie?

b) Gib den Abstand der Galaxie zur Erde in Kilometern an.

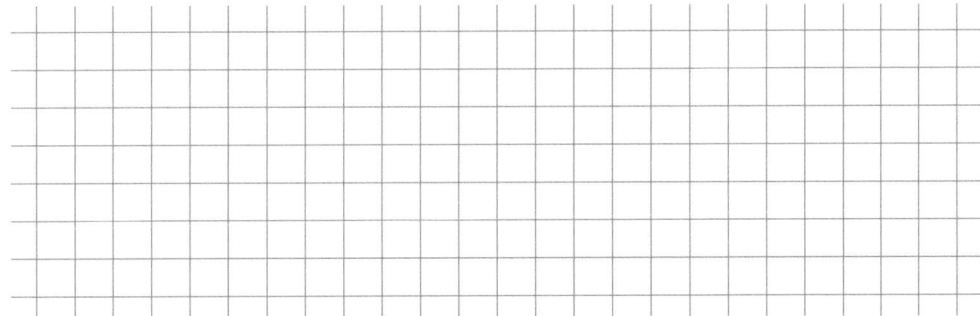

4 (2 + 2 VP)
a) Berechne die Flächeninhalte der
Dreiecke ABC und AMC.

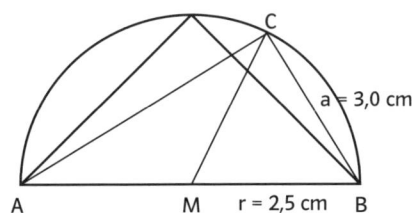

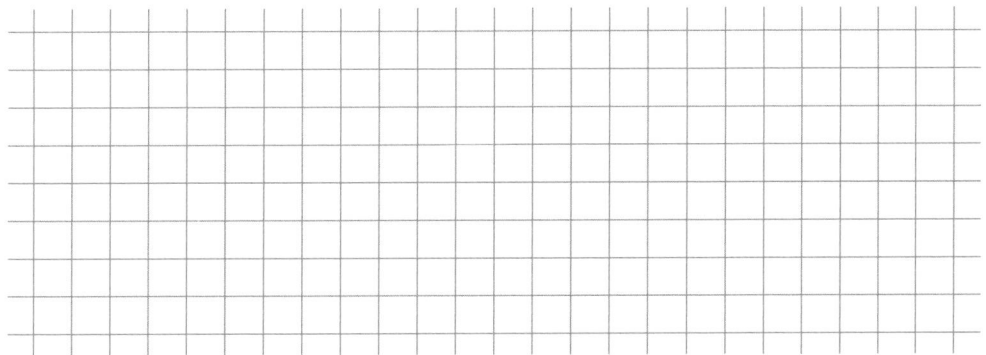

b) Wie groß sind die Winkel ∢ BAC und ∢ MCB?

5 (1 + 3 + 3 VP)
Ein Trichter hat die Form eines geraden Kreiskegels.
a) Wie groß ist das Fassungsvermögen des Trichters?

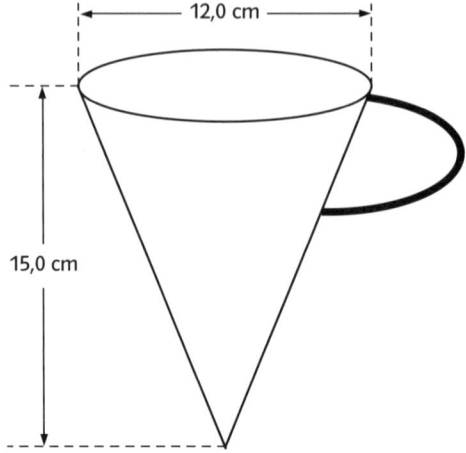

b) Wie viel Flüssigkeit ist im Trichter, wenn der Flüssigkeitsspiegel 3,0 cm unter- halb der Trichteroberkante liegt?

c) An welcher Stelle müsste eine Markierung angebracht werden, die erkennen lässt, dass der Trichter zu einem Viertel gefüllt ist?

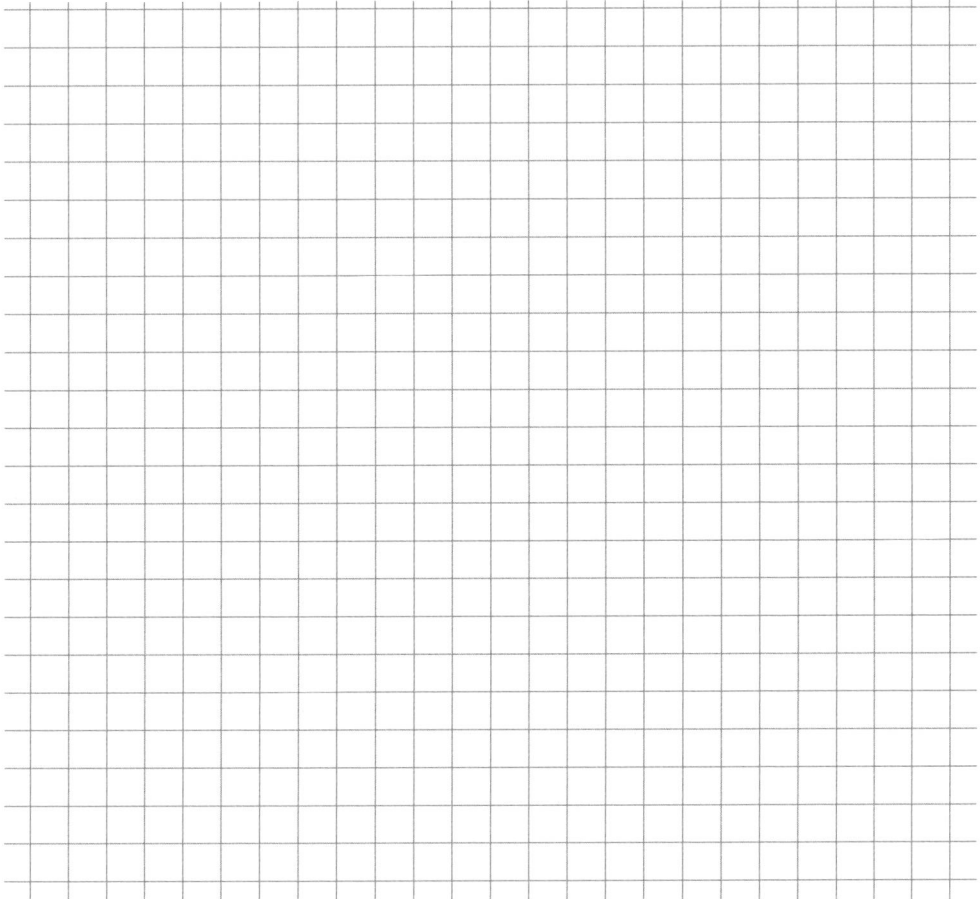

6 (2 + 1 VP)

In einer Urne sind zehn Kugeln, die mit den Zahlen 1, 2, 3, ..., 9, 10 beschriftet sind.

a) Man bietet dir folgendes Spiel an.

Du darfst bei einem Einsatz von 1 ct eine Kugel aus der Urne ziehen. Wenn du eine Kugel mit einer Nummer kleiner als 9 ziehst, dann ist dein Einsatz verloren. Anderenfalls erhältst du eine Auszahlung von 9 ct bzw. 10 ct, wenn du die Kugel mit der Nummer 9 bzw. 10 ziehst.

Würdest du dich auf dieses Spiel einlassen?

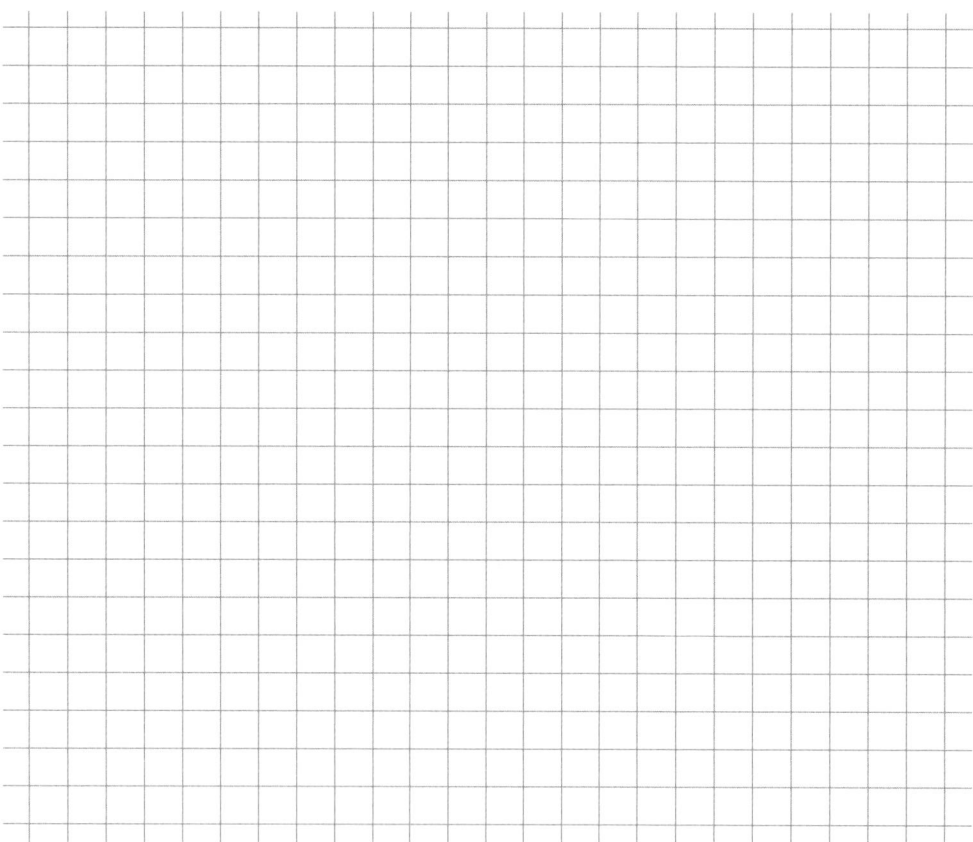

b) Ändere den Gewinnplan so ab, dass das Spiel fair wird.

1 (2 + 1 + 1 + 2 VP)

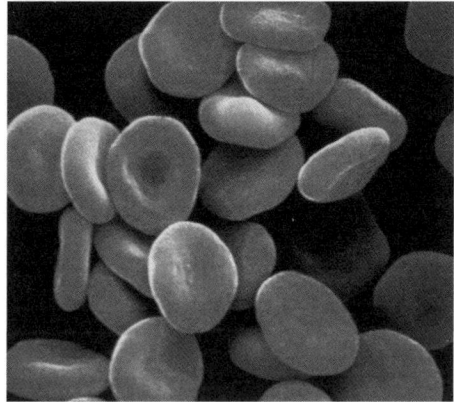

Aus einem Biologiebuch
Erwachsene haben etwa 25 Billionen rote Blutkörperchen (Erythrozyten) im Blut, von denen jedes nur etwa 120 Tage „lebt".
Daher müssen ständig neue Blutkörperchen gebildet werden.

Steckbrief für rote Blutkörperchen

Größe

Durchmesser	$2,7 \cdot 10^{-6}$ m
Randdicke	$2,5 \cdot 10^{-6}$ m
Masse	$3,0 \cdot 10^{-11}$ g
Oberflächeninhalt	$1,0 \cdot 10^{-10}$ m^2

a) Etwa 35 % der gesamten Erythrozytenmasse besteht aus dem roten Blutfarbstoff Hämoglobin.
Wie viel Hämoglobin ist im Blut eines Erwachsenen?

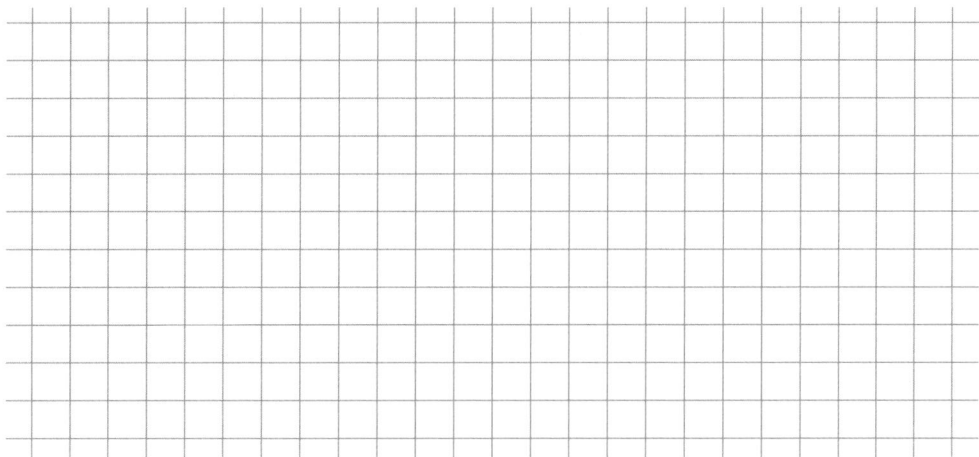

b) Wie groß ist die Gesamtoberfläche aller Erythrozyten im Blut eines Erwachsenen? Gib diese in Quadratmetern an.

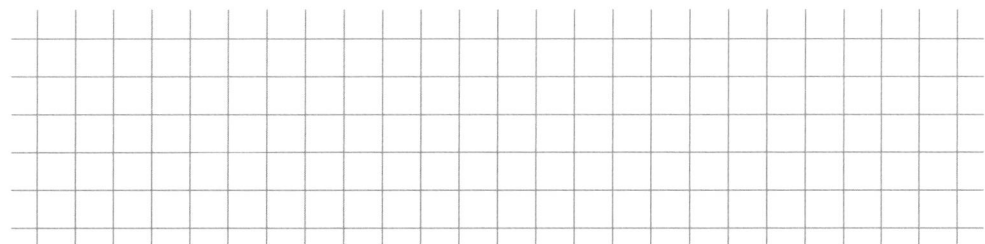

c) Wie viele Erythrozyten müssen durchschnittlich in jeder Stunde neu gebildet werden?

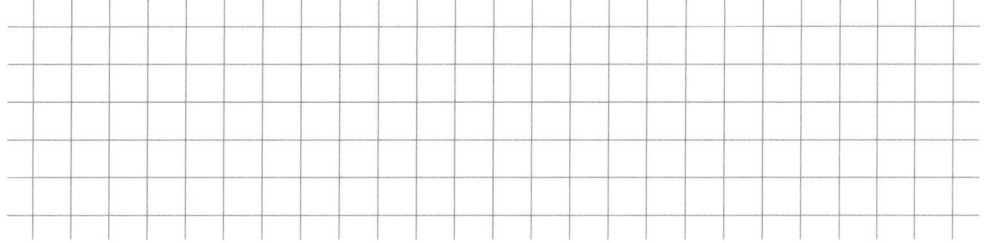

133

d) Ein einziges rotes Blutkörperchen kann näherungsweise als zylindrischer Körper aufgefasst werden.
Prüfe damit, ob sich der im „Steckbrief" angegebene Oberflächeninhalt bestätigen lässt.

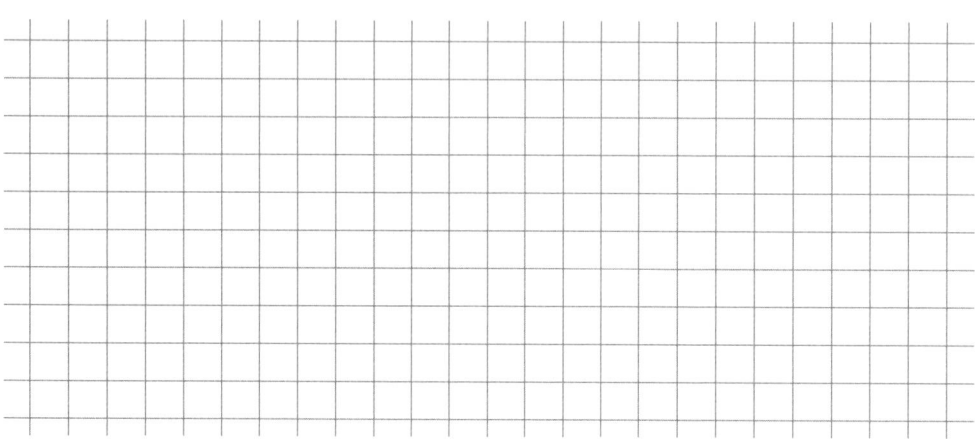

2 (1 + 1 + 1 + 1 VP)
Löse die Gleichungen.
a) $5^x = 5^2 + 10^2$

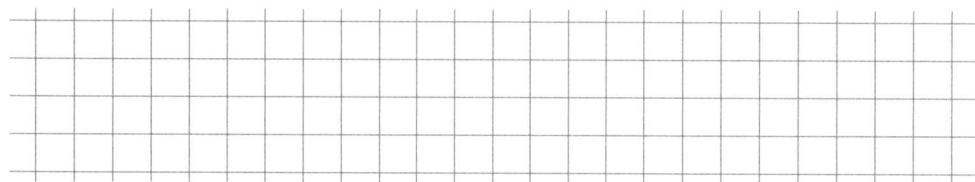

b) $6^{x-1} = 12$

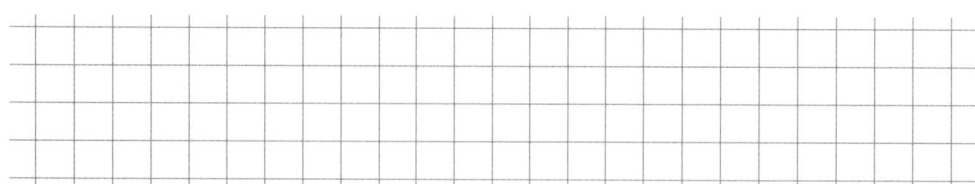

c) $2^{-4x+1} = \frac{1}{2}$

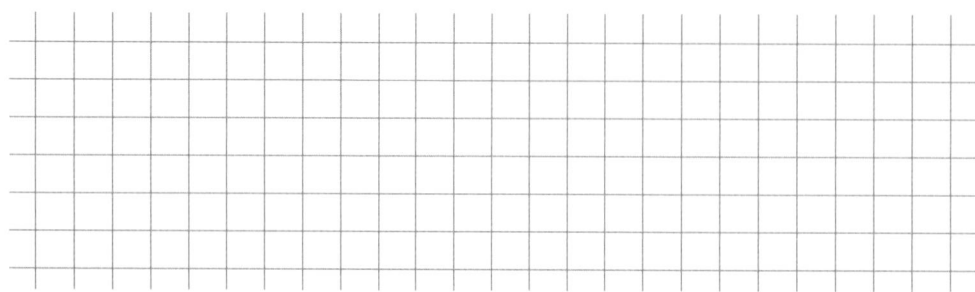

d) $\log_{10}(x + 2) = -2$

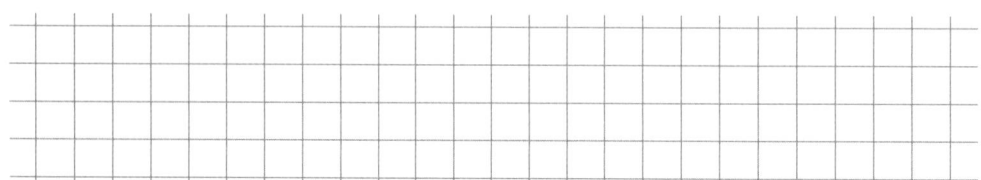

3 (3 + 1 + 2 VP)

Ein Quader hat die Seitenlängen 6,0 cm, 4,0 cm und 3,0 cm.

a) Berechne den Flächeninhalt des Dreiecks ABS.
Wie ändert sich dieser Flächeninhalt, wenn sich S auf der Strecke GH bewegt?

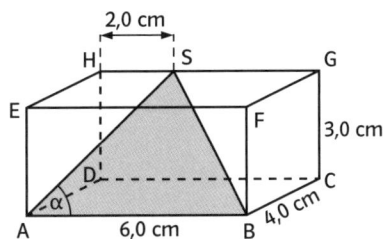

b) Wie lang ist die Dreiecksseite AS?

c) Welche Weite α hat der Winkel BAS?
Welche Werte kann α annehmen, wenn sich der Punkt S auf der Strecke GH bewegt?

4 (4 VP)

Beweise: Im Rechteck ABCD hat die Ecke B
von der Diagonalen AC den Abstand

$e = \dfrac{ab}{\sqrt{a^2 + b^2}}$.

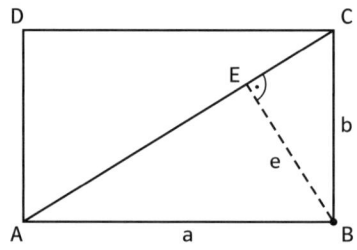

5 (2 + 2 VP)

Ein Verlag plant die Herausgabe eines monatlich erscheinenden Magazins. Bei einer Marktanalyse ergibt sich, dass wohl auf lange Sicht mit etwa 500 000 Abonnenten zu rechnen sein wird. Es wird vermutet, dass bereits im ersten Monat 40 000 Abonnenten gewonnen werden können und in jedem Folgemonat 5% derer hinzukommen, die an der Zeitschrift zwar interessiert sind, sie aber bisher noch nicht abonniert hatten.

a) Stelle unter diesen Annahmen eine Modellgleichung für das Wachstum der Abonnentenzahlen auf.

b) Wie viele Abonnenten hat das Magazin wohl nach 12 Monaten?
Nach welcher Zeit kann für den Verlag die Gewinnschwelle mit etwa 450 000 Abonnenten erreicht werden?

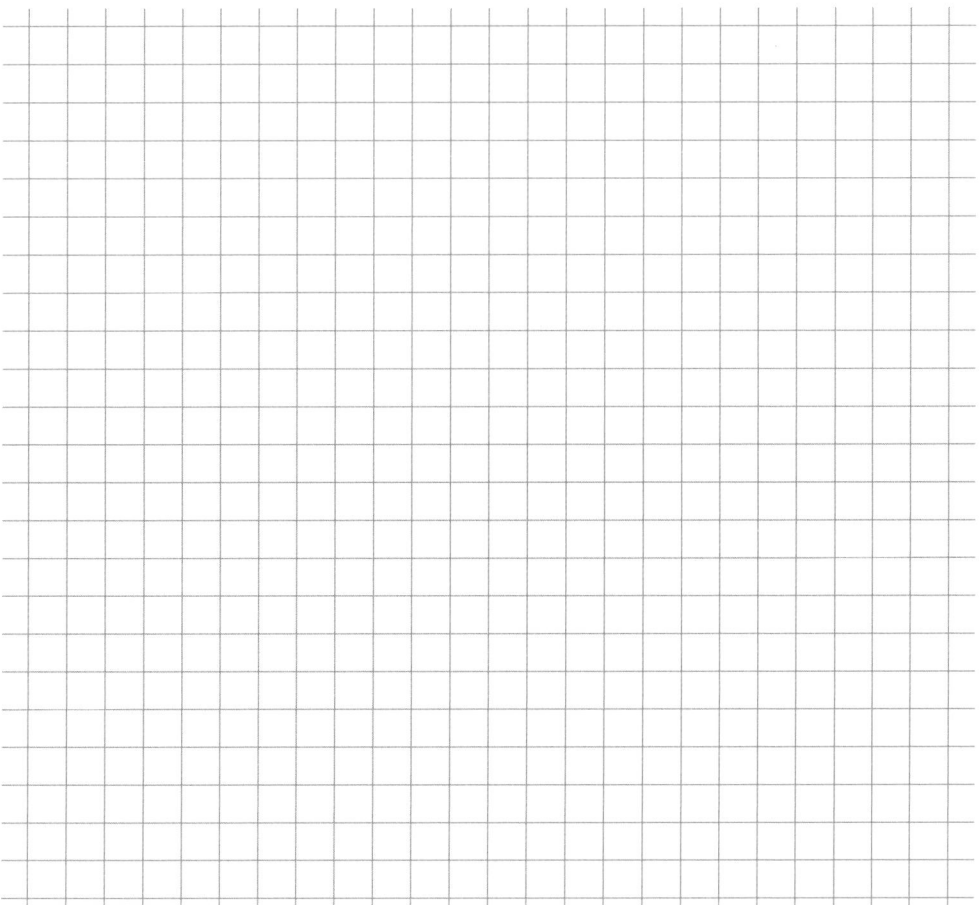

1 (5 VP)

Um zu verdeutlichen, welche unfassbar große Genauigkeit bei einer Kreisberechnung mit „nur" 100 Nachkommastellen von π erreichbar ist, hat man vor etwa 100 Jahren folgende Aufgabe konstruiert:

> Man nehme eine Kugel an, in deren Mittelpunkt die Erde liege und die bis zum Sirius reiche. Das Licht, das sich mit $300\,000\,\frac{km}{s}$ fortpflanzt, braucht 8,75 Jahre von der Erde bis zum Sirius. Diese Kugel fülle man mit Bakterien. In einen Kubikmillimeter sollen eine Billion Bakterien passen. Alle diese Bakterien werden nun auf einer Kette aufgefädelt gedacht, so dass der Abstand zwischen benachbarten Bakterien gerade wieder so groß ist wie der Abstand des Sirius von der Erde. Die Länge dieser Kette sei dann der Radius eines Kreises.
>
> Berechnet man den Umfang dieses Kreises, indem man 100 Nachkommastellen von π verwendet, dann wird sich der erhaltene Näherungswert vom exakten Kreisumfang um weniger als ein Zehnmillionstel eines Millimeters unterscheiden.

Berechne den Radius dieses unvorstellbar großen Kreises.

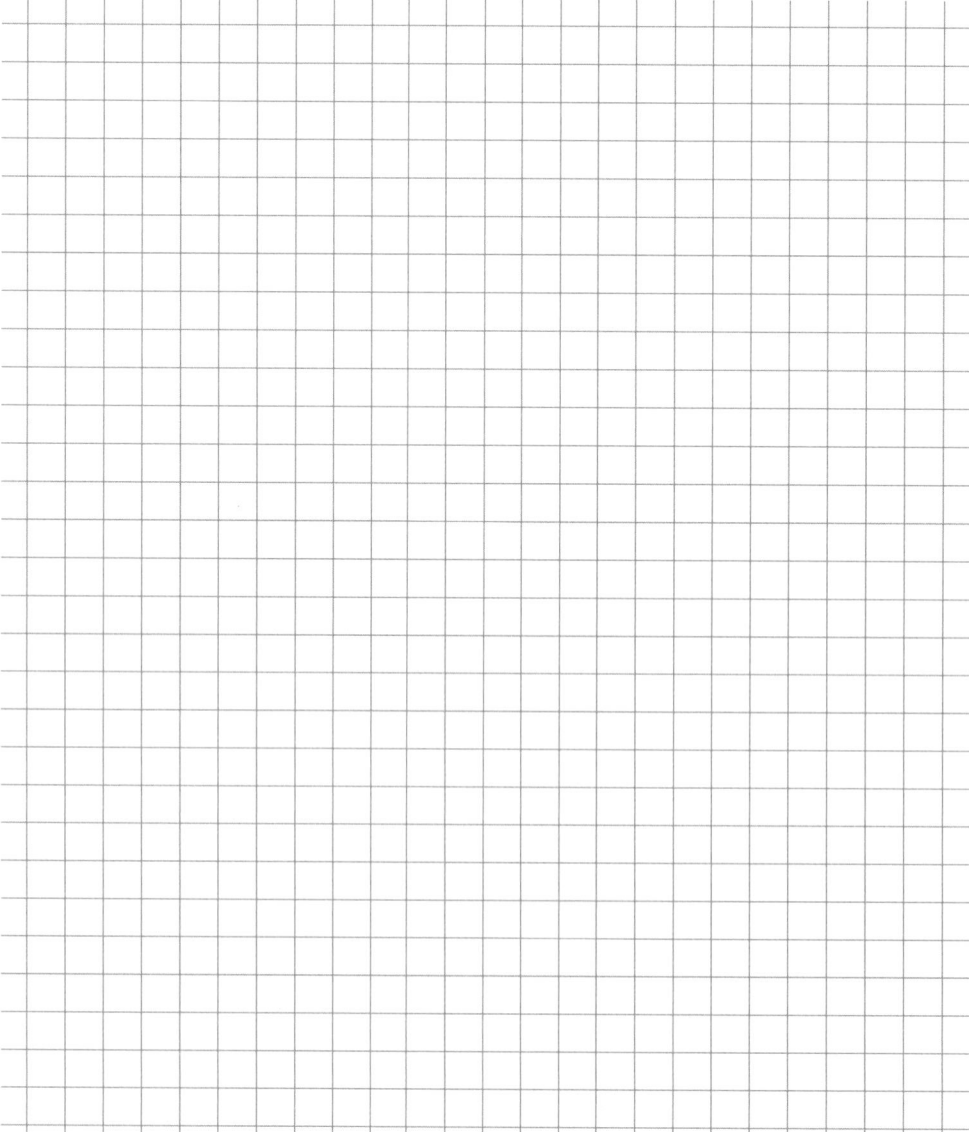

2 (3 + 2 VP)

Eine Hochleistungspumpe in einem Labor kann den Druck in einem Probenbe-
hälter in jeweils 10 Sekunden auf 50 % des vorherigen Drucks verringern. Der
Anfangsdruck beträgt 1020 mbar.

a) Nach welchem Gesetz nimmt der Druck im Probengefäß ab?
Wie groß ist der Druck nach einer Minute?

b) Wie lange dauert es, bis der Anfangsdruck auf weniger als ein Hundertstel
Millibar abgenommen hat?

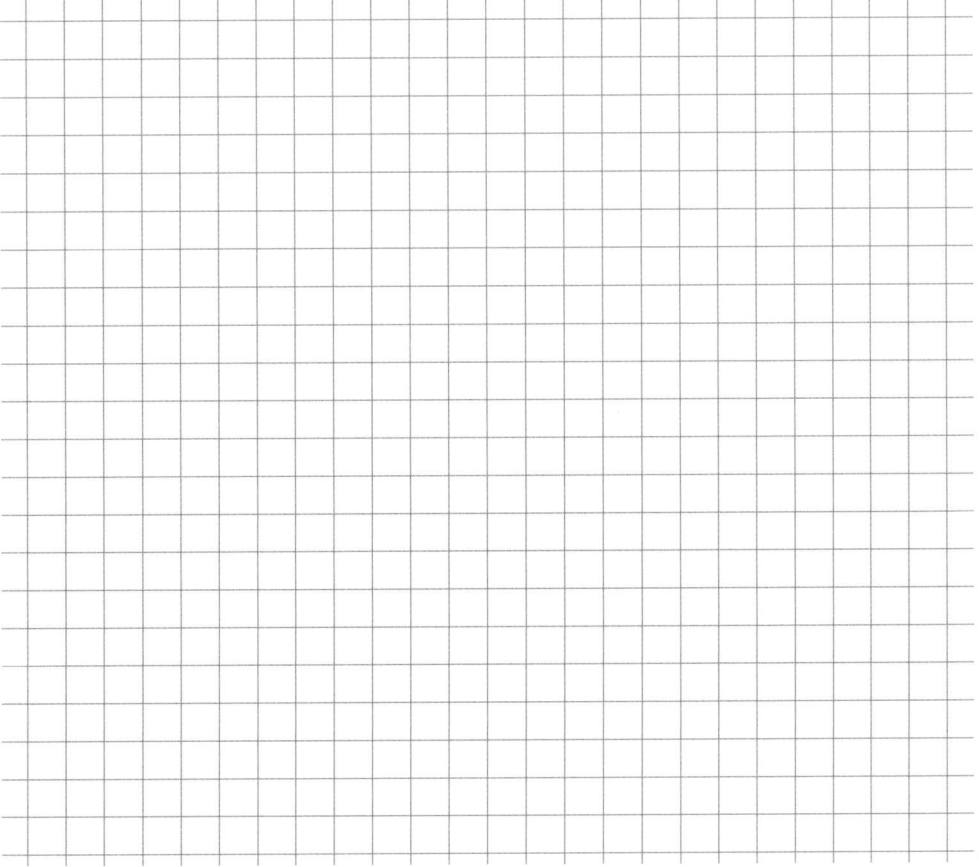

3 (5 VP)

Einem Kreis mit dem Radius r sind ein regelmäßiges Viereck mit der Seitenlänge s_4 (Quadrat) und ein regelmäßiges Achteck mit der Seitenlänge s_8 einbeschrieben. Berechne die Seitenlänge des Achtecks in Abhängigkeit vom Kreisradius r.

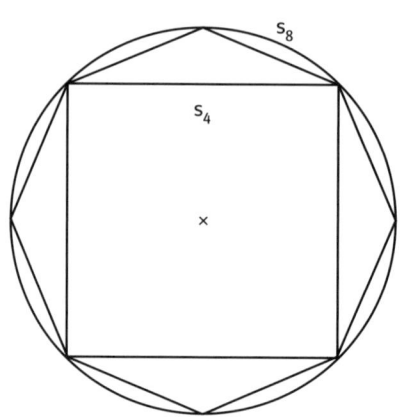

4 (4 VP)

Das Trapez ABCD hat die parallelen Seiten AB und CD, wobei $\overline{AB} = 2 \cdot \overline{CD}$ gilt. Die Punkte M_a und M_c sind die Seitenmittelpunkte der Seiten AB und CD.

Die Strecken AM_c und DM_a schneiden sich in S, die Strecken BM_c und CM_a schneiden sich in T.

Weise nach, dass die Strecke ST parallel zur Strecke AB ist.

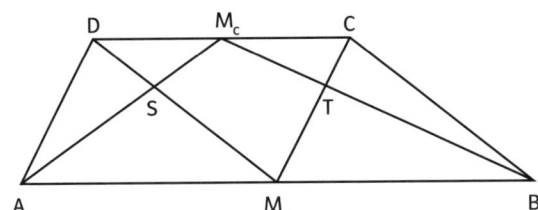

5 (5 VP)

Bei einem Schullandheimaufenthalt in den Bergen sehen
die Schülerinnen und Schüler der Klasse 9a das abgebildete
Verkehrszeichen.

Peter behauptet: „Jetzt steigt die Straße unter einem
Winkel der Weite 22° an."

Denise meint: „Das stimmt nicht! Die Straße steigt auf dem
nächsten Kilometer 220 m an."

Tim vermutet: „Wahrscheinlich gibt es überhaupt keine
natürliche Zahl n, 0 < n < 90, so dass tan(n°) = n %."

Sebastian fügt hinzu: „Es gibt aber mindestens eine reelle Zahl x zwischen 0 und
10, für die tan (x°) = x % gilt."

Beurteile diese vier Aussagen.

1

Vereinfache die Rechenausdrücke soweit wie möglich.

a) $\left(2^6 \cdot \left(\frac{1}{2}\right)^{-4}\right) : 4^5$

$= (2^6 \cdot 2^{+4}) : (2^2)^5$
$= 2^{6+4} : 2^{2 \cdot 5}$
$= 2^{10} : 2^{10}$
$= 2^{10-10}$
$= 2^0$
$= 1$

c) $\sqrt[3]{5} \cdot \sqrt[3]{25} \cdot \sqrt[3]{3} - 4 \cdot \sqrt[5]{3}$

$= 5^{\frac{1}{3}} \cdot (5^2)^{\frac{1}{3}} \cdot 3^{\frac{1}{5}} - 4 \cdot 3^{\frac{1}{5}}$
$= 5^{\frac{1}{3}} \cdot 5^{\frac{2}{3}} \cdot 3^{\frac{1}{5}} - 4 \cdot 3^{\frac{1}{5}}$
$= 5^{\frac{1}{3} + \frac{2}{3}} \cdot 3^{\frac{1}{5}} - 4 \cdot 3^{\frac{1}{5}}$
$= 5^1 \cdot 3^{\frac{1}{5}} - 4 \cdot 3^{\frac{1}{5}}$
$= 1 \cdot 3^{\frac{1}{5}}$
$= \sqrt[5]{3}$

b) $(-3^2)^3 : 3$

$= (-3^{2 \cdot 3}) : 3^1$
$= -3^6 : 3^1$
$= -3^{6-1}$
$= -3^5$

d) $(\log_{10}(0{,}001))^2$

$= (\log_{10}(10^{-3}))^2$
$= (-3 \cdot \log_{10}(10))^2$
$= (-3 \cdot 1)^2$
$= 9$

Punkte:

1 ☐

1 ☐

1 ☐

1 ☐

2

Bestimme x.

a) $\log_2(x) = -2$

$x = 2^{-2}$
$x = \frac{1}{4}$

b) $5^x - 7 \cdot 5^{x-2} = 90$

$5^x - 7 \cdot 5^x \cdot 5^{-2} = 90$
$5^x \cdot \left(1 - \frac{7}{25}\right) = 90$
$5^x \cdot \frac{18}{25} = 90$
$5^x = 90 \cdot \frac{25}{18}$
$5^x = 125$
$5^x = 5^3$
$x = 3$

1 ☐

2 ☐

3

Info
Lichtgeschwindigkeit
$c = 3{,}0 \cdot 10^5 \frac{km}{s}$

Masse der Sonne
$m = 2{,}0 \cdot 10^{30}\,kg$

Die Galaxie Messier 104 ist eines der massereichsten Objekte im Galaxienhaufen Virgo. Ihre Masse beträgt etwa 800 Milliarden Sonnenmassen. Der Abstand zur Erde ist etwa 28 Millionen Lichtjahre. Ihr Durchmesser beträgt 50 000 Lichtjahre.

a) Wie groß ist die Masse der Galaxie?

Masse der Galaxie
$M = 800 \cdot 10^9 \cdot m$
$M = 8 \cdot 10^2 \cdot 10^9 \cdot 2 \cdot 10^{30}\,kg$
$M = 16 \cdot 10^{2+9+30}\,kg$
$M = 16 \cdot 10^{41}\,kg$
$M = 1{,}6 \cdot 10^{42}\,kg$

1 ☐

b) Gib den Abstand der Galaxie zur Erde in Kilometern an.

Abstand der Galaxie zur Erde
$d = 28 \cdot 10^6\,ly$
$d = 28 \cdot 10^6 \cdot 365 \cdot 24 \cdot 60 \cdot 60\,s \cdot 300\,000 \frac{km}{s}$
$d = 28 \cdot 365 \cdot 24 \cdot 60 \cdot 60 \cdot 3 \cdot 10^5 \cdot 10^6\,km$
$d = 2{,}649024 \cdot 10^9 \cdot 10^{11}\,km$
$d \approx 2{,}6 \cdot 10^{20}\,km$

2 ☐

Punkte:

4

a) Berechne die Flächeninhalte der Dreiecke ABC und AMC.

Flächeninhalt des Dreiecks ABC
Das Dreieck ABC ist nach dem Satz des Thales rechtwinklig bei C. Daher kann BC
als Grundseite und AC als Höhe des Dreiecks aufgefasst werden.
Mit dem Satz des Pythagoras im Dreieck ABC gilt:

$\overline{AB}^2 = \overline{BC}^2 + \overline{AC}^2$

$\overline{AC}^2 = \overline{AB}^2 - \overline{BC}^2$

$\overline{AC} = \sqrt{\overline{AB}^2 - \overline{BC}^2}$

$\overline{AC} = \sqrt{(5\,cm)^2 - (3\,cm)^2}$

$\overline{AC} = \sqrt{25\,cm^2 - 9\,cm^2}$

$\overline{AC} = \sqrt{16\,cm^2}$

$\overline{AC} = 4{,}0\,cm$

Punkte:

Damit erhält man den Flächeninhalt des Dreiecks ABC:

$A_{\triangle ABC} = \frac{1}{2} \cdot \overline{BC} \cdot \overline{AC}$

$A_{\triangle ABC} = \frac{1}{2} \cdot 3{,}0\,cm \cdot 4{,}0\,cm$

$A_{\triangle ABC} = 6{,}0\,cm^2$

Flächeninhalt des Dreiecks AMC
Jetzt wird die Seite AB als Grundseite des Dreiecks ABC aufgefasst und entspre-
chend AM als Grundseite des Dreiecks AMC.
Es gilt: $\overline{AM} = \frac{1}{2} \cdot \overline{AB}$.
Da beide Dreiecke die gemeinsame Ecke C haben, ist die Höhe beider Dreiecke zu
den genannten Grundseiten gleich.
Der Flächeninhalt des Dreiecks AMC ist somit halb so groß wie der Flächeninhalt
des Dreiecks ABC: $A_{\triangle AMC} = 3{,}0\,cm^2$

2   ☐

b) Wie groß sind die Winkel ⊰ BAC und ⊰ MCB?

Weite des Winkels ⊰ BAC
Der Winkel ⊰ BAC habe die Weite α.
Dann gilt:

$\sin(\alpha) = \frac{\overline{BC}}{\overline{AB}}$

$\sin(\alpha) = \frac{3{,}0\,cm}{5{,}0\,cm}$

$\sin(\alpha) = \frac{3}{5}$

$\qquad \alpha \approx 36{,}9°$

Weite des Winkels ⊰ MCB
Da das Dreieck AMC gleichschenklig mit
$\overline{AM} = \overline{MC}$ *ist, hat der Winkel ⊰ ACM*
ebenfalls die Weite α.
Für die Winkelweite β des Winkels ⊰ MCB
ergibt sich daher:

$\beta = 90° - \alpha$

$\beta \approx 53{,}1°$

2   ☐

5
Ein Trichter hat die Form eines geraden Kreiskegels.
a) Wie groß ist das Fassungsvermögen des Trichters?

Volumen V des Trichters
Der Trichter bildet einen geraden
Kreiskegel mit dem Radius r = 6,0 cm
und der Höhe h = 15,0 cm. Folglich gilt:

$V = \frac{1}{3} \cdot \pi \cdot r^2 \cdot h$

$V = \frac{1}{3} \cdot \pi \cdot (6\,cm)^2 \cdot 15\,cm$

$V = 180 \cdot \pi\,cm^3$

Das Fassungsvermögen beträgt
etwa 565 cm³.

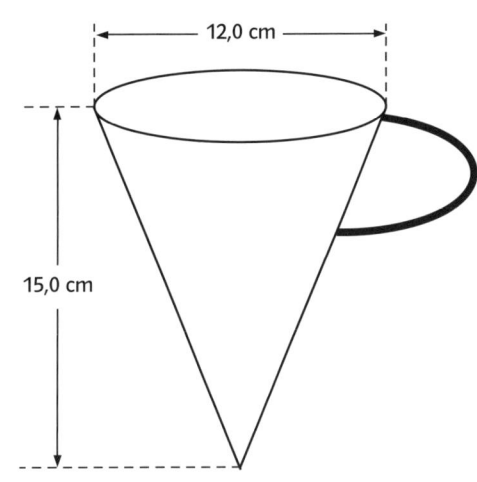

1   ☐

b) Wie viel Flüssigkeit ist im Trichter, wenn der Flüssigkeitsspiegel 3,0 cm unterhalb der Trichteroberkante liegt?

Radius r_1 des Grundkreises des Flüssigkeitskegels
Der Flüssigkeitsspiegel ist parallel zur Trichteroberkante.
Mit dem 2. Strahlensatz ergibt sich:

$$\overline{SB_1} : \overline{SB} = \overline{A_1B_1} : \overline{AB}$$
$$h_1 : h = r_1 : r$$
$$r_1 \cdot h = r \cdot h_1$$
$$r_1 = \frac{r \cdot h_1}{h}$$
$$r_1 = \frac{6\,cm \cdot 12\,cm}{15\,cm}$$
$$r_1 = 4{,}8\,cm$$

Volumen V_1 der Flüssigkeit
$$V_1 = \tfrac{1}{3} \cdot \pi \cdot r_1^2 \cdot h_1$$
$$V_1 = \tfrac{1}{3} \cdot \pi \cdot (4{,}8\,cm)^2 \cdot 12\,cm$$
$$V_1 = 92{,}16 \cdot \pi\,cm^3$$

Im Trichter befinden sich etwa
290 cm³ Flüssigkeit.

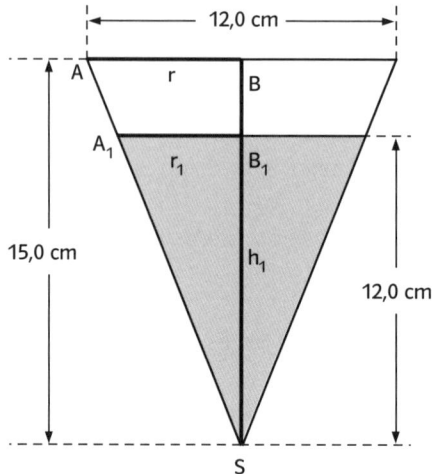

Punkte:

3

c) An welcher Stelle müsste eine Markierung angebracht werden, die erkennen lässt, dass der Trichter zu einem Viertel gefüllt ist?

Streckfaktor k der zentrischen Streckung
Der Trichterkegel kann durch eine zentrische Streckung mit dem Streckfaktor k auf den Flüssigkeitskegel abgebildet werden.
Dabei gilt:
$$r_2 = k \cdot r$$
$$h_2 = k \cdot h$$
$$V_2 = \tfrac{1}{3} \cdot \pi \cdot r_2^2 \cdot h_2$$
$$V_2 = \tfrac{1}{3} \cdot \pi \cdot (k \cdot r)^2 \cdot (k \cdot h)$$
$$V_2 = \tfrac{1}{3} \cdot \pi \cdot r^2 \cdot h \cdot k^3$$
$$V_2 = V \cdot k^3$$

Mit $V_2 = \tfrac{1}{4} \cdot V$ folgt daraus:
$$\tfrac{1}{4} \cdot V = V \cdot k^3$$
$$\tfrac{1}{4} = k^3$$
$$k = \sqrt[3]{\tfrac{1}{4}} \; (\approx 0{,}63)$$

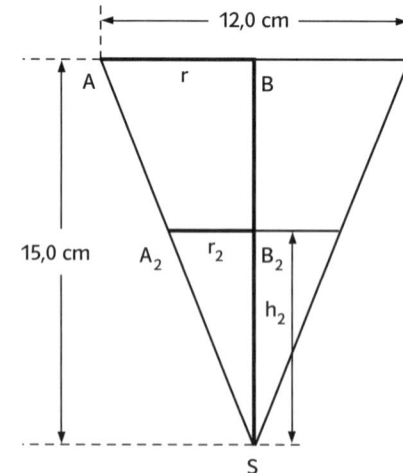

Lage der Markierung
Es gilt:
$$h_2 = k \cdot h$$
$$h_2 = \sqrt[3]{\tfrac{1}{4}} \cdot 15\,cm$$

Die Markierung müsste lotrecht gemessen etwa 9,5 cm oberhalb der Kegelspitze liegen.

3

6

In einer Urne sind zehn Kugeln, die mit den Zahlen 1, 2, 3, ..., 9, 10 beschriftet sind.

a) Man bietet dir folgendes Spiel an.

Du darfst bei einem Einsatz von 1 ct eine Kugel aus der Urne ziehen. Wenn du eine Kugel mit einer Nummer kleiner als 9 ziehst, dann ist dein Einsatz verloren. Anderenfalls erhältst du eine Auszahlung von 9 ct bzw. 10 ct, wenn du die Kugel mit der Nummer 9 bzw. 10 ziehst.

Würdest du dich auf dieses Spiel einlassen?

Wahrscheinlichkeitsverteilung
Die Zufallsvariable X sei der Gewinn, also die Differenz aus Auszahlung und Einsatz.

Kugelnummer	1	2	3	4	5	6	7	8	9	10
Gewinn g (in ct)	−1	−1	−1	−1	−1	−1	−1	−1	8	9
$p(X = g)$	$\frac{1}{10}$	$\frac{1}{10}$	$\frac{1}{10}$	$\frac{1}{10}$	$\frac{1}{10}$	$\frac{1}{10}$	$\frac{1}{10}$	$\frac{1}{10}$	$\frac{1}{10}$	$\frac{1}{10}$

Erwartungswert für den Gewinn

$$E(X) = -1 \cdot \frac{1}{10} + (-1) \cdot \frac{1}{10} + \ldots + 8 \cdot \frac{1}{10} + 9 \cdot \frac{1}{10}$$

$$E(X) = -8 \cdot \frac{1}{10} + 8 \cdot \frac{1}{10} + 9 \cdot \frac{1}{10}$$

$$E(X) = \frac{9}{10}$$

Bewertung des Spiels
Im Mittel gewinnt man bei diesem Spiel auf lange Sicht $\frac{9}{10}$ ct je Ziehung. Auf dieses Spiel kann man sich daher einlassen.

Punkte: 2 ☐

b) Ändere den Gewinnplan so ab, dass das Spiel fair wird.

Änderung des Gewinnplans
Hier gibt es beliebig viele Lösungen. Man muss dafür sorgen, dass sich der Erwartungswert 0 ergibt. Da sich an den Wahrscheinlichkeiten nichts ändert, müssen die Gewinnbeträge verändert werden.
Beispiel

Kugelnummer	1	2	3	4	5	6	7	8	9	10
Gewinn g (in ct)	−1	−1	−1	−1	−1	−1	−1	−1	−1	9
$p(X = g)$	$\frac{1}{10}$	$\frac{1}{10}$	$\frac{1}{10}$	$\frac{1}{10}$	$\frac{1}{10}$	$\frac{1}{10}$	$\frac{1}{10}$	$\frac{1}{10}$	$\frac{1}{10}$	$\frac{1}{10}$

Punkte: 1 ☐

1

Punkte:

> **Aus einem Biologiebuch**
> Erwachsene haben etwa 25 Billionen rote Blutkörperchen (Erythrozyten) im Blut, von denen jedes nur etwa 120 Tage „lebt". Daher müssen ständig neue Blutkörperchen gebildet werden.
> **Steckbrief für rote Blutkörperchen**
> Größe
>
> | | |
> |---|---|
> | Durchmesser | $2{,}7 \cdot 10^{-6}$ m |
> | Randdicke | $2{,}5 \cdot 10^{-6}$ m |
> | Masse | $3{,}0 \cdot 10^{-11}$ g |
> | Oberflächeninhalt | $1{,}0 \cdot 10^{-10}$ m² |

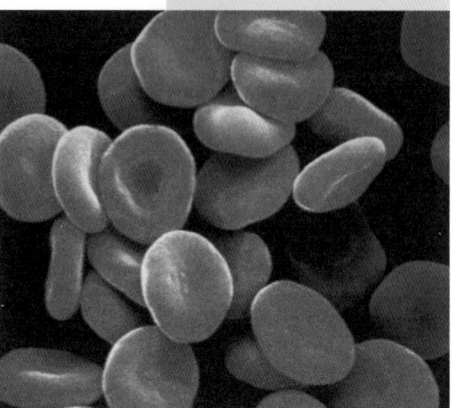

a) Etwa 35 % der gesamten Erythrozytenmasse besteht aus dem roten Blutfarbstoff Hämoglobin.
Wie viel Hämoglobin ist im Blut eines Erwachsenen?

Erythrozytenmasse m
$m = 25 \cdot 10^{12} \cdot 3 \cdot 10^{-11} g$
$m = 75 \cdot 10^{12-11} g$
$m = 7{,}5 \cdot 10^2 g$

Masse M des Hämoglobins
$M = \frac{35}{100} \cdot m$
$M = \frac{35}{100} \cdot 7{,}5 \cdot 10^2 g$
$M \approx 2{,}6 \cdot 10^2 g$

2

b) Wie groß ist die Gesamtoberfläche aller Erythrozyten im Blut eines Erwachsenen? Gib diese in Quadratmetern an.

Gesamtoberfläche O aller Erythrozyten
$O = 25 \cdot 10^{12} \cdot 1{,}0 \cdot 10^{-10} m^2$
$O = 25 \cdot 10^2 m^2$
$O = 2{,}5 \cdot 10^3 m^2$

1

c) Wie viele Erythrozyten müssen durchschnittlich in jeder Stunde neu gebildet werden?

Anzahl n der je Stunde gebildeten Erythrozyten
Da jedes Blutkörperchen im Mittel 120 Tage lebt, müssen in dieser Zeit von $120 \cdot 24$ Stunden alle 25 Billionen Erythrozyten neu gebildet werden.
$n = (25 \cdot 10^{12}) : (120 \cdot 24)$
$n \approx 8{,}7 \cdot 10^9$
In jeder Stunde werden etwa 8,7 Milliarden rote Blutkörperchen neu gebildet.

1

Punkte:

d) Ein einziges rotes Blutkörperchen kann näherungsweise als zylindrischer Körper aufgefasst werden.
Prüfe damit, ob sich der im „Steckbrief" angegebene Oberflächeninhalt bestätigen lässt.

Oberflächeninhalt des Zylinders
Es gilt:
$O = 2 \cdot \pi \cdot r^2 + 2 \cdot \pi \cdot r \cdot h$
Für r wird der halbe Durchmesser, für h die Randdicke angenommen.
Daher:
$O = 2 \cdot \pi \cdot \left(\frac{7{,}5}{2} \cdot 10^{-6}\,m\right)^2 + 2 \cdot \pi \cdot \left(\frac{7{,}5}{2} \cdot 10^{-6}\,m\right) \cdot 2{,}5 \cdot 10^{-6}\,m$

$O = 2 \cdot \pi \cdot \left[\left(\frac{7{,}5}{2}\right)^2 + \frac{7{,}5}{2} \cdot 2{,}5\right] \cdot 10^{-12}\,m^2$

$O \approx 1{,}5 \cdot 10^{-10}\,m^2$

Dieser Wert stimmt größenordnungsmäßig mit dem im „Steckbrief" genannten Wert überein.

2   ☐

2
Löse die Gleichungen.
a) $5^x = 5^2 + 10^2$

$5^x = 5^2 + 10^2$
$5^x = 125$
$5^x = 5^3$
$x = 3$

1   ☐

b) $6^{x-1} = 12$

$6^{x-1} = 12$
$6^{-1} \cdot 6^x = 12$
$6^x = 72$
$x = \log_6(72)$

1   ☐

c) $2^{-4x+1} = \frac{1}{2}$

$2^{-4x+1} = \frac{1}{2}$
$2^1 \cdot 2^{-4x} = 2^{-1}$ $\quad | \cdot 2^{-1}$
$2^{-4x} = 2^{-2}$
$-4x = -2$ $\quad | :(-4)$
$x = \frac{1}{2}$

1   ☐

d) $\log_{10}(x + 2) = -2$

$\log_{10}(x + 2) = -2$
$x + 2 = 10^{-2}$ $\quad | - 2$
$x = 10^{-2} - 2$
$x = -1{,}99$

1   ☐

3

Ein Quader hat die Seitenlängen 6,0 cm, 4,0 cm und 3,0 cm.

a) Berechne den Flächeninhalt des Dreiecks ABS. Wie ändert sich dieser Flächeninhalt, wenn sich S auf der Strecke GH bewegt?

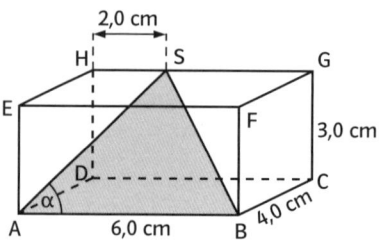

Punkte:

Höhe ST im Dreieck ABS
Der Abstand des Punktes S von der Kante AB ist genau so groß wie der Abstand des Punktes H von Punkt A.
AH ist Diagonale im Rechteck mit den Seitenlängen $\overline{AD}$ = 4,0 cm und $\overline{DH}$ = 3,0 cm.
Mit dem Satz des Pythagoras im rechtwinkligen Dreieck ADH gilt:

$$\overline{AH}^2 = \overline{AD}^2 + \overline{DH}^2$$
$$\overline{AH} = \sqrt{\overline{AD}^2 + \overline{DH}^2}$$
$$\overline{AH} = \sqrt{(4\,cm)^2 + (3\,cm)^2}$$
$$\overline{AH} = 5{,}0\,cm = \overline{ST}$$

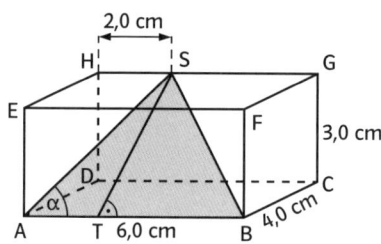

Flächeninhalt A des Dreiecks ABS
$$A = \tfrac{1}{2} \cdot \overline{AB} \cdot \overline{ST}$$
$$A = \tfrac{1}{2} \cdot 6\,cm \cdot 5\,cm$$
$$A = 15\,cm^2$$

Der Flächeninhalt des Dreiecks ABS ändert sich nicht, wenn S auf der Strecke GH bewegt wird, denn der Abstand des Punktes S von AB bleibt in jedem Fall unverändert, da GH zu AB parallel ist, ebenso die Grundseitenlänge des Dreiecks.

3 ☐

b) Wie lang ist die Dreiecksseite AS?

Länge der Dreiecksseite AS
Im rechtwinkligen Dreieck ATS gilt mit dem Satz von Pythagoras:

$$\overline{AS}^2 = \overline{AT}^2 + \overline{TS}^2$$
$$\overline{AS} = \sqrt{\overline{AT}^2 + \overline{TS}^2}$$
$$\overline{AS} = \sqrt{(2\,cm)^2 + (5\,cm)^2}$$
$$\overline{AS} = \sqrt{29}\,cm$$

Die Seite AS ist etwa 5,4 cm lang.

1 ☐

c) Welche Weite α hat der Winkel ∢BAS? Welche Werte kann α annehmen, wenn sich der Punkt S auf der Strecke GH bewegt?

Weite des Winkels ∢BAS
Im rechtwinkligen Dreieck ATS gilt:

$$\cos(\alpha) = \frac{\overline{AT}}{\overline{AS}}$$
$$\cos(\alpha) = \frac{2\,cm}{\sqrt{29}\,cm}$$
$$\cos(\alpha) = \frac{2}{\sqrt{29}}$$
$$\alpha \approx 68{,}2°$$

Punkte:

Veränderung der Winkelweite

Wenn S mit H zusammenfällt, dann nimmt α seinen größt möglichen Wert an.

Es gilt: $\alpha_{max} = 90°$

Wenn S auf der Strecke GH auf G zu bewegt wird, dann wird α immer kleiner. Der kleinste Wert α_{min} wird für S = G angenommen. In diesem Fall gilt:

$$\tan(\alpha_{min}) = \frac{\overline{BG}}{\overline{AB}}$$

$$\tan(\alpha_{min}) = \frac{\overline{AH}}{\overline{AB}}$$

$$\tan(\alpha_{min}) = \frac{5\,cm}{6\,cm}$$

$$\tan(\alpha_{min}) = \frac{5}{6}$$

$$\alpha_{min} \approx 39,8°$$

Die Winkelweite α nimmt Werte zwischen etwa 39,8° und 90° an.

2 ☐

4

Beweise: Im Rechteck ABCD hat die Ecke B von der Diagonalen AC den Abstand

$$e = \frac{ab}{\sqrt{a^2 + b^2}}.$$

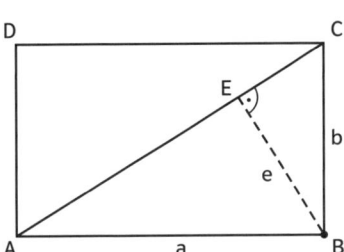

Voraussetzung

1. *Viereck ABCD ist ein Rechteck mit den Seitenlängen a und b.*
2. *E liegt auf der Diagonalen AC.*
3. *(BE) ist orthogonal zu (AC)*

Behauptung

$$e = \overline{BE} = \frac{ab}{\sqrt{a^2 + b^2}}$$

Beweis

Die Dreiecke ABC und CEB sind ähnlich:

$\sphericalangle CBA = 90° = \sphericalangle BEC$	(Vor. 1; Vor. 3)
$\sphericalangle ACB = \sphericalangle ECB$	(gemeinsamer Winkel)
$\sphericalangle BAC = \sphericalangle CBE$	(Winkelsummensatz)

Daher gilt:

$$\overline{AC} : \overline{AB} = \overline{BC} : \overline{BE}$$

$$\overline{BE} = \frac{\overline{AB} \cdot \overline{BC}}{\overline{AC}}$$

$$e = \frac{a \cdot b}{\overline{AC}}$$

Da AC die Diagonale im Rechteck mit den Seitenlängen a und b ist, gilt mit dem Satz des Pythagoras:

$$\overline{AC}^2 = \overline{AB}^2 + \overline{BC}^2$$

$$\overline{AC} = \sqrt{\overline{AB}^2 + \overline{BC}^2}$$

$$\overline{AC} = \sqrt{a^2 + b^2}$$

Folglich erhält man:

$$e = \frac{ab}{\sqrt{a^2 + b^2}}$$

Dies war zu zeigen.

4 ☐

Punkte:

5

Ein Verlag plant die Herausgabe eines monatlich erscheinenden Magazins. Bei einer Marktanalyse ergibt sich, dass wohl auf lange Sicht mit etwa 500 000 Abonnenten zu rechnen sein wird. Es wird vermutet, dass bereits im ersten Monat 40 000 Abonnenten gewonnen werden können und in jedem Folgemonat 5 % derer hinzukommen, die an der Zeitschrift zwar interessiert sind, sie aber bisher noch nicht abonniert hatten.

a) Stelle unter diesen Annahmen eine Modellgleichung für das Wachstum der Abonnentenzahlen auf.

Modellgleichung
Für die Sättigungsgrenze gilt: S = 500 000. Dies ist auch die Anzahl der an der Zeitschrift Interessierten. Die Differenz aus S und der Anzahl der Abonnenten beschreibt die Anzahl derer, die an der Zeitschrift interessiert sind, sie aber noch nicht abonniert haben. Dies ist also das Sättigungsmanko S – B (n).
Da 5 % dieser Personengruppe monatlich als Abonnenten dazu kommen, ist die Bestandsänderung proportional zum Sättigungsmanko und der Proportionalitätsfaktor ist k = 0,05.
Somit liegt beschränktes Wachstum vor.
Es gilt:
B (n + 1) = B (n) + 0,05 · (500 000 – B (n))
  B (1) = 40 000
Der Zeitschritt ist jeweils ein Monat.

2 ☐

b) Wie viele Abonnenten hat das Magazin wohl nach 12 Monaten? Nach welcher Zeit kann für den Verlag die Gewinnschwelle mit etwa 450 000 Abonnenten erreicht werden?

Entwicklung des Bestands

GTR	
MODE -*Taste*	*Menüpunkt „Normal"* *Menüpunkt „Seq"*
Y= -*Taste*	*nMin = 1* *u(n) = u(n – 1) + 0,05 · (500 000 – u(n – 1))* *u(nMin) = 40 000*
TABLE -*Taste*	*Wertetabelle wird angezeigt:*

n	u(n)
1	40 000
12	238 352
44	449 316
45	451 850

Nach 12 Monaten hat das Magazin etwa 238 000 Abonnenten.
Nach etwa 45 Monaten werden wohl etwa 450 000 Abonnenten erreicht.

2 ☐

1

Um zu verdeutlichen, welche unfassbar große Genauigkeit bei einer Kreisberechnung mit „nur" 100 Nachkommastellen von π erreichbar ist, hat man vor etwa 100 Jahren folgende Aufgabe konstruiert:

> Man nehme eine Kugel an, in deren Mittelpunkt die Erde liege und die bis zum Sirius reiche. Das Licht, das sich mit 300 000 $\frac{km}{s}$ fortpflanzt, braucht 8,75 Jahre von der Erde bis zum Sirius. Diese Kugel fülle man mit Bakterien. In einen Kubikmillimeter sollen eine Billion Bakterien passen. Alle diese Bakterien werden nun auf einer Kette aufgefädelt gedacht, so dass der Abstand zwischen benachbarten Bakterien gerade wieder so groß ist wie der Abstand des Sirius von der Erde. Die Länge dieser Kette sei dann der Radius eines Kreises.
> Berechnet man den Umfang dieses Kreises, indem man 100 Nachkommastellen von π verwendet, dann wird sich der erhaltene Näherungswert vom exakten Kreisumfang um weniger als ein Zehnmillionstel eines Millimeters unterscheiden.

Berechne den Radius dieses unvorstellbar großen Kreises.

Punkte:

Streckenlänge für ein Lichtjahr
$s = 300\,000\ \frac{km}{s} \cdot 365 \cdot 24 \cdot 60 \cdot 60\,s$
$s \approx 9{,}46 \cdot 10^{12}\ km$

Entfernung zum Sirius
$r = 8{,}75 \cdot s$
$r \approx 8{,}3 \cdot 10^{13}\ km$

Volumen der Kugel
$V = \frac{4}{3} \cdot \pi \cdot r^3$
$V = \frac{4}{3} \cdot \pi \cdot (8{,}3 \cdot 10^{13}\ km)^3$
$V = \frac{4}{3} \cdot \pi \cdot 8{,}3^3 \cdot 10^{39}\ km^3$
$V = \frac{4}{3} \cdot \pi \cdot 8{,}3^3 \cdot 10^{39} \cdot (10^6\ mm)^3$
$V = \frac{4}{3} \cdot \pi \cdot 8{,}3^3 \cdot 10^{39} \cdot 10^{18}\ mm^3$
$V \approx 2{,}4 \cdot 10^{60}\ mm^3$

Anzahl der Bakterien in dieser Kugel
$n = V \cdot 10^{12} \cdot \frac{1}{mm^3}$
$n \approx 2{,}4 \cdot 10^{60} \cdot 10^{12}$
$n \approx 2{,}4 \cdot 10^{72}$

Länge l der Kette
$l = n \cdot r$
$l \approx 2{,}4 \cdot 10^{72} \cdot 8{,}3 \cdot 10^{13}\ km$
$l \approx 2 \cdot 10^{86}\ km$

Der Radius dieses Kreises wäre etwa $2 \cdot 10^{86}$ km.

5 ☐

2

Eine Hochleistungspumpe in einem Labor kann den Druck in einem Probenbe-
hälter in jeweils 10 Sekunden auf 50 % des vorherigen Drucks verringern. Der Anfangsdruck beträgt 1020 mbar.

a) Nach welchem Gesetz nimmt der Druck im Probengefäß ab?
Wie groß ist der Druck nach einer Minute?

Gesetz für die Druckabnahme
Die prozentuale Änderung des Drucks je Zeitschritt von 10 Sekunden ist konstant:
$p = -50\% = -0,5$
Daher liegt exponentielle Druckabnahme vor.
$B(n) = B(0) \cdot 0,5^n$, $n \in \mathbb{N}$.
$B(0)$ ist die Maßzahl des in Millibar gemessenen Anfangsdrucks, $B(n)$ ist entspre-
chend die Maßzahl des in Millibar gemessenen Drucks nach n Zeitschritten von
jeweils 10 Sekunden ($n \in \mathbb{N}$).
Somit:
$B(n) = 1020 \cdot 0,5^n$, $n \in \mathbb{N}$

Druck nach einer Minute
Eine Minute entspricht 6 Zeitschritten.
Somit:
$B(6) = 1020 \cdot 0,5^6$
$B(6) = 15,93\ldots$
Der Druck nach einer Minute beträgt etwa 16 mbar.

3 ☐

b) Wie lange dauert es, bis der Anfangsdruck auf weniger als ein Hundertstel
Millibar abgenommen hat?

Laufzeit der Pumpe
Nun ist n so zu bestimmen, dass $B(n) = \frac{1}{100}$ gilt.
Folglich:

$$\frac{1}{100} = 1020 \cdot 0,5^n$$

$$\frac{1}{100 \cdot 1020} = 0,5^n$$

$$\log_{10}(0,5^n) = \log_{10}\left(\frac{1}{102\,000}\right)$$

$$n \cdot \log_{10}(0,5) = \log_{10}\left(\frac{1}{102\,000}\right)$$

$$n = \log_{10}\left(\frac{1}{102\,000}\right) : \log_{10}(0,5)$$

$$n = 16,63\ldots$$

Der Druck hat nach etwa 17 Zeitschritten, also 170 Sekunden auf ein Hundertstel
Millibar abgenommen.

2 ☐

3

Einem Kreis mit dem Radius r sind ein regelmäßiges Viereck mit der Seitenlänge s_4 (Quadrat) und ein regelmäßiges Achteck mit der Seitenlänge s_8 einbeschrieben. Berechne die Seitenlänge des Achtecks in Abhängigkeit vom Kreisradius r.

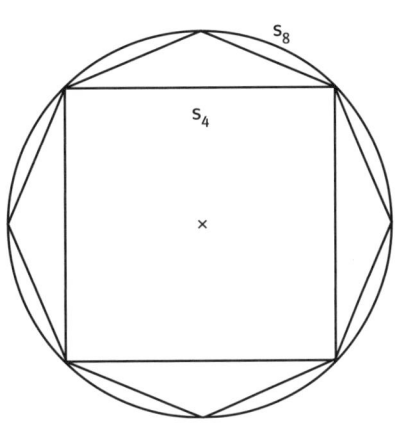

Berechnung von s_4
Da MB auf einer Quadratdiagonalen liegt, hat der Winkel ∢ABM die Weite α = 45°. Das Dreieck AMB ist rechtwinklig bei A und daher hat auch der Winkel ∢BMA die Weite α = 45°. Das Dreieck AMB ist somit auch gleichschenklig mit $\overline{AB} = \overline{AM} = \frac{1}{2}s_4$.

Mit dem Satz des Pythagoras ergibt sich:

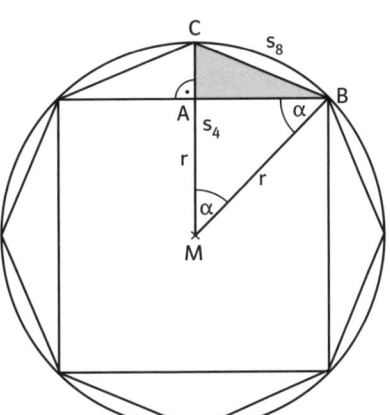

$$\overline{MB}^2 = \overline{AM}^2 + \overline{AB}^2$$
$$r^2 = \left(\tfrac{1}{2}s_4\right)^2 + \left(\tfrac{1}{2}s_4\right)^2$$
$$r^2 = \tfrac{1}{4}s_4^2 + \tfrac{1}{4}s_4^2$$
$$r^2 = \tfrac{1}{2}s_4^2$$
$$s_4^2 = 2r^2$$
$$s_4 = \sqrt{2}\cdot r$$

Berechnung von s_8
Mit dem Satz des Pythagoras im Dreieck ABC erhält man:

$$\overline{BC}^2 = \overline{AB}^2 + \overline{AC}^2$$
$$s_8^2 = \left(\tfrac{1}{2}s_4\right)^2 + (\overline{MC} - \overline{AM})^2$$
$$s_8^2 = \tfrac{1}{4}s_4^2 + \left(r - \tfrac{1}{2}s_4\right)^2$$
$$s_8^2 = \tfrac{1}{4}s_4^2 + r^2 - r\cdot s_4 + \tfrac{1}{4}s_4^2$$
$$s_8^2 = \tfrac{1}{2}s_4^2 - r\cdot s_4 + r^2$$

Mit $s_4 = \sqrt{2}\cdot r$ folgt daraus:
$$s_8^2 = \tfrac{1}{2}(\sqrt{2}\cdot r)^2 - r\cdot(\sqrt{2}\cdot r) + r^2$$
$$s_8^2 = r^2 - r^2\cdot\sqrt{2} + r^2$$
$$s_8^2 = 2\cdot r^2 - \sqrt{2}\cdot r^2$$
$$s_8^2 = (2 - \sqrt{2})\cdot r^2$$
$$s_8 = \sqrt{2 - \sqrt{2}}\cdot r$$

Punkte:

5 ☐

Punkte:

4

Das Trapez ABCD hat die parallelen Seiten AB und CD, wobei $\overline{AB} = 2 \cdot \overline{CD}$ gilt. Die Punkte M_a und M_c sind die Seitenmittelpunkte der Seiten AB und CD. Die Strecken AM_c und DM_a schneiden sich in S, die Strecken BM_c und CM_a schneiden sich in T.

Weise nach, dass die Strecke ST parallel zur Strecke AB ist.

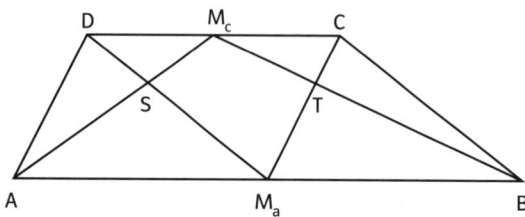

Lösungsidee
Die Parallelität von Geraden (Strecken) kann man z.B. mit der Umkehrung des 1. Strahlensatzes nachweisen. Dazu wird gezeigt, dass S bzw. T die Strecken AM_c bzw. BM_c im gleichen Verhältnis teilen.

Beweis
Die Strecken AB und CD sind nach Voraussetzung parallel.
Mit dem 2. Strahlensatz von S aus folgt:

$\overline{SA} : \overline{SM_c} = \overline{AM_a} : \overline{M_cD}$

$\overline{SA} : \overline{SM_c} = \left(\tfrac{1}{2}\overline{AB}\right) : \left(\tfrac{1}{2}\overline{CD}\right)$

$\overline{SA} : \overline{SM_c} = 2 : 1$

Entsprechend folgt mit dem 2. Strahlensatz von T aus:

$\overline{TB} : \overline{TM_c} = \overline{M_aB} : \overline{CM_c}$

$\overline{TB} : \overline{TM_c} = \left(\tfrac{1}{2}\overline{AB}\right) : \left(\tfrac{1}{2}\overline{CD}\right)$

$\overline{TB} : \overline{TM_c} = 2 : 1$

Zusammengefasst ergibt sich:

$\overline{SA} : \overline{SM_c} = \overline{TB} : \overline{TM_c}$

Die Abschnitte auf dem Strahl M_cA verhalten sich genau so wie die Abschnitte auf dem Strahl M_cB. Die Umkehrung des 1. Strahlensatzes von M_c aus gewährleistet daher, dass die Strecken ST und AB zueinander parallel sind.

4   ☐

5

Bei einem Schullandheimaufenthalt in den Bergen sehen die Schülerinnen und Schüler der Klasse 9a das abgebildete Verkehrszeichen.

Peter behauptet: „Jetzt steigt die Straße unter einem Winkel der Weite 22° an."

Denise meint: „Das stimmt nicht! Die Straße steigt auf dem nächsten Kilometer 220 m an."

Tim vermutet: „Wahrscheinlich gibt es überhaupt keine natürliche Zahl n, 0 < n < 90, so dass tan(n°) = n%."

Sebastian fügt hinzu: „Es gibt aber mindestens eine reelle Zahl x zwischen 0 und 10, für die tan(x°) = x% gilt."

Beurteile diese vier Aussagen.

Punkte:

Die Behauptung von Peter ist falsch.
Begründung
Das Schild sagt, dass die Steigung 22% beträgt. Die Steigung ist der Tangens des Steigungswinkels α:

$tan(\alpha) = 0{,}22$

$\qquad \alpha \approx 12{,}4°$

Die Straße steigt also unter einem Winkel von etwa 12,4°.

Die Behauptung von Denise trifft nicht zu.
Begründung

$tan(\alpha) = \frac{220\,m}{1000\,m}$

$tan(\alpha) = 0{,}22$

$tan(\alpha) = 22\%$

Der Weg längs der Straße gemessen ist daher länger als 1 km.

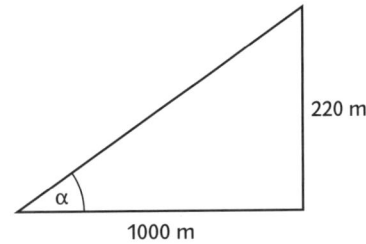

Die Behauptung von Tim trifft zu.
Begründung
Gibt man Y1 = tan(X) – 0,01·X in den GTR ein und betrachtet mit TABLE *die Wertetabelle der Paare (X; Y1), so stellt man fest, dass sich für keine natürliche Zahl X der Y1 – Wert null ergibt.*

Die Behauptung von Sebastian trifft zu.
Begründung
Mit CALC *und Menüpunkt „zero" kann man die Gleichung Y1 = tan(X) – X = 0 lösen lassen. Bei linker Grenze 0 und rechter Grenze 10 erhält man die Lösung*
X = 9,5196...
Es gibt noch die weiteren Lösungen X ≈ 3,17 bzw. X ≈ 6,35.

5

Bildnachweis